# 装备试验数据挖掘技术及应用

孙 伟 赵喜春 李 珺 刘学君 等编著

国防工业出版社

·北京·

# 内容简介

本书针对装备试验数据特点和分析挖掘需求，系统介绍数据挖掘全过程、基本理论、技术方法，主要内容包括装备试验数据挖掘基本概念，数据预处理技术，方差分析、主成分分析、因子分析等经典统计分析方法，关联规则挖掘、分类分析、聚类分析、预测分析等多元统计方法，以及试验数据管理与服务，突出工程应用特色，通过试验数据挖掘实践应用案例成果，方便读者掌握书中知识内容。

本书可供装备试验数据工程领域的技术人员和管理人员阅读参考，也可作为高等院校相关专业教学参考书或自修读本。

**图书在版编目（CIP）数据**

装备试验数据挖掘技术及应用 / 孙伟等编著.
北京：国防工业出版社，2024. 11. -- ISBN 978-7-118-13392-9

Ⅰ. TJ01

中国国家版本馆 CIP 数据核字第 2024XP2725 号

※

国防工業出版社 出版发行

（北京市海淀区紫竹院南路 23 号　邮政编码 100048）

北京凌奇印刷有限责任公司印刷

新华书店经售

*

**开本** 710×1000　1/16　**印张** 14½　**字数** 252 千字

2024 年 11 月第 1 版第 1 次印刷　**印数** 1—1500 册　**定价** 128.00 元

**（本书如有印装错误，我社负责调换）**

国防书店：(010)88540777　　书店传真：(010)88540776

发行业务：(010)88540717　　发行传真：(010)88540762

# 序

试验的核心产品是数据产品，通过数据赋能，实现试验数据价值的极大提升和精准输出应用，必将是装备试验技术当前和未来的重要发展方向。装备研制、使用均离不开试验，试验就要产生数据，就要开展试验数据分析，实现“用数据说话”，以此表征装备全寿命周期各阶段功能、性能，达到映射其特性、规律的目的。随着智能化、信息化、网络化和数字化设计技术的提升，装备得到了快速发展，试验阶段划分和模式方法不断拓展变换，试验测试测量手段也更加丰富完善，与之相应的试验数据获取呈现出体量大、类型繁杂、结构多源、信息量巨大和性质丰富的趋势，“大数据”的特点愈发显著。因此，如何更加有效地分析、挖掘装备试验数据，就显得愈发重要。

当前，数据分析挖掘技术是研究热点方向之一，在社会生活各个方面应用成果十分丰富，形成了众多科技著作。综合来看，现有科技著作更侧重于在医疗、金融、物流和餐饮等民用领域运用，对于装备试验领域，特别是装备试验数据领域，鲜有涉及。《装备试验数据挖掘技术及应用》编写组敏锐发现了数据挖掘技术在装备试验领域的工程价值，试图着力解决该问题。

该著作编写人员全部是从事装备试验工作一线人员，著作内容是编写人员多年工作经验和研究成果的升华，对从事装备试验工程领域的技术人员和管理人员具有重要参考价值。著作主要特色体现在以下几方面：一是实现理论方法和工程应用有机结合，赋予基础理论中参数、原理对应的物理意义，强化了易懂性，使读者能够尽快掌握数据挖掘思想；二是提供大量、形象的装备试验数据分析案例，对每一种挖掘方法均详细地进行了应用介绍，不仅保证了读者对挖掘方法掌握的贯通性，还可以帮助读者了解试验领域背景知识，清楚数据挖掘技术的具体应用范畴，具有启发读者的作用；三是著作按照数据挖掘基本概念、基本方法和基本流程的思路，全面论述了装备试验数据预处理、基本统计挖掘、关联规则挖掘、分类判别分析、聚类分析和预测分析等数据挖掘分析方法，系统阐述了试验数据管理与服务系统的设计建设及应用，内容介绍全面，系统性和逻辑性强。

未来，装备领域发展必将愈加迅猛，对试验工作将带来全新的挑战，对试验数据获取、管理、分析和挖掘等方面将提出更高的要求。从“用数据说话”到“用数据赋能”,从“分析客观数据结果”到“挖掘数据背后知识”,即挖掘大量试验数据中隐含的、先前未知的、对试验鉴定有潜在价值的关系、模式和趋势,并基于数据挖掘的结果和原则建立用于支持试验工作的模型,达到揭示已知事实、预测未知结果的目的,数据挖掘技术逐渐成为装备试验领域中关键技术之一。由此可见,该著作的出版十分符合装备试验发展趋势。

作为一部理论性和工程性均很强的装备试验领域科技著作,本著作的出版必将为装备试验工作发展起到支撑和推进作用。

中国工程院院士　魏毅寅

2024 年 3 月

# 前　　言

武器装备在设计、研制、试验与使用过程中会积累大量的数据资源,这些数据真实反映了全寿命管理周期中每个阶段装备的真实状态。随着装备试验数据采集手段的不断提升和装备实际使用环境的不断拓展,这些数据资源的积累速度将呈指数级增长。因此,对这些数据进行智能化处理与挖掘分析,不仅可将有价值的数据进行归类存储,还可将数据中隐含的客观规律信息进行有效开发,更能准确把握装备真实状态的变化规律,是装备全寿命周期管理中需要研究的重大课题。

近年来,无论学术界、工业界还是装备试验鉴定部门,都对装备试验数据挖掘应用及其相关工作越来越重视,特别强调以数据为支撑,探索装备效能评估与装备发展体系的新路径。装备试验数据作为支撑装备建设发展的重要基础性战略资源,如何采用现有数据挖掘技术,及时准确把握装备的真实状态,是装备鉴定定型方、论证研制方、作战使用方共同关注的焦点。因此,通过对现有大数据挖掘技术进行分析,结合装备试验数据特点找出适用的数据挖掘方法,就能够将数据资源进行最大限度的开发,为装备实际效能评估、装备保障体系构建、装备试验方法创新等领域研究提供支撑。

为推进装备试验挖掘技术理论研究,拓展装备试验挖掘技术的应用范围,本书围绕上述重难点问题,在总结提炼靶场装备试验数据挖掘研究成果的基础上,吸取军内有关领域研究最新成果,全面系统地阐述试验数据挖掘的基本理念与实际应用中的若干问题,重点介绍了装备试验数据的统计分类、挖掘关联与智能化管理等技术方法,并结合具体案例对每类典型方法进行了应用分析,最大程度的探索现有数据挖掘技术在装备全寿命周期管理中的应用可能。

本书共分 8 章,孙伟负责总体框架设计和各章节具体内容确定,并与赵喜春共同负责内容审定,李珺负责统稿。具体分工如下:第一章由孙伟、李珺撰写,主要论述装备试验数据挖掘的目的、基本概念、基本流程以及常用方法。第二章由周立锋、孙伟撰写,主要介绍试验数据识别与剔除、数据重构、试验数据误差特性分析、数据平滑滤波、数据变换与数据离散化等试验数据预处理方法。第三章由马强、赵喜春撰写,主要阐述试验数据方差分析、主成分分析、因子分析等统计分析方法。第四章由马强、刘学君撰写，主要介绍单维布尔关联规则、FP－growth 算法等试验数据关联规则。第五章由刘学君、孙伟、胡悦撰写，主要阐述逻辑回归、支持向量机、神经网络、决策树、K 近邻、朴素贝叶斯等试验数据判别分析方法。第六章由李珺、李东、赵喜春、韩波撰写，主要介绍基本聚类分析、灰色聚类分析、谱聚类分析等试验数据聚类分析方法。第七章主要由夏小华、李珺、李东、吕隽撰写，主要介绍自回归模型、GM(1,1)模型等试验数据预测模型，以及高斯过程回归预测。第八章由朱学锋、栾瑞鹏撰写，主要介绍试验数据管理与服务系统的技术构架设计、业务流程设计、功能架构设计、数据模型设计和安全架构设计等内容。

本书编写过程中，魏毅寅院士悉心指导并欣然作序，张志华教授、周大庆正高级工程师、罗华锋高级工程师、李大伟博士等多位专家审阅书稿并提出了许多中肯的建议，丰富和完善了本书内容，在此对审稿专家致以最诚挚的谢意。本书编写过程中，参阅了大量相关文献资料，在此一并致谢。

装备试验数据挖掘与应用是一项复杂的系统工程，需要研究和探讨的问题还很多。限于编者的认知水平，本书并不能覆盖装备全寿命周期管理中试验数据挖掘与应用的全部内容，加之编者水平有限，书中不当之处在所难免，恳请读者批评指正。

编者

2024 年 2 月 25 日

# 目　录

# 第1章　概　　述

随着计算机、网络技术、信息技术的迅猛发展，人类社会已进入大数据时代。大数据已进入人们生产、生活的方方面面，融入工业、农业、经济、医疗、军工等各行各业，起着举足轻重的作用。其中，数据挖掘的成功与否、成效高低已成为制约大数据作用发挥的关键。在装备领域，试验数据的挖掘更是如此，也越来越受到重视和关注。本书旨在进一步提高人们对试验数据挖掘的认识和理解，让更多装备试验工作人员掌握相关技术内容。

本章主要介绍试验数据挖掘的任务目的、基本概念、主要方法和基本流程，并讨论若干问题。

## 1.1　任务目的

数据挖掘应用在日常生活中的案例实在太多了，如分辨邮件是否为垃圾邮件、判断一笔交易是否属于欺诈、判断佚名的著作出自某位作家之手等。最容易理解的就是商场经营中的面包和牛奶的关联销售关系。商家通过对商品销售数据的挖掘分析，发现购买面包的顾客中90%的人还会买牛奶，为此商场会将面包和牛奶放在一起销售，以提高它们的销量。那么，试验数据挖掘能用来干什么？为了更形象地说明这个问题，下面给出了两个装备试验数据挖掘的实践案例。

### 1.1.1　基于精度试验数据挖掘的目标艇供靶航向影响分析案例

某型舰舰导弹视距内火控系统动态精度试验方案设计中，典型试验航路示意图如图1-1所示。试验时，载艇每次按A1-A2航路进入，靶艇分别沿B1-B2、B2-B1、B2-B3、B3-B2、B1-B3、B3-B1航路供靶运动。其中，靶艇B1、B2间运动主要是考虑目标横向运动对艇载雷达测角误差的影响；靶艇B2、B3间运动主要是考虑目标纵向运动对雷达测距误差的影响；靶艇B1、B3间运动主要是考虑目标斜向运动对艇载雷达测角误差和测距误差的影响。不同航路下精度试验结果如表1-1、表1-2所列。目标的三种运动方式对射击诸元$T_{xx}$、$\psi_{xx}$解算精度影响的显著性如何？有没有需要重点考核的航路？有没有更优化的航路设定方案？

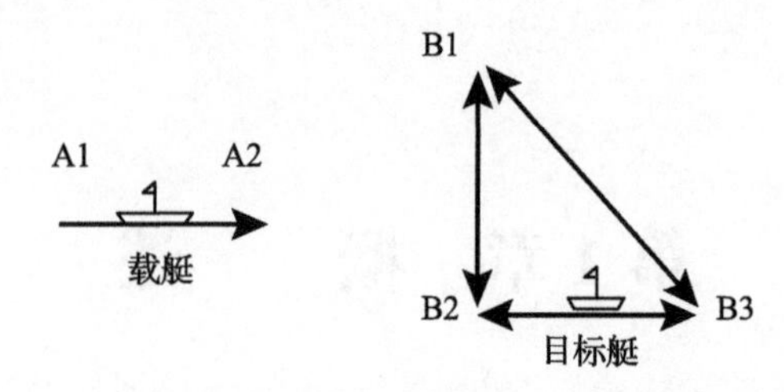


图 1-1 视距内火控系统动态精度试验的典型航路示意图

表 1-1 不同航路下 $T_{xx}$ 精度数据 单位:秒

| 序号 \ 方向 | 横向 | 纵向 | 斜向 |
|---|---|---|---|
| 1 | 0.8491 | 1.6150 | 0.9113 |
| 2 | 0.5227 | 0.4585 | 0.6505 |
| 3 | 1.1397 | 1.1835 | 1.0522 |
| 4 | 0.6878 | — | 1.4367 |
| 5 | 0.5952 | — | 0.9153 |
| 6 | 0.7958 | — | — |

表 1-2 不同航路下 $\psi_{xx}$ 精度数据 单位:度

| 序号 \ 方向 | 横向 | 纵向 | 斜向 |
|---|---|---|---|
| 1 | 0.581767 | 0.726928 | 0.581041 |
| 2 | 0.404675 | 0.348087 | 0.647349 |
| 3 | 0.660426 | 0.865157 | 0.896035 |
| 4 | 0.498305 | — | 1.164739 |
| 5 | 0.435294 | — | 0.371661 |
| 6 | 0.439875 | — | — |

采用单因素方差分析的理论和方法,对表 1-1、表 1-2 所列的火控系统视距内动态精度试验数据进行挖掘分析。

(1)运动要素对 $T_{xx}$ 解算精度的显著性。

$T_{xx}$ 解算精度的方差分析统计如表 1-3 所列。

表 1-3 $T_{xx}$ 解算精度的方差分析统计表

| 差异源 | SS | df | MS | F | 显著性 |
|---|---|---|---|---|---|
| 组间 | 0.2579 | $r-1=2$ | 0.2579/2=0.1290 | 1.1306 | $F<F_{0.05}$ |
| 组内 | 1.2554 | $n-r=11$ | 1.2554/11=0.1141 | — | — |
| 总和 | 1.5133 | $n-1=13$ | — | — | — |

分别取 $\alpha=0.05$ 和 0.01，查 $F$ 分布表可知 $F_{0.01}(df_A,df_e)=F_{0.01}(2,11)=7.21$，$F_{0.05}(df_A,df_e)=F_{0.05}(2,11)=3.98$，可得 $F<F_{0.05}$。

表 1-4 中 $\mu_1$、$\mu_2$、$\mu_3$ 分别为目标横向、纵向和斜向运动条件下，火控系统 $T_{xx}$ 解算精度均值的估计。取 $\alpha=0.05$，查 t 分布表可知 $t_{1-\alpha/2}(n-r)=t_{0.975}(14-3)=2.2$，进而可以判断出 $\mu_1$、$\mu_2$、$\mu_3$ 之间无显著差异。因此以 95% 的置信度认为，目标艇运动要素的三个水平对火控系统 $T_{xx}$ 解算精度无显著性影响。

表 1-4 $T_{xx}$ 解算精度的均值及其差异的区间估计结果

| $\mu_1$ | $\mu_2$ | $\mu_3$ | $\mu_1-\mu_2$ | $\mu_1-\mu_3$ | $\mu_2-\mu_3$ |
|---|---|---|---|---|---|
| [0.1840, 0.8228] | [0.1949, 1.0985] | [0.3823, 1.0821] | [-0.6966, 0.4100] | [-0.6569, 0.4859] | [-0.7026, 0.2450] |

(2) 运动要素对 $\psi_{xx}$ 解算精度的显著性。

运动要素对 $\psi_{xx}$ 解算精度的方差分析统计如表 1-5 所列。

表 1-5 $\psi_{xx}$ 解算精度的方差分析统计表

| 差异源 | SS | df | MS | F | 显著性 |
|---|---|---|---|---|---|
| 组间 | 0.1464 | $r-1=2$ | 0.1464/2=0.0732 | 0.5787 | $F<F_{0.05}$ |
| 组内 | 1.3914 | $n-r=11$ | 1.3914/11=0.1265 | — | — |
| 总和 | 1.5378 | $n-1=13$ | — | — | — |

分别取 $\alpha=0.05$ 和 0.01，查 F 分布表可得 $F<F_{0.05}$。

表 1-6 中 $\mu_1$、$\mu_2$、$\mu_3$ 分别为目标横向、纵向和斜向运动条件下，火控系统 $\psi_{xx}$ 解算精度均值的估计。取 $\alpha=0.05$，查 t 分布表，因此判断出 $\mu_1$、$\mu_2$、$\mu_3$ 之间无显著差异。因此以 95% 的置信度认为，目标艇运动要素的三个水平对火控系统 $\psi_{xx}$ 解算精度也无显著性影响。

表 1-6 $\psi_{xx}$ 解算精度的均值及其差异的区间估计结果

| $\mu_1$ | $\mu_2$ | $\mu_3$ | $\mu_1-\mu_2$ | $\mu_1-\mu_3$ | $\mu_2-\mu_3$ |
|---|---|---|---|---|---|
| [0.462, 0.0682] | [0.657, 1.515] | [0.661, 1.325] | [-0.846, 0.196] | [-0.678, 0.222] | [-0.449, 0.636] |

综上可以得出结论：目标相对于载艇的三种运动方式对火控系统射击诸元结算误差的影响均不显著，三种水平的效应相当。也就是说，目标艇只采用其中任意一条航路进行试验，对火控系统动态精度的考核结果不会产生重大差异。

### 1.1.2 影响雷达测量精度的指标参数分析案例

某型雷达测量目标的试验数据参数共计 11 个。试验获取的雷达测量遥测数据,如表 1-7 所列。

表 1-7 某型雷达测量能力评估指标(部分数据)

| $X_1$ | $X_2$ | $X_3$ | $X_4$ | $X_5$ | $X_6$ | $X_7$ | $X_8$ | $X_9$ | $X_{10}$ | $X_{11}$ |
|---|---|---|---|---|---|---|---|---|---|---|
| 95970.67 | 69.25 | 4.00 | 7563.72 | 903.43 | 0.57 | 4.88 | 0.31 | -0.13 | 261.40 | 4.89 |
| 95853.52 | 69.30 | 4.07 | 7660.51 | 911.92 | 0.57 | 4.88 | 0.31 | -0.13 | 255.98 | 4.89 |
| 95720.38 | 69.35 | 4.13 | 7758.87 | 920.59 | 0.57 | 5.01 | 0.31 | -0.13 | 266.82 | 4.89 |
| 95590.78 | 69.39 | 4.20 | 7858.26 | 929.33 | 0.57 | 4.88 | 0.31 | -0.13 | 266.82 | 4.89 |
| 95472.40 | 69.45 | 4.27 | 7958.17 | 938.15 | 0.56 | 4.88 | 0.31 | -0.13 | 255.98 | 4.89 |
| 95358.76 | 69.52 | 4.34 | 8058.51 | 946.92 | 0.56 | 5.01 | 0.31 | -0.13 | 266.82 | 4.89 |
| 95242.61 | 69.60 | 4.39 | 8160.39 | 955.76 | 0.56 | 5.01 | 0.31 | -0.13 | 272.24 | 4.89 |
| 95123.47 | 69.67 | 4.46 | 8263.09 | 964.63 | 0.56 | 5.13 | 0.31 | -0.13 | 261.40 | 4.89 |
| … | … | … | … | … | … | … | … | … | … | … |
| 162299.61 | 192.10 | 1.09 | 4823.13 | 975.14 | -1.14 | -5.36 | -3.17 | 0.63 | -63.82 | 116.27 |
| 162382.89 | 192.13 | 1.04 | 4651.99 | 966.00 | -1.15 | -5.23 | -2.67 | 0.38 | -63.82 | 116.27 |

表 1-7 中:$X_1$ 为雷达斜距;$X_2$ 为雷达方位角;$X_3$ 为雷达俯仰角;$X_4$ 为导弹飞行高度;$X_5$ 为导弹飞行速度;$X_6$ 为导弹姿态角;$X_7$ 为导弹 $X$ 方向过载;$X_8$ 为导弹 $Y$ 方向过载;$X_9$ 为导弹 $Z$ 方向过载;$X_{10}$ 为导弹尾段底部热流;$X_{11}$ 为导弹舵机舱内空气温度。

那么这些参数哪些是影响雷达测量精度的主要参数?哪些参数影响力差一些?回答这一问题,采用主成分分析的方法对试验数据进行挖掘分析,如表 1-8 所列。

表 1-8 主成分分析结果表

```
Importance of components:
                          Comp.1     Comp.2     Comp.3     Comp.4      Comp.5      Comp.6
    Comp.7     Comp.8       Comp.9       Comp.10      Comp.11
Standard deviation        2.1198649  1.6844707  1.2158503  0.98503613  0.71576349  0.56456350
0.44162250 0.37562429 0.210282794 0.0751834420 0.0556603154
Proportion of Variance  0.4085298  0.2579492  0.1343902  0.08820874  0.04657431  0.02897563
0.01773004 0.01282669 0.004019896 0.0005138682 0.0002816428
Cumulative Proportion   0.4085298  0.6664790  0.8008692  0.88907792  0.93565223  0.96462786
0.98235790 0.99518459 0.999204489 0.9997183572 1.0000000000
```

（续）

Loadings：

|  | Comp. 1 | Comp. 2 | Comp. 3 | Comp. 4 | Comp. 5 | Comp. 6 | Comp. 7 | Comp. 8 | Comp. 9 | Comp. 10 | Comp. 11 |
|---|---|---|---|---|---|---|---|---|---|---|---|
| $X_1$ | −0. 458 |  |  |  |  |  | 0. 351 | 0. 102 | 0. 342 | 0. 679 | −0. 241 |
| $X_2$ | −0. 324 | −0. 317 | −0. 337 |  |  | −0. 224 | 0. 518 |  | −0. 112 | −0. 196 | 0. 549 |
| $X_3$ | 0. 372 | −0. 318 | 0. 175 |  | 0. 155 |  | −0. 179 | −0. 315 | 0. 381 | 0. 436 | 0. 481 |
| $X_4$ | 0. 304 | −0. 418 |  | 0. 117 |  | −0. 128 | 0. 240 | 0. 488 | 0. 484 | −0. 285 | −0. 282 |
| $X_5$ | 0. 308 | −0. 397 | −0. 212 | −0. 120 | 0. 168 | −0. 196 | 0. 133 |  | −0. 551 | 0. 350 | −0. 412 |
| $X_6$ | 0. 372 | 0. 272 | −0. 216 | 0. 137 | −0. 205 |  |  | 0. 636 | −0. 204 | 0. 304 | 0. 373 |
| $X_7$ | 0. 324 | 0. 169 | 0. 414 | 0. 188 | −0. 340 | 0. 113 | 0. 643 | −0. 323 | −0. 110 |  |  |
| $X_8$ | 0. 207 | 0. 118 | −0. 562 | −0. 370 | −0. 535 | −0. 154 |  | −0. 238 | 0. 321 |  | −0. 128 |
| $X_9$ |  |  | 0. 412 | −0. 850 |  |  |  | 0. 132 | 0. 260 |  |  |
| $X_{10}$ |  | 0. 497 | 0. 117 |  | 0. 336 | −0. 773 |  |  |  |  |  |
| $X_{11}$ | −0. 252 | −0. 302 | 0. 309 | 0. 176 | −0. 613 | −0. 492 | −0. 255 |  | −0. 136 |  |  |

Comp. 1 Comp. 2 Comp. 3 Comp. 4 Comp. 5 Comp. 6 Comp. 7 Comp. 8 Comp. 9 Comp. 10 Comp. 11：计算出来的主成分

Proportion of Variance：每个主成分的贡献率

Cumulative Proportion：累积贡献率

通过分析可知，累积贡献率在第 4 个特征向量时就已达到 88. 91%，满足主成分分析特征向量累积贡献率 85%的要求，因此，只要取前 4 个主成分即可。从表 1－8 的计算结果可以得到 4 个主成分中每个指标所对应的系数，即

$$
\begin{cases}
f_1=-0.458X_1-0.324X_2+0.372X_3+0.304X_4+0.308X_5+0.372X_6+ \\
\quad 0.324X_7+0.207X_8-0.252X_{11} \\
f_2=-0.317X_2-0.318X_3-0.418X_4-0.397X_5+0.272X_6+0.169X_7+ \\
\quad 0.118X_8+0.497X_{10}-0.302X_{11} \\
f_3=-0.337X_2+0.175X_3-0.212X_5-0.216X_6+0.414X_7-0.562X_8+ \\
\quad 0.412X_9+0.309X_{11} \\
f_4=0.117X_4-0.120X_5+0.137X_6+0.188X_7-0.370X_8-0.850X_9+ \\
\quad 0.117X_{10}+0.176X_{11}
\end{cases}
$$

首先用第一主成分 $f_1$ 中每个指标所对应的系数乘上第一主成分 $f_1$ 所对应的贡献率，除以提取四个主成分的贡献率之和；然后加上第二主成分 $f_2$ 中每个指标所对应的系数乘上第二主成分 $f_2$ 所对应的贡献率，除以提取四个主成分的贡献率之和；而后在加上第三主成分 $f_3$…，直到加到 $f_4$ 为止，即可得到综合得分模型为

$$
Y=-0.210X_1-0.292X_2+0.105X_3+0.030X_4-0.018X_5+0.231X_6+ \\
0.279X_7+0.008X_8-0.022X_9+0.156X_{10}-0.139X_{11}
$$

由综合得分模型可得指标权重确定图,如图1-2所示。

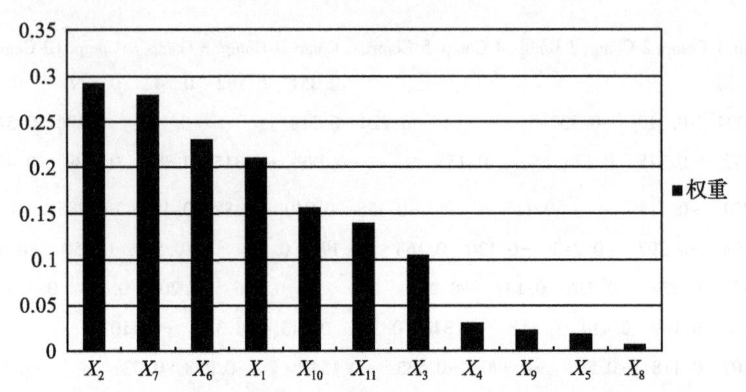


图1-2　某型雷达测量能力影响综合模型评估指标权重确定图

从表1-8可以看出:前4个主成分的累积贡献率达到88.91%,即能反映某型雷达测量能力变差的88.91%,因此最终的评估结果充分利用了原系统全部信息的88.91%,全面地反映了某型雷达测量能力影响的综合水平。由主成分综合得分模型和图1-2可以进一步分析得出,$X_2$、$X_7$、$X_6$、$X_1$、$X_{10}$、$X_{11}$、$X_3$等7个指标的重要性对雷达测量能力影响而言高于其他指标,而$X_4$、$X_5$、$X_8$、$X_9$等4个指标相对而言都低于其他指标。由此可以断定$X_2$、$X_7$、$X_6$、$X_1$、$X_{10}$、$X_{11}$、$X_3$等7个指标对某型雷达测量能力影响的重要性。

### 1.1.3　装备试验数据挖掘目的

对靶场获得的宝贵的装备试验数据进行深入的挖掘分析,以定量的分析结论来检验试验方案的合理性、优化设计,指导装备试验优质高效地开展。可归纳装备试验数据挖掘目的:

(1)基于试验数据聚类分析、关联分析的试验指标体系建立。

(2)基于试验数据的主成分分析、因子分析、回归分析、方差分析、显著性判断的试验关键指标确定。

(3)基于试验数据的分类、判别分析的试验属性判断。

(4)基于试验数据的建模应用的试验结果预测。

## 1.2　基本概念

1. 装备试验

装备试验,是对军事装备包括系统、分系统、部件等的战术技术性能和作战使用性能进行鉴定,检验和评价军事装备研制目的的实现情况而开展的有效的活动。

2. 试验数据

试验数据，是在装备试验中，获取有价值的经过解释或赋予定义后可得到量化信息的资料，包括数字、图表、符号、曲线等。

3. 试验数据挖掘

试验数据挖掘，是大(海)量试验数据中挖掘潜在其中的、事先不为人知的有用信息和知识。挖掘过程中，既要采用数据统计分析方法，又要运用一般数据挖掘涉及的关联分析、聚类分析、判别分析、预测分析等手段，还需要试验数据的存储、变换、预处理等技术支撑。

4. 关联分析

关联分析(association analysis)是在建立的数据集中发现数据特征间的相互依赖关系或关联规则，形成“由于某些事件的发生而引起另外一些事件发生”之类的结论[1]。

5. 分类分析

分类分析(classification analysis)主要是根据相关算法求得数据集分类规则，即一个类的内涵描述，来找出样品或指标属于哪一已知的具体的类别。

类的内涵描述可分为特征描述和辨别性描述。特征描述是对类中对象的共同特征的描述；辨别性描述是对两个或多个类之间的区别的描述。特征描述中允许不同类具有共同特征，而辨别性描述中不同类别不能有相同的特征。类的内涵描述，一般用规则或决策树模式表示。

6. 聚类分析

聚类分析(clustering analysis)主要是把数据集按照相似性(亲疏关系)找出一些能够度量样本或指标之间相似程度的统计量，把一些相似程度较大的样本(或指标)聚合为一类，把另外一些相似程度较大的样品(或指标)聚合为另一类，不同组的样本特征差异较大[2-3]。

7. 预测分析

预测分析(predictive analysis)是根据历史数据变化规律建立模型，并由此模型对未来数据的种类、特征及结果进行预测。装备靶场试验中会获得大量的试验数据，如传感器测量数据、图像测量数据、遥测数据等。

## 1.3 试验数据挖掘的方法

试验数据挖掘是一个应用驱动的领域，它吸纳了统计分析、机器学习、模式识别、数据库、数据仓库、信息检索、可视化、算法、高性能计算等应用领域的大量技术，如图 1-3 所示。

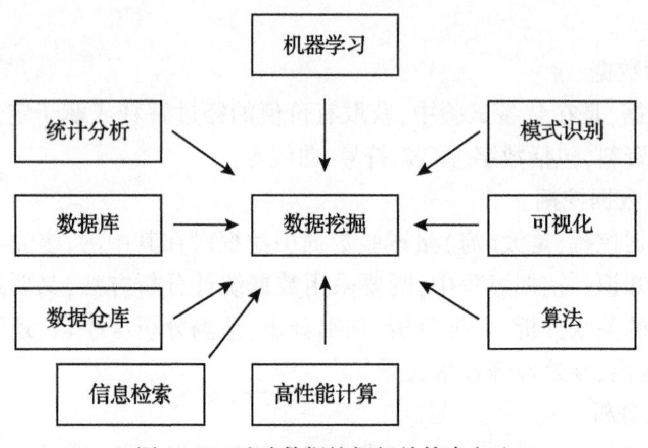


图 1-3　试验数据挖掘相关技术方法

当前,除数据库、高性能计算及数据预处理等支撑技术外,试验数据挖掘主要方法有方差分析、拟合分析、回归分析、主成分分析、因子分析等基本统计挖掘方法,关联规则分析、聚类分析、分类判别分析、预测分析等多元统计挖掘方法,以及采用神经网络、遗传算法等技术的高级挖掘方法。

### 1.3.1　基本统计挖掘方法

根据试验数据挖掘的具体领域和应用特点,在此重点介绍方差分析、回归分析、主成分分析、因子分析等基本统计挖掘方法[4-9]。

1. 方差分析

方差分析(analysis of variance)又称为"变异数分析"或"F 检验",用于对两个及两个以上样本均值差别的显著性检验,进而判断各因素对试验指标的影响是否显著。

根据影响试验指标条件的个数,方差分析可以分为单因素方差分析、双因素方差分析和多因素方差分析。

2. 回归分析

回归分析是用来寻找试验因素与试验指标之间是否存在函数关系的一种方法,主要包括统计回归分析、时间序列分析和神经网络分析等。

统计回归分析(regression analysis)是利用大量历史数据,以时间为变量建立线性回归、非线性回归、多元回归方程以及逻辑回归(logistic regression)和泊松回归(poisson regression)等。

时间序列分析(time - series analysis)是在分析序列结构特点基础上,利用参数模型等方法以过去的数据来判定一个变量的未来趋势及不同变量间同期或前后期的关联性。

神经网络分析(neural network analysis)既能实现非线性样本学习又能进行非线性函数的判断,既可以用于连续值也可以用于离散数值的预测。

3. 主成分分析

主成分分析(principle components analysis)是指将多个变量通过线性组合选出较少个数的重要变量集合来描述相关结构的一种统计分析方法,这些线性组合被称为“成分”。由 $m$ 个变量组成的数据集,可以由 $k$ 个线性组合变量组成的子集合来表示。这意味着 $k$ 个变量与原来 $m$ 个变量反映了几乎同样多的信息。$k$ 个($k<m$)变量为数据体的主成分。

4. 因子分析

因子分析(factor analysis model)是主成分分析的自然延伸,用少数几个因子来描述许多指标或因素之间的联系,以较少几个因子反映原资料的大部分信息的统计学方法。因子分析的核心就是要从有关变量交互相关的数据中,找出隐藏着起决定作用的若干基本因子。主要内容是通过一系列数学处理,得到一个较易揭示事物内部联系的因子负荷矩阵,从而确定具体的因子模型。

### 1.3.2 多元统计挖掘方法

1. 关联规则分析

关联规则分析包括简单关联、时序关联和因果关联。简单关联,一般用“支持度”和“可信度”两个阈值来表述。时序关联主要有相似模式搜索等。因果关联主要有 Apriori 先验算法、FP - growth 算法等。

2. 分类判别分析

分类判别分析主要有基于统计的方法(逻辑回归、Fisher 判别、贝叶斯方法),基于距离的方法(K 近邻算法),基于决策树的方法(ID3、C5. 0、CART),基于神经网络的方法(BP 算法、支持向量机),基于规则的方法(粗糙集、遗传算法)等。

3. 聚类分析

传统的聚类分析方法包括:基于距离的方法(欧氏距离、马氏距离等),常用方法有划分法,如 K -均值、K -中心点;基于层次法的方法使用特征聚类树的多阶段聚类 BIRCH 算法、使用动态建模的多阶段层次聚类 Chameleon 算法;基于密度的方法,常用方法有基于高密度连通区域的基于密度聚类 DBSCAN 算法、通过点排序识别聚类结构 OPTICS 算法、基于密度分布函数的聚类 DENCLUE 算法;基于网格的方法,常用方法有统计信息网格 STING 算法、类似于 Apriori 的子空间聚类 CLIQUE 算法;基于模型的方法,常用方法有 Kohoncn 神经网络等。

除了上述传统聚类方法外,还衍生出其他许多面对不同应用对象的聚类方法,如模糊聚类、灰色聚类、谱聚类等。

4. 预测分析

预测分析方法包括:传统统计方法,如点估计、置信区间评估、简单线性回归、多元回归、主成分分析等;建模预测方法,如时间序列模型方法(自回归、滑动平均、自回归滑动、自适应滤波技术等);灰色系统方法,如 GM(1,1)模型、GM(1,N)模型等。一般采用以回归预测分析的方法为主,包括线性回归、非线性回归等。

### 1.3.3 高级数据挖掘方法

1. 人工神经网络

人工神经网络(neural network)是模仿人脑神经网络的结构和某些工作机制而建立的一种非线性预测模型。工作机理是通过学习,改变神经元之间的连接强度。神经网络有前向神经网络、反馈神经网络、自组织神经网格等。在神经网络中,网络节点权重和网络拓扑结构决定了它所能识别的模式类型。

由于神经网络本身良好的鲁棒性、自组织自适应性、并行处理、分布存储和高度容错等特性,人工神经网络法非常适合解决数据挖掘的问题,近年来越来越受到人们的关注。

2. 遗传算法

遗传算法(genetic algorithm)是一种基于生物自然选择与遗传机理的随机搜索算法,已在优化计算、分类、机器学习等方面发挥了显著作用。在数据挖掘中,遗传算法可以用于评估其他算法的适合度,用于聚类分析等。

遗传算法最大特点在于演算简单,但其用于数据挖掘时存在算法较复杂等问题,还有局部极小值的过早收敛等难题还未彻底解决。

3. 决策树

决策树(decision tree)是一种常用于预测模型的算法。基本方法是采用自上向下的递归方式,在决策树的内部节点进行属性值的比较并根据不同的属性值判断从该节点向下的分支,在决策树的叶节点得到结论。从根到叶节点的一条路径就对应一条取舍规则,整棵决策树就对应着一组析取表达式规则。

决策树法的主要优点是描述简单、分类速度快,特别适合大规模数据处理。另外,它在学习过程中不需要使用者了解很多背景知识,只要训练例子能够用属性结论式的方式表达出来,就能使用该算法来学习。

4. 粗糙集

粗糙集(rough set)是一种研究不精确、不确定知识的数学工具。

粗糙集方法有几个优点:不需要给出额外信息;简化输入信息的表达空间;算法简单,易于操作。粗糙集处理的对象是类似二维关系的信息表。

5. 模糊集

模糊集方法(fuzzy theory)是利用模糊集合理论对实际问题进行模糊评判、模糊决策、模糊模式识别和模糊聚类分析。

系统的复杂性越高,模糊性越强。模糊集合理论用隶属度来刻画模糊事物的彼此关系。

## 1.4 数据挖掘的基本流程

试验数据挖掘的基本流程,如图1-4所示,主要步骤具体如下。

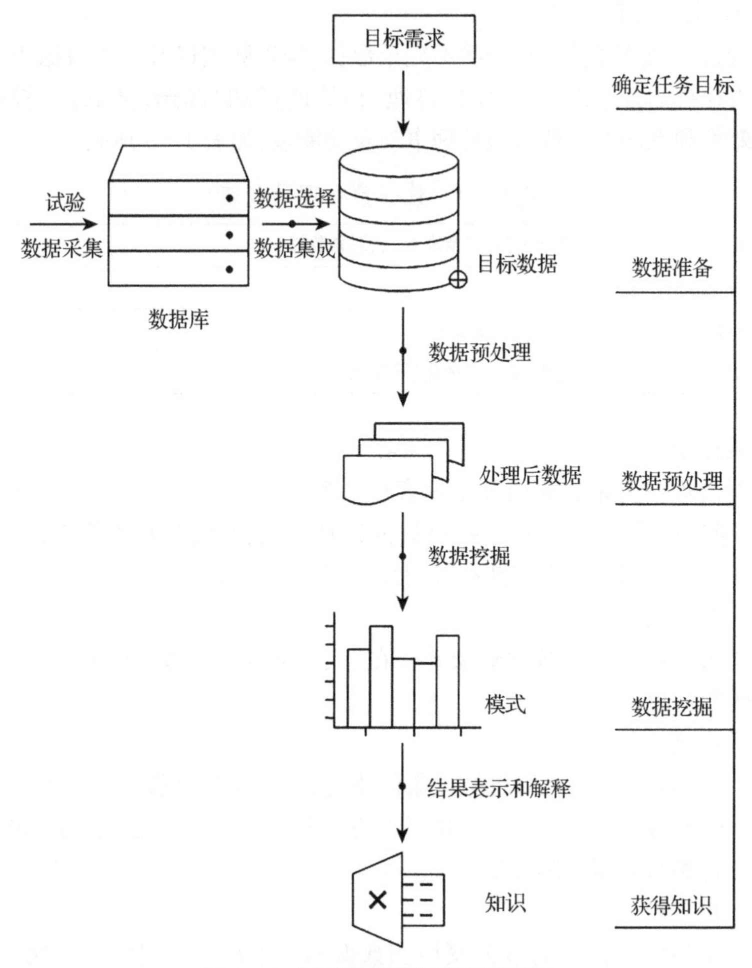


图1-4 试验数据挖掘流程示意图

1. 确定任务目标

针对具体的试验数据挖掘应用,首先要明确本次数据挖掘的目标是什么,系统完成后能达到什么样的效果,即决定到底想干什么。清晰定义出数据挖掘的任务目的是数据挖掘的重要一步。

2. 数据准备

试验数据的准备包括数据采集、数据的选取和数据预处理。

试验数据采集是数据挖掘的基础,要耗用相当大的人力物力,但是为确保挖掘出知识的准确性,在合理选择效费比的基础上,应尽量采集和利用足够多的原始试验数据。

试验数据选取是在原始数据中,搜索所有与挖掘目标相关的数据信息,并从中选择提取出有代表性的数据组成样本。

3. 数据预处理

试验数据预处理就是将一些不完全数据、噪声数据以及矛盾数据等不适合用来分析挖掘的数据进行必要的"整理(预处理)"和"筛选(选取)",提高数据挖掘的效率和准确性。数据预处理事项及功能表,如表 1-9 所列。

表 1-9　数据预处理功能表

| | |
|---|---|
| 数据清理 | 填充缺失值、光滑噪声、识别离散值 |
| 数据集成 | 集成多个数据库 |
| 数据规约 | 数据及其简化表示 |
| 数据变换 | 规范化、数据离散化、标准化 |

1)数据清理

数据清理主要是去除或补全内容有缺失、格式有错误、逻辑有错误的原始数据,并通过数据一致性检测、噪声数据识别、数据滤波与修正等工作,提高大数据的一致性、准确性、真实性和可用性等方面的质量。

2)数据集成

把相关的或类似的数据对象集合在一起,可以改变数据的分辨率,以适应不同目的的数据挖掘工作。

3)数据规约

数据规约的目的就是降低数据集的维度,以减少计算量。最简单的方法就是去除无效或者不相关的特征。也可以用一些数学方法来进行降维,如主成分分析(PCA)和奇异值分解(SVD)等。

4)数据变换

数据变换包括简单的数据变换和数据的规范化、标准化、离散化、二元化等。简单数据变换,主要是考虑数据属性是否是序数型,做变换时是否需要保序。规范化,通常是指通过缩放使其落在对应的区间内。标准化,是为避免而某些数值偏大的属性决定结果,将数据转换成一个均值为 0、标准差为 1 的新变量。离散化,主要是对于一些连续属性,根据一定的标准将其转换成一个分类属性。二元化,是用多个二元变量的组合表示不同的分类情况。

5)建立数据库

数据库的建立是形成数据有效存储的过程。它利用信息技术所提供的海量数据存储、分析能力,将数据经过整理、规划而建立成一个强大的数据管理职能系统,可以协助数据挖掘以及决策的进行。

4. 数据挖掘

根据特定的问题领域的性质、数据结构、算法特点以及算法的计算资源消耗和计算复杂度等因素,选择较为合理的挖掘算法或模型。一般认为,反复试验和基于样本的方法是设计模型的最有效方法,没有一种通用方法可以解决所有问题。

5. 获得知识

通过数据挖掘算法,就可以得到隐藏在数据中的知识,并用此对以往的数据进行验证,并对发展趋势进行预测。如果验证或预测结果不理想,说明没有得到所需要的知识,则需要返回到上一阶段,甚至从头再来,重新执行上述过程。

## 1.5　若干问题的讨论

1. 数据挖掘与数据分析

数据挖掘和数据分析都是对数据进行分析、处理等操作,进而得到有价值的知识。数据分析结果需要进一步进行数据挖掘才能指导决策,而数据挖掘进行价值评估的过程也需要调整先验约束而再次进行数据分析,两者紧密相连,具有循环递进的关系。

从分析的目的来看,数据分析一般是对历史数据进行统计学上的一些分析;数据挖掘更侧重于机器对未来的预测,一般采用分类、聚类、判别、关联规则等方法。从分析的过程看,数据分析更侧重统计学上的一些方法,经过推理得到结论;数据挖掘更侧重由机器进行学习,直接得到结论。从分析的结果看,数据分析的结果是准确的统计量;数据挖掘得到的是既有统计量结果又有模糊的结论。

2. 有监督学习和无监督学习

有监督学习(supervised learning),是指存在目标变量,需要特征变量和目标变量之间的关系,在目标变量的监督下学习和优化算法,如多元统计数据挖掘方法中的分类判别分析方法和预测分析方法就属于有监督学习。无监督学习(unsupervised learning),是指不存在目标变量,基于数据本身来识别变量之间内在的模式和特征。如关联分析,是通过数据发现项目 A 和项目 B 之间的关联性;聚类分析,是通过距离将所有样本分为几个稳定可区分的群体。

3. 主成分分析与因子分析

主成分分析是寻求若干个可观测随机变量的少数线性组合,说明其含义。因子分析主要的目的是找出不一定可观测的潜在变量作为公共因子,并解释公共因子的意义,以及如何用不可观测随机变量计算可观测随机变量。

4. 聚类分析与分类分析

聚类分析,并不关心某一类是什么,只是根据需要实现的目标而把相似的样本聚到一起。聚类算法只要知道如何计算相似度即可,并不需要使用训练数据进行学习,这种聚合过程属于“无监督学习”。分类分析,是判断新样本归属于若干已知类中的某一类。利用已知数据库元组和类别的训练样本集进行学习,从而具备对未知数据进行分类的能力,这种提供训练数据的过程属于“监督学习”。

5. 分类分析与预测分析

分类分析的目标变量是离散型变量(例如,日常数据挖掘中的数据是否逾期、邮件是否为垃圾邮件;试验数据挖掘中的试验结果是否合格、设计是否合理、指标是否为主因素等)。预测分析的目标变量是连续型变量,通过变量与因变量之间规律关系的建立,揭示变量的未来定量知识或结果。

## 1.6 本章小结

试验数据挖掘的主要任务:基于试验数据建模的试验结果预测;试验关键指标的确定;试验指标体系的建立和规约处理;基于试验数据的分类;判断的试验属性判别。

试验数据挖掘主要是从试验获得的大(海)量数据中挖掘潜在其中的、事先不为人知的、有价值的试验结果信息和知识。

试验数据挖掘的流程:确定任务目标、数据准备、建立数据库、数据挖掘、获得知识等。数据准备可细分为数据采集、数据选取,以及数据清理、聚集、规约、变量变换等的预处理过程。

试验数据挖掘的主要方法是统计挖掘方法。随着高性能计算技术的快速发展,人工神经网络、遗传算法等高级数据挖掘方法的应用范围也越来越广泛。

# 第2章　试验数据预处理

试验数据挖掘使用的数据大部分是未被处理的原始数据，一般含有异常值和随机误差。为便于数据挖掘工作的开展，需要对试验数据进行预处理[1-2]。其主要目的是最小化无用数据的输入和输出，即将进入数据挖掘模型的“垃圾”数据最小化，从而最小化所建立模型给出的“垃圾”信息。

异常数据识别剔除与重构包含外推拟合法、多项式回归模型检验法和M估计法。为减小数据噪声，需要对数据的随机误差进行分析，设法减小随机误差。随机误差[3-4]的分析，一般建立在一定假设条件下，本章重点介绍随机误差序列平稳性、正态性、周期性和相关性的检验与分析方法。同时，数据平滑滤波是减小随机误差的基本方法，而数据变换与离散化是消除数据量纲对数据挖掘影响的必要环节，本章一并进行介绍。

## 2.1　试验异常数据识别剔除与重构

异常数据的识别与处理是数据预处理的第一步工作，只有在剔除异常值之后才能进行数据的随机误差性质、平滑滤波、数据变换与离散化等分析工作。试验数据中含有的异常值，按照其出现的情况，分为单点存在和连续多点存在的两种情况。对于单点存在的情况，异常值识别与剔除一般选用外推拟合法和M估计法。对于连续多点存在的情况，异常值识别一般只能采用作图观察法进行，其重构一般采用外推拟合法进行。

### 2.1.1　外推拟合法

#### 2.1.1.1　算法原理

外推拟合法[10]是异常数据识别与剔除中最常见、最有效的方法。其原理就是以相邻的连续正常数据为依据，应用最小二乘估计和时间多项式外推后（或前）一时刻的观测数据估计值，与该时刻的实测数据作差，并与给定阈值进行比较分析，若大于阈值，则认为此点为异常值点。

#### 2.1.1.2　异常数据识别剔除与重构步骤

设待异常数据分析的试验数据时间序列为$\{X_t, t=1,2,3,\cdots\}$，其描述目标的运动是有规律的，可以用二次函数来描述。拟合估计值与实测数据的差值，若超过给定阈值($\Delta=3\sigma$)则判为异常值,$\sigma$为测量系统的随机误差,即该阈值表明正常值的数量超过数据总量的99.7%,占绝大多数。令$j=1$,从时间序列$\{X_t,t=1,2,3,\cdots\}$中选取$\boldsymbol{U}=[y(t_j)\quad y(t_{j+1})\quad y(t_{j+2})\quad y(t_{j+3})]^{\mathrm{T}}$,首先对$U$进行异常值识别处理,并用估计值替代实测数据完成数据重构。

**步骤1**:采用最小二乘方法计算$U$的拟合多项式的系数$\boldsymbol{G}$,即

$$\boldsymbol{G}=[g_0\quad g_1\quad g_2]^{\mathrm{T}}=(\boldsymbol{B}^{\mathrm{T}}\boldsymbol{B})^{-1}\boldsymbol{B}^{\mathrm{T}}U \tag{2-1}$$

$$\boldsymbol{B}=\begin{bmatrix}1 & t_j & t_j^2\\ 1 & t_{j+1} & t_{j+1}^2\\ 1 & t_{j+2} & t_{j+2}^2\\ 1 & t_{j+3} & t_{j+3}^2\end{bmatrix}$$

做内符合判断,令

$$\tilde{y}(t_{j+i})=g_0+g_1t_{j+i}+g_2t_{j+i}^2,i=0,1,2,3 \tag{2-2}$$

**步骤2**:判断不等式为

$$|\tilde{y}(t_{j+i})-y(t_{j+i})|\leqslant\Delta,i=0,1,2,3 \tag{2-3}$$

**步骤3**:若不等式不成立,则数据的前4个点有异常值,不能外推拟合第5个点。此时,以$t_{j+4}$作为新的时间起点,重复步骤1、步骤2。

若不等式成立,则继续下一步骤异常值识别处理。

计算拟合值为

$$\tilde{y}(t_{j+4})=g_0+g_1t_{j+4}+g_2t_{j+4}^2 \tag{2-4}$$

判断不等式为

$$|\tilde{y}(t_{j+4})-y(t_{j+4})|\leqslant\Delta \tag{2-5}$$

**步骤4**:若不等式(2-5)不成立,则$y(t_{j+4})$为异常点,令$y(t_{j+4})=\tilde{y}(t_{j+4})$。此时,以$t_{j+5}$作为新的时间起点,重复步骤1、步骤2和步骤3。

在特征点附近时,应以$t_{j+1}$作为新的时间起点,重复步骤1、步骤2、步骤3、步骤4。若不等式(2-5)成立,则$y(t_{j+4})$为正常点。依次取$j=2,3,\cdots,N-4$($N$为待检验测量数据的总点数),重复步骤1、步骤2、步骤3、步骤4。

外推拟合的详细流程图见图2-1。

**2.1.1.3 外推拟合法在雷达测量数据处理中的应用**

1. 背景介绍

表2-1给出了某雷达的俯仰角测量数据。由于篇幅原因,仅列出了部分数据,表中标*部分为识别出来的异常值数据。

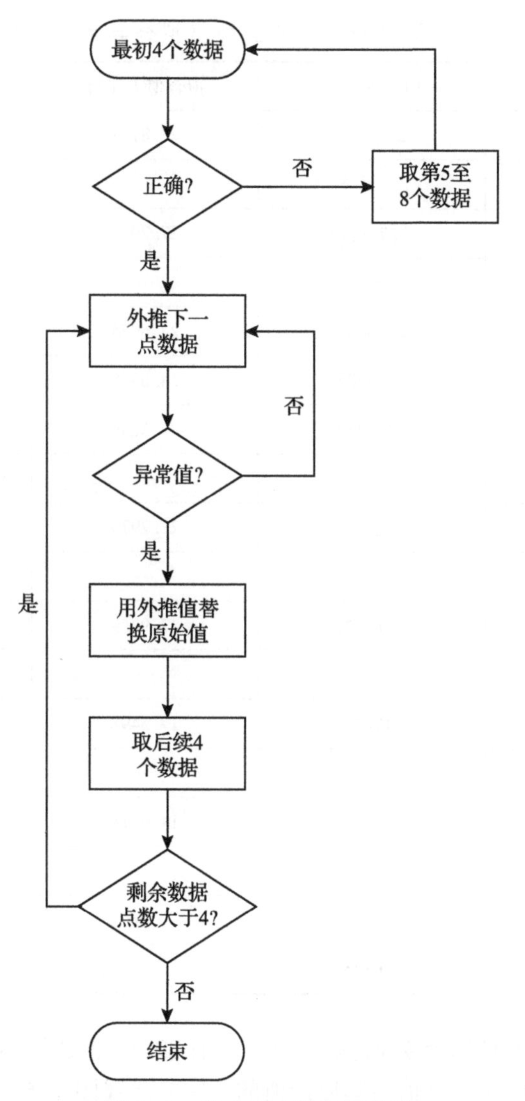


图 2-1　外推拟合详细流程图

2. 计算特征参数

采用最小二乘法计算获得测量数据的均方根误差为 $\sigma = 0.00767642°$，设 $\Delta = 3\sigma = 0.02302926°$，采用外推拟合法进行异常值剔除。按照式(2-1)~式(2-5)所示的方法步骤，采用 VC++6.0 语言编写异常值处理程序，进行试验异常数据的识别剔除，取外推拟合的估计值作为异常值的重构数据。表 2-2 为计算时的多项式系数。

表 2-1　某雷达俯仰角 $E$ 的外推拟合异常值识别情况

| $T$/s | 原始 $E$/(°) | 拟合值 $E$/(°) | 外推一次差 |
|---|---|---|---|
| 0. 200 | 27. 8719 | 27. 8781 | -0. 0062 |
| … | … | … | … |
| 0. 400 | *27. 8177 | 27. 7938 | 0. 0239 |
| … | … | … | … |
| 5. 600 | 24. 6884 | 24. 6974 | -0. 0090 |
| 5. 650 | 24. 6585 | 24. 6579 | 0. 0006 |
| 5. 700 | 24. 6279 | 24. 6249 | 0. 0030 |
| … | … | … | … |
| 9. 400 | *22. 3219 | 22. 2979 | 0. 0240 |
| … | … | … | … |
| 16. 600 | *18. 020 | 17. 9859 | 0. 0338 |
| … | … | … | … |
| 17. 500 | *17. 526 | 17. 5498 | -0. 0243 |
| … | … | … | … |
| 24. 400 | *14. 015 | 14. 0418 | -0. 0266 |
| … | … | … | … |
| 64. 400 | *-0. 661 | -0. 4632 | -0. 1977 |
| 64. 550 | -0. 669 | — | — |

表 2-1 共计 1296 组数据，识别出异常值 69 个，雷达原始俯仰角曲线图见图 2-2，雷达俯仰角外推值与其原始值的一次差曲线图见图 2-3。

表 2-2　外推拟合多项式系数情况

| $g_2$ | $g_1$ | $g_0$ |
|---|---|---|
| -0. 4100 | -0. 0915 | 27. 9128 |
| -1. 1700 | -0. 0531 | 27. 9063 |
| … | … | … |
| 0. 5000 | 0. 1022 | 6. 3087 |
| -1. 7500 | 0. 2195 | 6. 3301 |

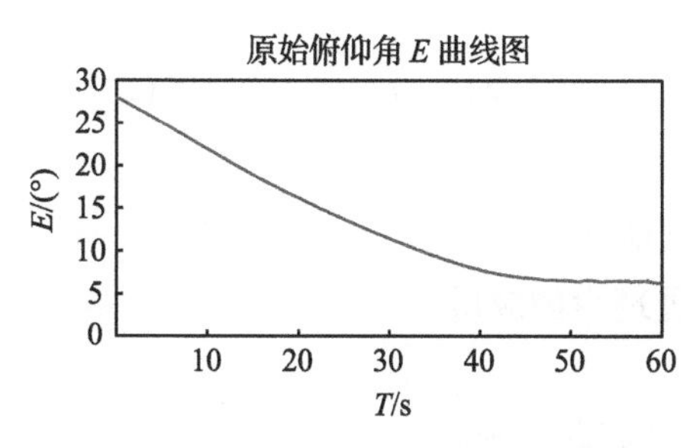


图 2-2　某雷达原始俯仰角 $E$ 曲线图

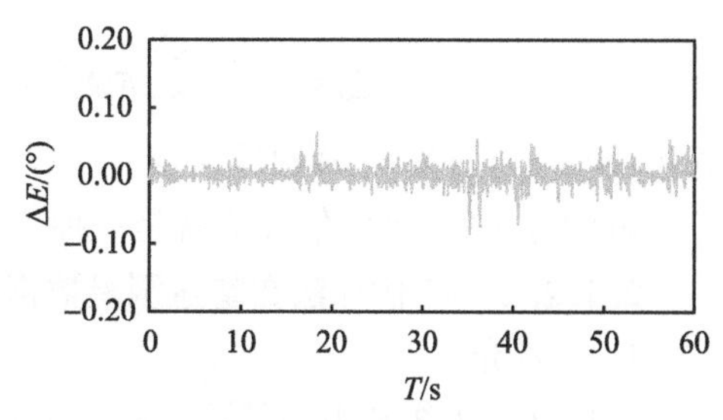


图 2-3　俯仰角 $E$ 外推值与原始值一次差曲线图

3. 异常值判断

从表 2-1 统计出的外推一次差和图 2-3 可以得出，图中一次差 $\Delta E > 0.02302926°$ 就是异常值点，根据该阈值利用程序能自动识别异常值，拟合外推法具有较好的剔除隐蔽异常值的特点。

## 2.1.2　M 估计法

试验数据挖掘中，异常值处理经常遇到阈值的选择影响异常值识别的成功率。当外推值与待挖掘数据的一次差在阈值附近变化时，我们难以判断此值是否为异常值。另外，假设观测数据的随机误差为白噪声序列，有时还假设为正态分布，但实际情况却是近似于正态分布。这时最好使用一种“抗干扰”的估计方法，即稳健方法。对于实际测量来说，M 估计法[11]是一种常用的稳健估计方法。

### 2.1.2.1　算法原理

设观测数据的一般线性回归模型为

$$y_i = \boldsymbol{g}_i^{\mathrm{T}}\boldsymbol{X} + \varepsilon_i, i = 1, 2, \cdots, m \tag{2-6}$$

式中：$\boldsymbol{g}_i^{\mathrm{T}} = (g_{i1}, g_{i2}, \cdots, g_{in})$，$\boldsymbol{X} = (x_1, x_2, \cdots, x_n)^{\mathrm{T}}$。$x_i$ 为观测数据；$\{\varepsilon_i\}$ 为独立同方差的随机误差序列。

对上述模型一般应用最小二乘估计得到 $\boldsymbol{X}$ 的最优线性无偏估计，但是残差平方和随平方函数增长而迅速变大，因此，受个别异常值的影响很大。为了减小个别异常数据的影响，不用传统的方差最小作为参数估计优良性的准则，而改为以增长较慢的函数 $\rho$ 代替平方函数。这里，取 $\rho(x) = |x|$，则代价函数为

$$D(\beta) = \sum_{i=1}^{m} \rho(y_i - \boldsymbol{g}_i^{\mathrm{T}}\boldsymbol{X}) \tag{2-7}$$

使代价函数的值达到最小的 $\boldsymbol{X}$ 值就是其估计值，即

$$D(\hat{\boldsymbol{X}}) = \min_{\boldsymbol{X}} D(\boldsymbol{X}) \tag{2-8}$$

要使式(2-8)成立必须满足

$$\sum_{i=1}^{m} \phi\left(y_i - \sum_{j=1}^{n} g_{ij}\hat{x}_j\right) g_{ij} = 0, j = 1,2,\cdots,n \tag{2-9}$$

式中:$\phi(x)$为函数$\rho(x)$的导函数。

解此方程,得到的估计值就是一种稳健估计。

#### 2.1.2.2 M估计法在雷达测量数据处理中的应用

1. 背景介绍

仍以2.1.1.3节中的某雷达俯仰角测量数据为例。

2. 计算特征参数

采用最小二乘法计算获得其均方根误差为$\sigma = 0.00767642°$,设$\Delta = 3\sigma = 0.02302926°$,用M估计法进行异常值剔除。按照式(2-7)~式(2-9)所示的方法步骤,采用VC++6.0语言编写异常值处理程序,进行试验异常数据的识别剔除,取估计值作为异常值的重构数据。

表2-3中,共计1296组数据,识别出异常值10个。

表2-3 某雷达的俯仰角$E$的M估计法异常值识别情况

| $T$/s | 原始$E$/(°) | 估计值$E$/(°) | 估计一次差 |
|---|---|---|---|
| 0.000 | 27.9131 | 27.9128 | 0.0003 |
| … | … | … | … |
| 10.000 | 21.948 | 21.9490 | -0.0006 |
| … | … | … | … |
| 20.000 | 16.234 | 16.2341 | -0.0002 |
| … | … | … | … |
| 60.000 | 6.520 | 6.5202 | -0.0005 |
| … | … | … | … |
| 62.900 | 6.281 | 6.2780 | 0.0031 |
| *63.000 | 6.163 | 6.0732 | 0.0895 |
| *63.050 | 6.113 | 6.3812 | -0.2684 |
| *63.100 | 5.936 | 5.6672 | 0.2684 |
| *63.150 | 3.842 | 3.9313 | -0.0895 |
| 63.250 | 3.464 | 3.4662 | -0.0022 |
| 63.300 | 3.358 | 3.3509 | 0.0067 |
| 63.350 | 3.200 | 3.2063 | -0.0067 |
| 63.400 | 3.034 | 3.0322 | 0.0022 |
| *63.500 | 2.771 | 2.8019 | -0.0309 |

（续）

| $T$/s | 原始 $E$/(°) | 估计值 $E$/(°) | 估计一次差 |
| --- | --- | --- | --- |
| *63.550 | 2.621 | 2.5285 | 0.0927 |
| *63.600 | 2.143 | 2.2357 | -0.0927 |
| *63.650 | 1.954 | 1.9233 | 0.0309 |
| … | … | … | … |
| 64.500 | -0.721 | -0.7125 | -0.0089 |
| *64.550 | -0.669 | -0.6960 | 0.0268 |
| *64.600 | -0.720 | -0.6929 | -0.0268 |
| 64.650 | -0.695 | -0.7034 | 0.0089 |

根据式(2-9)可以计算得到多项式系数，如表 2-4 所列。

表 2-4　M 估计法计算出的多项式系数情况

| $g_2$ | $g_1$ | $g_0$ |
| --- | --- | --- |
| -0.4100 | -0.0915 | 27.9128 |
| 0.9200 | -0.4544 | 27.8639 |
| … | … | … |
| -17.7000 | 1.3034 | -0.4513 |
| -2.7000 | 0.4654 | -0.7125 |

3. 异常值判读

从表 2-3 统计结果可以得出，M 估计法识别出的异常值点为连续的点，说明其在连续的异常值点数不太多的情况下，有较好的多点异常值剔除方法，但其识别出的异常值点个数相比外推拟合法较少。

外推拟合法能够较好地识别孤立的异常值点，不能识别连续异常值。所以 M 估计法和外推拟合法两种方法结合一起用，异常值的识别效果会更好。

### 2.1.3　连续多点异常值识别方法

连续多点异常数据的识别是异常数据处理中的难题，模型建立复杂，数据计算量非常大，异常值的识别效果不好。针对该问题，一般采用作图观察法进行识别处理。首先，绘制出数据的时序曲线图；然后，通过观察法分析；最后，手动剔除异常值数据。

如图 2-4 所示，某雷达的数据用观察曲线图的方法可以得出 4.50~4.90s，数据全部为连续多点的异常值，直接做剔除处理。

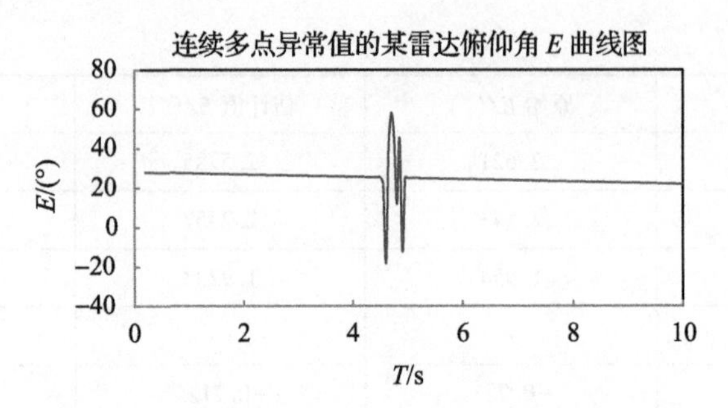


图 2-4　连续多点异常值的某雷达俯仰角 E 曲线图

## 2.2　试验数据随机误差分析

试验数据随机误差分析主要是对数据进行平稳性、正态性、周期性和相关性等检验，为后续试验数据挖掘[12-15]方法的选择提供支撑。

### 2.2.1　平稳性检验

在分析和估计测量数据的随机误差时，首先对随机误差是否平稳进行检验，然后使用相应的统计模型和估计方法，以便准确地获取所需要的信息和统计特性。

#### 2.2.1.1　平稳性检验方法

该随机序列$\{y_t:1\leqslant t\leqslant n\}$按长度 $M$ 将其分成 $k$ 个等长度的子序列(余数可不用)，记为

$$\begin{matrix} y_{11} & y_{12} & \cdots & y_{1M} \\ y_{21} & y_{22} & \cdots & y_{2M} \\ \vdots & \vdots & \cdots & \vdots \\ y_{k1} & y_{k2} & \cdots & y_{kM} \end{matrix}$$

计算各子列的均值与方差，得

$$\overline{y_i}=\frac{1}{M}\sum_{t=1}^{M} y_{it} \tag{2-10}$$

$$s_i^2=\frac{1}{M}\sum_{t=1}^{M}(y_{it}-\overline{y}_i)^2 \tag{2-11}$$

式中，$k$ 和 $M$ 的选取依据数据长度 $n$ 而定(一般 $k\geqslant 10$)。

定义

$$a_{ij}=\begin{cases}1, \text{当 } i<j \text{ 时}, \overline{y}_i<\overline{y}_j \\ 0, \text{其他}\end{cases} \tag{2-12}$$

$$b_{ij}=\begin{cases}1,\text{当 } i<j \text{ 时}, s_i^2<s_j^2\\0,\text{其他}\end{cases} \tag{2-13}$$

$$C=\sum_{i<j} a_{ij} \tag{2-14}$$

$$D=\sum_{i<j} b_{ij} \tag{2-15}$$

实际上 $C$、$D$ 分别为$\{\overline{y}_i:1\leqslant i\leqslant k\}$和$\{s_i^2:1\leqslant i\leqslant k\}$中按数值大小排列形成的逆序个数。

理论结果表明：若$\{y_t:1\leqslant t\leqslant n\}$具有平稳性，则当 $M$ 足够大时（$M$ 一般大于 5），$\{\overline{y}_i:1\leqslant i\leqslant k\}$和$\{s_i^2:1\leqslant i\leqslant k\}$均可近似地视为独立同分布，且有

$$\overline{C}=\overline{D}=\frac{1}{4}k(k-1) \tag{2-16}$$

$$\mathrm{var}(C)=\mathrm{var}(D)=\frac{1}{72}k(2k^2+3k-5) \tag{2-17}$$

当 $k>10$ 时，统计量为

$$u=\frac{C+\frac{1}{2}-\frac{k(k-1)}{4}}{\sqrt{k(2k^2+3k-5)/72}} \tag{2-18}$$

$$v=\frac{D+\frac{1}{2}-\frac{k(k-1)}{4}}{\sqrt{k(2k^2+3k-5)/72}} \tag{2-19}$$

$u$、$v$ 均渐近地服从 $N(0,1)$。

由此，得到$\{y_t:1\leqslant t\leqslant n\}$平稳性检验的步骤如下。

（1）均值平稳性检验。

**步骤 1**：将$\{y_t:1\leqslant t\leqslant n\}$分成 $M$ 段（$M>5$），并相应计算各段均值，得一均值序列$\{y_i:1\leqslant i\leqslant M\}$。

**步骤 2**：计算 $C$ 及 $u$。

**步骤 3**：取显著性水平 $\alpha$ 的正态分布，$Z_{\alpha/2}$ 为分位数，进行假设检验。

**步骤 4**：若 $|u|\leqslant Z_{\alpha/2}$，则以置信度 $1-\alpha$ 认为该残差数据序列具有平稳性，否则认为是不平稳的。

（2）方差平稳性检验。

方差平稳性检验的步骤同均值平稳性检验，只是$\{\overline{y}_t:1\leqslant t\leqslant n\}$分段后计算每段内方差得$\{s_i^2:1\leqslant i\leqslant n\}$，方法与均值平稳性检验相仿。

#### 2.2.1.2　平稳性检验在雷达测量数据处理中的应用

1. 背景介绍

采用某雷达实测数据，测元为斜距 $R$、方位角 $A$、俯仰角 $E$，数据共计 2261

组(表2-5),由于篇幅原因仅列出部分数据,采用VC++6.0编写程序进行试验数据平稳性检验分析。

表2-5 某雷达测元数据

| $R$ | $A$ | $E$ |
| --- | --- | --- |
| 75202.0571 | 195.022409 | 23.244326 |
| 75319.9710 | 195.110300 | 23.227846 |
| 75431.7830 | 195.172098 | 23.201754 |
| … | … | … |
| 106751.2016 | 202.497239 | 15.202333 |
| 106891.0846 | 202.508226 | 15.185853 |
| 106967.4986 | 202.519212 | 15.155641 |
| … | … | … |
| 143025.6448 | 206.413869 | 8.371583 |
| 143172.6138 | 206.411123 | 8.349610 |
| 143290.2858 | 206.424856 | 8.345491 |
| … | … | … |
| 186742.2849 | 208.444970 | 6.554719 |
| 186842.6129 | 208.443597 | 6.553346 |
| 186892.9099 | 208.443597 | 6.553346 |
| … | … | … |
| 227036.0194 | 207.126611 | -0.454559 |
| 227058.2384 | 207.133478 | -0.484772 |
| 227058.7224 | 207.134851 | -0.502625 |

为直观分析数据的平稳性,对测元趋势项进行提取,剩下的趋势项数据就是其原始数据的随机分布情况,提取之后的数据随机误差性质保持不变,提取之后的数据见表2-6,提取之后的数据曲线图见图2-5~图2-7。

表2-6 某雷达测元提取趋势项后数据

| $R$提取趋势项后值 | $A$提取趋势项后值 | $E$提取趋势项后值 |
| --- | --- | --- |
| 0.5602 | 0.362236 | 1.62537 |
| -4.6669 | 0.326808 | 0.433322 |
| -0.6168 | 0.106492 | -0.206233 |

（续）

| R 提取趋势项后值 | A 提取趋势项后值 | E 提取趋势项后值 |
|---|---|---|
| −3. 8883 | 0. 085414 | −0. 532175 |
| 4. 5609 | −0. 095291 | −0. 903273 |
| … | … | … |
| −26. 2356 | −0. 000319 | 0. 030861 |
| −3. 5284 | 0. 029415 | 0. 01354 |
| 31. 867 | −0. 034979 | −0. 151009 |
| 12. 1095 | 0. 046305 | −0. 319536 |
| 7. 7318 | −0. 110163 | −0. 109038 |
| −12. 2642 | −0. 192721 | −0. 26312 |
| 5. 5761 | −0. 129338 | −0. 302889 |
| −47. 6045 | −0. 039816 | −0. 372727 |

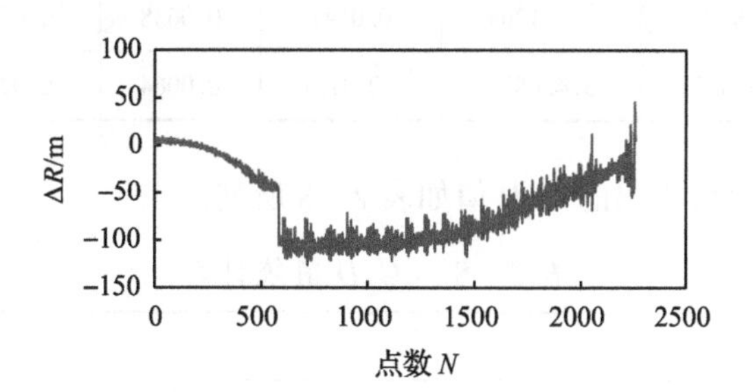


图 2－5　斜距 R 趋势项提取后图

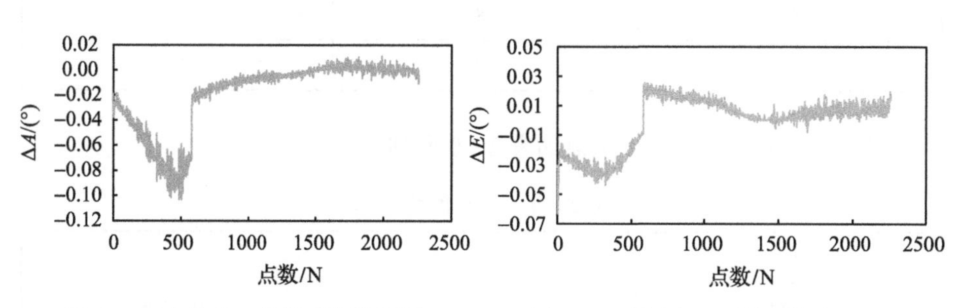


图 2－6　方位角 A 趋势项提取后图　　图 2－7　俯仰角 E 趋势项提取后图

2. 计算特征参数

按步骤 1 计算，实测数据 2261 组数据，每段 40 组数据，一共可以分成 56 段，每段的均值和方差如表 2－7 所列，由于篇幅原因，仅列出了部分数据。

表2-7 各段均值与方差统计表

| 段落号 | R均值 | R方差 | A均值 | A方差 | E均值 | E方差 |
|---|---|---|---|---|---|---|
| 1 | -0.1003 | 7.0095 | 0.0323 | 0.0552 | 0.0373 | 0.3809 |
| 2 | 0.0340 | 9.6566 | -0.0715 | 0.0066 | -0.1469 | 0.0162 |
| 3 | -0.1450 | 5.5638 | 0.0630 | 0.0092 | 0.0900 | 0.0068 |
| 4 | 0.0583 | 5.1741 | -0.0531 | 0.0152 | -0.0670 | 0.0115 |
| … | … | … | … | … | … | … |
| 21 | 0.9776 | 171.4934 | -0.0029 | 0.0114 | -0.0169 | 0.0134 |
| 22 | -0.5454 | 124.7886 | -0.0018 | 0.0140 | 0.0065 | 0.0127 |
| 23 | -1.4289 | 187.0811 | 0.0312 | 0.0058 | 0.0161 | 0.0096 |
| … | … | … | … | … | … | … |
| 51 | 0.5668 | 344.6276 | 0.1206 | 0.0590 | -0.0202 | 0.0690 |
| 55 | 3.9197 | 117.1269 | 0.0147 | 0.0638 | 0.0743 | 0.0853 |
| 56 | -5.6803 | 324.6839 | -0.0151 | 0.0064 | 0.0212 | 0.0644 |

按步骤2计算,得出的$C$、$D$值如表2-8所列。

表2-8 $C$、$D$值统计表

| 参数 | $C$ | $D$ |
|---|---|---|
| 斜距 | 28 | 32 |
| 方位角 | 28 | 28 |
| 俯仰角 | 27 | 25 |

按步骤2计算得出的$u$、$v$值如表2-9所列。

表2-9 $u$、$v$值统计表

| 参数 | $u$ | $v$ |
|---|---|---|
| 斜距 | 10.4812 | 10.4246 |
| 方位角 | 10.4812 | 10.4812 |
| 俯仰角 | 10.4953 | 10.5236 |

3. 数据平稳性判断

在给定 $\alpha=0.05$ 时,由表 2－9 所知,斜距 $R$、方位角 $A$ 和俯仰角 $E$ 的数值均大于 $Z_{\alpha/2}=1.96$,这说明三者是非平稳的。

## 2.2.2　正态性检验

在试验数据处理中,观测数据的随机误差序列一般设为正态分布。为检验该假设是否成立,需要利用一定的统计方法(如 $\chi^2$ 拟合优度)来检验。

### 2.2.2.1　正态性检验方法

对于 $N$ 个观测数据的序列 $\{y_i\}$,首先应用矩估计或最大似然估计给出均值和方差的估计值,然后把从 $-\infty$ 到 $+\infty$ 的区间任意地分成 $k+1$ 个区间,即

$$(-\infty,\alpha_1),[\alpha_1,\alpha_2),[\alpha_2,\alpha_3),\cdots,[\alpha_{k-1},\alpha_k),[\alpha_k,+\infty)$$

如果观测数据序列 $\{y_i\}$ 符合正态分布,则落入第 $j$ 区间中的数据个数(称为 $j$ 区间中的期望频率)应该为

$$M_1=N\Phi\left(\frac{\alpha_1-\overline{m}}{\hat{\sigma}}\right) \tag{2-20}$$

$$M_j=N\left\{\Phi\left(\frac{\alpha_j-\overline{m}}{\hat{\sigma}}\right)-\Phi\left(\frac{\alpha_{j-1}-\overline{m}}{\hat{\sigma}}\right)\right\},1<j\leqslant k \tag{2-21}$$

$$M_{k+1}=N\left\{1-\Phi\left(\frac{\alpha_k-\overline{m}}{\hat{\sigma}}\right)\right\} \tag{2-22}$$

式中:$\Phi(x)$ 为标准正态分布的分布函数。

假设观测数据 $\{x_i\}$,落入上述各区间的实际频率数为 $N_j$,显然有 $\sum_{j=1}^{k+1}N_j=\sum_{j=1}^{k+1}p_j=N$,故 $N_j-p_j$ 的总偏差必为 0。现做样本 $\chi^2$ 统计量为

$$\chi^2=\sum_{j=1}^{k+1}(N_j-M_j)^2/M_j \tag{2-23}$$

当随机变量 $X$ 服从正态分布时,则式(2－23)表示的统计量服从 $\chi^2(k-2)$ 分布。于是,如果式(2－23)计算得到的统计量 $\chi^2$ 小于由 $\chi^2(k-2)$ 分布在显著水平 $\alpha$ 时的值,则 $X$ 服从正态分布,否则拒绝接受假设。

### 2.2.2.2　正态性检验在雷达测量数据处理中的应用

1. 背景介绍

仍以 2.2.1.2 节中的某雷达俯仰角测量数据为例。斜距 $R$、方位角 $A$ 和俯仰角 $E$ 的频数直方图如图 2－8 所示。

2. 计算特征参数

数据分析采用 VC++6.0 编写程序,$k$ 取 20,计算 $M_j$、$N_j$,如表 2－10 所列。

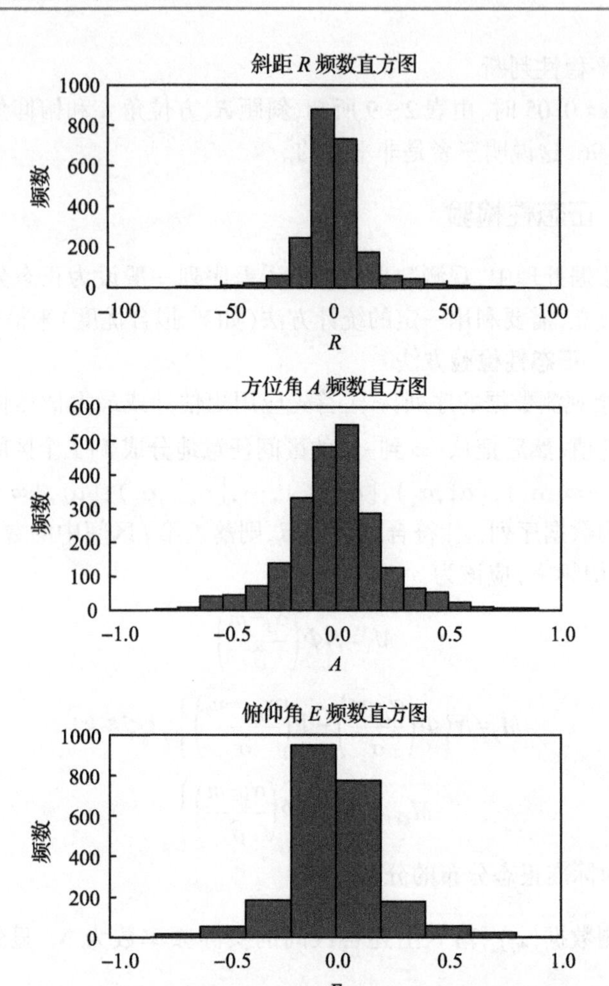


图 2-8　频数直方图

表 2-10　$M_j$、$N_j$ 计算结果

| 斜距 $R$ 的 $M_j$ 值 | 斜距 $R$ 的 $N_j$ 值 | 方位角 $A$ 的 $M_j$ 值 | 方位角 $A$ 的 $N_j$ 值 | 俯仰角 $E$ 的 $M_j$ 值 | 俯仰角 $E$ 的 $N_j$ 值 |
|---|---|---|---|---|---|
| 0 | 6 | 2 | 10 | 0 | 3 |
| 1 | 12 | 7 | 43 | 0 | 5 |
| 8 | 25 | 20 | 40 | 1 | 13 |
| 44 | 77 | 48 | 66 | 5 | 25 |
| 155 | 287 | 100 | 102 | 30 | 67 |
| 360 | 782 | 175 | 240 | 115 | 173 |
| 551 | 706 | 262 | 366 | 297 | 578 |

（续）

| 斜距 $R$ 的 $M_j$ 值 | 斜距 $R$ 的 $N_j$ 值 | 方位角 $A$ 的 $M_j$ 值 | 方位角 $A$ 的 $N_j$ 值 | 俯仰角 $E$ 的 $M_j$ 值 | 俯仰角 $E$ 的 $N_j$ 值 |
|---|---|---|---|---|---|
| 553 | 190 | 333 | 518 | 506 | 871 |
| 364 | 64 | 361 | 400 | 571 | 284 |
| 158 | 42 | 332 | 185 | 426 | 123 |
| 45 | 28 | 260 | 110 | 210 | 57 |
| 8 | 10 | 173 | 58 | 69 | 26 |
| 1 | 11 | 98 | 54 | 15 | 11 |
| 0 | 2 | 47 | 22 | 2 | 5 |
| 0 | 1 | 19 | 10 | 0 | 2 |
| 0 | 0 | 7 | 9 | 0 | 0 |
| 0 | 0 | 2 | 3 | 0 | 0 |
| 0 | 0 | 1 | 5 | 0 | 0 |
| 0 | 1 | 0 | 1 | 0 | 0 |
| 0 | 1 | 0 | 1 | 0 | 1 |

3. 正态性判断

计算斜距 $R$、方位角 $A$ 和俯仰角 $E$ 统计量 $\chi^2$ 值，分别为 2577.2、779.7 和 7081.8。经查表，显著水平 $\alpha=0.05$ 时的 $\chi^2(18)=9.39$，根据判别准则可知斜距 $R$、方位角 $A$ 和俯仰角 $E$ 都不是标准的正态分布。

## 2.2.3　周期性检验

周期性检验用来识别测量数据中是否包含有随机量以外的周期性分量，周期性检验的方法采用的是直接考察测量数据自相关函数的图形。

### 2.2.3.1　周期性检验法

在一些实际应用中，相关性被用于鉴别试验数据的隐周期，设 $N$ 个数据值 $\{X_i\}$，$i=1,2,\cdots,N$ 来自均值为 0 的平稳过程 $X(t)$，则 $\hat{R}_r$ 的自相关函数估计为

$$\hat{R}_r=\frac{1}{N-r}\sum_{k=1}^{N-r}X_kX_{k+r} \tag{2-24}$$

式中：$r$ 为滞后阶数。式(2-24)中的 $N-r$，当 $N$ 很大而 $r$ 相对来说很小时，可以用 $N$ 代替，即

$$\hat{R}_r=\frac{1}{N}\sum_{k=1}^{N-r}X_kX_{k+r}\ ,r=1,2,3,\cdots \tag{2-25}$$

若 $X(t)$ 是周期为 $T$ 的周期性函数，则它的自相关序列具有相同的周期。因

此，它在 $r$ 为 $0,T,2T$ 等处，含有相对较大的峰值。然而，当平移 $r$ 趋于 $N$ 时，峰值在幅度上会减小，由于实际只有有限的 $N$ 个数据样本，以至于许多的 $X_kX_{k+r}$ 的乘积都为零，因此，应该避免计算较大延迟时的 $\hat{R}_r$，如 $r>N/2$。

**2.2.3.2　周期性检验在雷达测量数据处理中的应用**

1. 背景介绍

数据采用某雷达数据，分析其斜距、方位角和俯仰角数据的周期性规律。

2. 计算特征参数

采用式(2－25)计算其滞后1到500阶的自相关函数值(ACF)的曲线如图2－9所示，数据见表2－11。

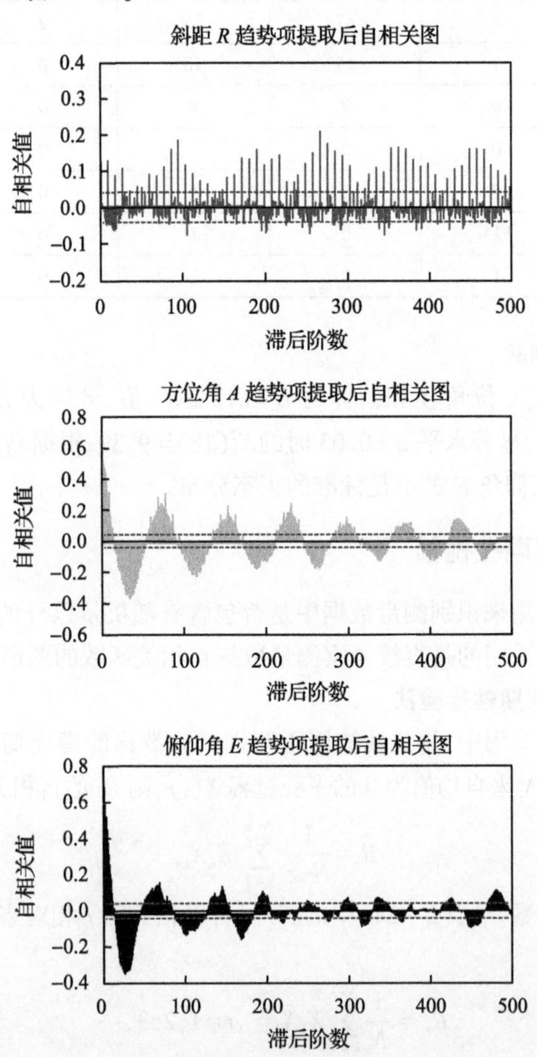


图2－9　自相关图

表 2-11　自相关函数的归一化值计算结果

| 滞后阶数 $r$ | 斜距 $\hat{R}_r/\hat{R}_0$ | 方位角 $\hat{A}_r/\hat{A}_0$ | 俯仰角 $\hat{E}_r/\hat{E}_0$ |
|---|---|---|---|
| 1 | 1.000 | 1.000 | 1.000 |
| 2 | 0.172 | 0.728 | 0.842 |
| … | … | … | … |
| 10 | 0.180 | 0.401 | 0.215 |
| 11 | -0.070 | 0.219 | 0.126 |
| … | … | … | … |
| 99 | -0.025 | -0.081 | -0.128 |
| 100 | 0.004 | -0.068 | -0.129 |
| … | … | … | … |
| 299 | 0.008 | 0.125 | 0.055 |
| 300 | 0.012 | 0.152 | 0.070 |
| … | … | … | … |
| 499 | 0.054 | 0.043 | -0.019 |
| 500 | -0.016 | 0.033 | -0.025 |

3. 周期性判断

由数据周期与自相关函数的周期相等,从图 2-8 可以看出雷达的斜距 $R$、方位角 $A$、俯仰角 $E$ 存在明显的周期性,其曲线图类似正弦或者余弦函数,说明算例数据周期非常有规律,存在周期性误差。根据自相关函数值连续 3 个 0 值之间数据个数为数据的周期,容易得到斜距 $R$ 的周期为 5,方位角 $A$ 的周期为 74,俯仰角 $E$ 的周期为 71。

## 2.2.4　相关性检验

分析观测数据相邻时刻的相关性,可以用自相关函数检验其相关性。自相关函数的估计方法通常有两种,一种是直接计算法,另一种是傅里叶变换法。

### 2.2.4.1　直接计算法

1. 基本方法

设 $N$ 个数据值$\{X_i\}$ ,$i=1,2,\cdots,N$ 来自均值为零的平稳过程$\{X_t\}$ 。

**步骤 1**:采用式(2-24)和式(2-25)计算 $\hat{R}_r$ 的自相关函数。

**步骤 2**:计算 $\hat{R}_0$ 除 $\hat{R}_r$ 自相关函数的归一化值 $\hat{R}_r/\hat{R}_0$,这里,从理论上讲,$\hat{R}_r/\hat{R}_0$ 应在±1 之间,有

$$\hat{R}_0=\frac{1}{N}\sum_{k=1}^{N}X_k^2 \tag{2-26}$$

$$P(\hat{R}_r/\hat{R}_0>R_\alpha)=\alpha \tag{2-27}$$

**步骤3**:给定的显著水平 $\alpha$,得到满足的临界值 $R_\alpha$,然后比较 $\hat{R}_r/\hat{R}_0$ 与 $|R_\alpha|$,如果 $\hat{R}_r/\hat{R}_0>|R_\alpha|$,则认为测量数据是相关的,反之则认为是相互独立的。

2. 相关性检验的直接计算法在雷达测量数据处理中的应用

1)背景介绍

数据采用某雷达数据,分析其斜距、方位角和俯仰角数据的相关性规律。

2)计算特征参数

采用式(2-26)和式(2-27),得到雷达数据的自相关函数的归一化值,计算结果如表2-12所列。

表2-12 自相关函数的归一化值计算结果

| $r$ | 斜距 $\hat{R}_r$ | 方位角 $\hat{A}_r$ | 俯仰角 $\hat{E}_r$ | 斜距 $\lvert\hat{R}_r/\hat{R}_0\rvert$ | 方位角 $\lvert\hat{A}_r/\hat{A}_0\rvert$ | 俯仰角 $\lvert\hat{E}_r/\hat{E}_0\rvert$ |
|---|---|---|---|---|---|---|
| 1 | 169.022 | 0.047 | 0.045 | 1.000 | 1.000 | 1.000 |
| 2 | 29.111 | 0.034 | 0.038 | 0.172 | 0.728 | 0.842 |
| 3 | 2.235 | 0.029 | 0.033 | 0.013 | 0.628 | 0.726 |
| 4 | -0.622 | 0.028 | 0.028 | 0.004 | 0.592 | 0.630 |
| 5 | -2.981 | 0.026 | 0.024 | 0.018 | 0.553 | 0.540 |
| 6 | -7.720 | 0.023 | 0.020 | 0.046 | 0.488 | 0.450 |
| 7 | -9.928 | 0.020 | 0.017 | 0.059 | 0.419 | 0.371 |
| 8 | -12.208 | 0.017 | 0.014 | 0.072 | 0.356 | 0.305 |
| 9 | -9.862 | 0.015 | 0.011 | 0.058 | 0.317 | 0.242 |
| 10 | 30.416 | 0.019 | 0.010 | 0.180 | 0.401 | 0.215 |
| 11 | -11.874 | 0.010 | 0.006 | 0.070 | 0.219 | 0.126 |
| 12 | -11.889 | 0.007 | 0.003 | 0.070 | 0.159 | 0.072 |
| 13 | -11.701 | 0.005 | 0.001 | 0.069 | 0.114 | 0.029 |
| 14 | -8.865 | 0.003 | -0.001 | 0.052 | 0.072 | 0.018 |
| 15 | -13.964 | 0.001 | -0.003 | 0.083 | 0.021 | 0.075 |
| 16 | -15.579 | -0.001 | -0.006 | 0.092 | 0.025 | 0.121 |
| 17 | -15.840 | -0.003 | -0.007 | 0.094 | 0.062 | 0.162 |
| 18 | -16.108 | -0.004 | -0.009 | 0.095 | 0.079 | 0.205 |
| 19 | 20.258 | 0.000 | -0.010 | 0.120 | 0.004 | 0.223 |
| 20 | -15.066 | -0.006 | -0.013 | 0.089 | 0.136 | 0.283 |

3)相关性判断

对于给定的显著水平 $\alpha=0.05$,得到满足的临界值 $R_\alpha=0.423$,从表2-12

可以得到斜距 $R$ 数据只有间隔 1 点相关，方位角 $A$ 和俯仰角 $E$ 间隔点数 1~6 时都相关，间隔点数大于等于 7 时不相关。

#### 2.2.4.2　傅里叶变换法

1. 基本方法

计算自相关函数估计的间接方法是首先用傅里叶变换法计算功率谱密度函数，然后计算逆傅里叶变换，得到自相关函数的估计。

假定记录 $X(t)$ 的采样容量为 $N=2p$，则可计算得到自相关函数估计。具体步骤如下。

在 $N$ 个数据 $X_n, n=0,1,2,\cdots,N-1$ 后添上 $N$ 个零，得到 $2N$ 项的新数据序列。

**步骤 1**：采用式(2-28)计算 $N$ 个点 $W_k, k=0,1,2,\cdots,N-1$，即

$$W_k=\sum_{n=0}^{N-1} X_n \exp\left[-i\frac{2\pi kn}{N}\right], i=\sqrt{-1} \tag{2-28}$$

在计算时，若 $N$ 很大，可采样快速傅里叶变换 FFT 方法进行计算。

**步骤 2**：采用式(2-29)计算原始谱估计值，有

$$G_k=\frac{2h}{N}|W_k|^2 \tag{2-29}$$

**步骤 3**：采用式(2-30)计算 $G_k$ 的逆傅里叶变换，有

$$F_r=\frac{1}{N}\sum_{k=0}^{N-1} G_k \cdot \exp\left[i\frac{2\pi kr}{N}\right], r=0,1,2,\cdots,N-1 \tag{2-30}$$

**步骤 4**：采用自相关函数的估计 $\hat{R}_r, r=0,1,2,\cdots,N-1$，即

$$\hat{R}_r=\frac{N}{N-r}F_r, r=0,1,2,\cdots,N-1 \tag{2-31}$$

2. 相关性检验的傅里叶变换法在雷达测量数据处理中的应用

1)背景介绍

继续针对某雷达数据，分析斜距、方位角和俯仰角数据的相关性。

2)计算特征参数

采用式(2-31)计算自相关函数的估计，结果见表 2-13。

表 2-13　傅里叶变换法相关性检验结果

| 自相关步长 $r$ | 斜距 $G_k$ | 斜距 $F_r$ | 斜距 $R_r$ | 方位角 $G_k$ | 方位角 $F_r$ | 方位角 $R_r$ | 俯仰角 $G_k$ | 俯仰角 $F_r$ | 俯仰角 $R_r$ |
|---|---|---|---|---|---|---|---|---|---|
| 0 | 1.10 | 16.90 | 1.00 | 0.00 | 0.00 | 1.00 | 0.00 | 0.00 | 1.00 |
| 1 | 1.11 | 2.90 | 0.17 | 0.00 | 0.00 | 0.72 | 0.00 | 0.00 | 0.83 |
| 2 | 1.11 | 0.23 | 0.01 | 0.00 | 0.00 | 0.62 | 0.00 | 0.00 | 0.71 |
| 3 | 1.11 | -0.06 | -0.00 | 0.00 | 0.00 | 0.59 | 0.00 | 0.00 | 0.62 |
| 4 | 1.12 | -0.28 | -0.01 | 0.00 | 0.00 | 0.55 | 0.00 | 0.00 | 0.53 |

（续）

| 自相关步长 $r$ | 斜距 $G_k$ | 斜距 $F_r$ | 斜距 $R_r$ | 方位角 $G_k$ | 方位角 $F_r$ | 方位角 $R_r$ | 俯仰角 $G_k$ | 俯仰角 $F_r$ | 俯仰角 $R_r$ |
|---|---|---|---|---|---|---|---|---|---|
| 5 | 1.13 | −0.78 | −0.04 | 0.00 | 0.00 | 0.48 | 0.00 | 0.00 | 0.44 |
| 6 | 1.15 | −0.99 | −0.05 | 0.00 | 0.00 | 0.41 | 0.00 | 0.00 | 0.37 |
| 7 | 1.17 | −1.22 | −0.07 | 0.00 | 0.00 | 0.35 | 0.00 | 0.00 | 0.31 |
| … | … | … | … | … | … | … | … | … | … |
| 20 | 2.78 | −0.61 | −0.04 | 0.00 | 0.00 | −0.19 | 0.00 | 0.00 | −0.30 |

3）相关性判断

对于给定的显著水平 α，得到满足的临界值 $R_\alpha=0.423$，从表 2－13 中可以得到斜距 $R$ 数据不相关；方位角 $A$ 和俯仰角 $E$ 间隔点数 1～5 时都相关，间隔点数大于等于 6 时不相关。

# 2.3　数据平滑滤波

数据的平滑滤波处理，是减少采样序列中随机误差，改进数据质量，提高处理精度和改善处理结果的有效措施。常用的三种平滑滤波方法分别为中心平滑滤波、中心序列平滑滤波和卡尔曼滤波方法。

## 2.3.1　中心平滑滤波

### 2.3.1.1　中心平滑滤波模型

已知数据 $\{y(k)\}_{k=-N}^{N}$（共 $2N+1$ 点），假设

$$y(k)=a+b(kh)+c(kh)^2+\varepsilon_k \tag{2-32}$$

$$\varepsilon_k \sim N(0,\sigma^2)，且\{\varepsilon_k\}相互独立，k=-N,\cdots,0,1,\cdots,N$$

式中：$h$ 为采样间隔，其单位为 s。一般情况下分析的数据为时序数据，如果采用率为10Hz，则 $h=0.1$s。

$y(0)$ 的中心平滑公式为

$$\hat{y}(0)=\frac{1}{(2N+1)q_2-q_1^2}\left[q_2\sum_{k=-N}^{N}y(k)-q_1\sum_{k=-N}^{N}k^2y(k)\right] \tag{2-33}$$

式中：$q_1=\sum_{k=-N}^{N}k^2=\frac{2N^3+3N^2+N}{3}$，　$q_2=\sum_{k=-N}^{N}k^4$。

### 2.3.1.2　中心平滑滤波在雷达测量数据处理中的应用

1. 背景介绍

以 2.2.1.2 节中的某雷达俯仰角测量数据为例。

2. 计算特征参数

采用 VC++6.0 语言,编写中心平滑滤波处理程序,进行数据的平滑滤波,单边平滑点数设置为 10 个点,数据平滑前后曲线图分别见图 2-10 和图 2-11。

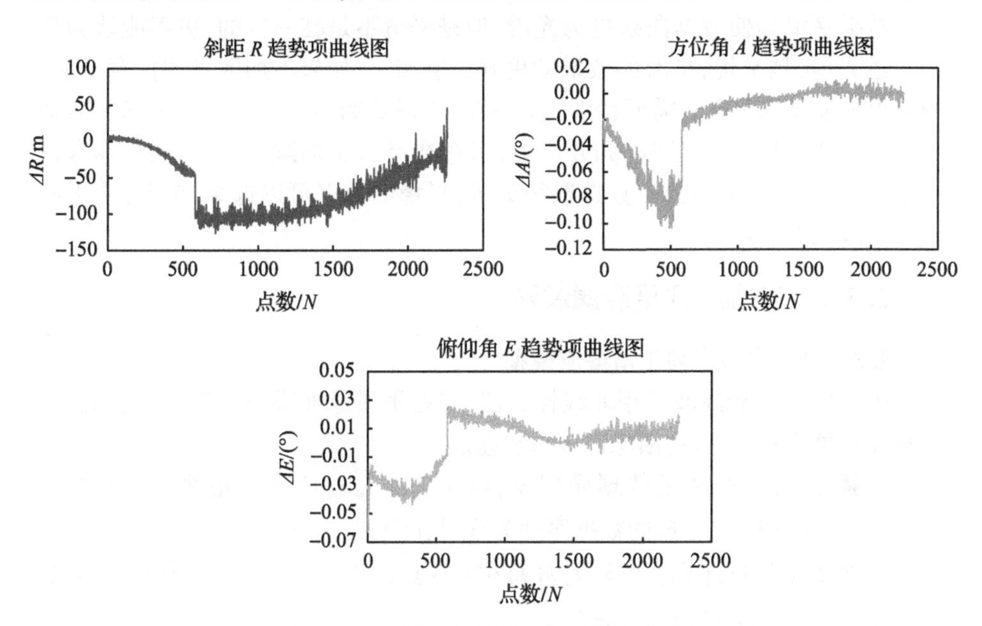


图 2-10　雷达原始数据趋势项数据曲线图

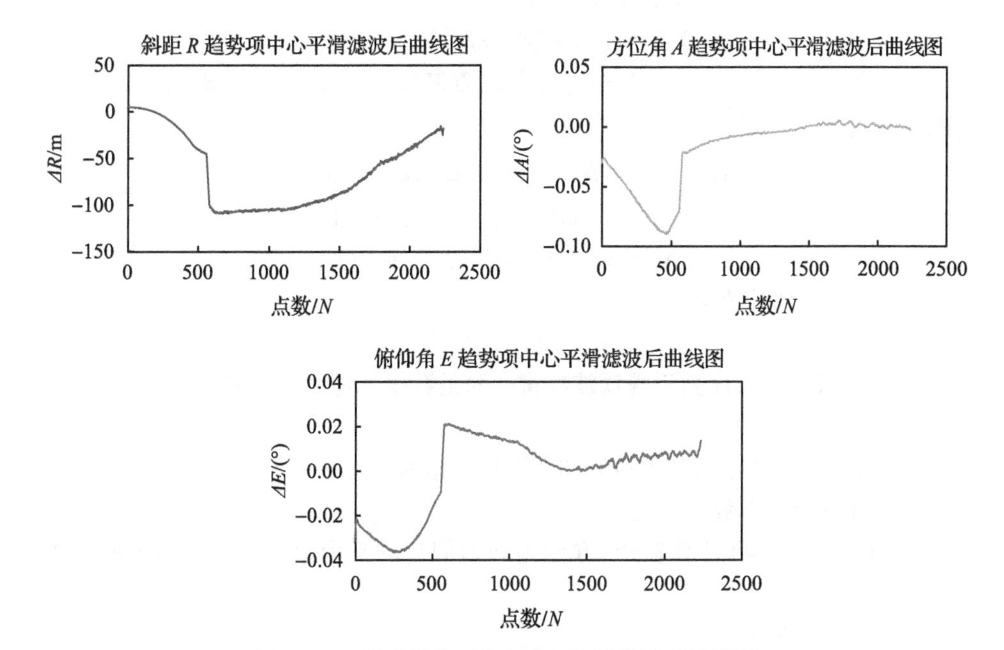


图 2-11　雷达趋势项数据中心平滑滤波后曲线图

通过对比图 2-10 和图 2-11，平滑后的曲线具有较好的光滑性，随机误差对试验数据的影响得到了较大的削弱。

3. 平滑效果分析

数据平滑是使数据曲线更为光滑，但是平滑不是唯一目的，更不能认为平滑得越光滑、越平坦，平滑的效果就更好。事实上，如果不加区别的任意平滑，则有可能使结果失真。需要特别注意的是，平滑后的结果不能与目标基本运动事实相违背，因为某些参数（如方位角）就存在跨 360°的跳变情况，曲线本身就是不平滑的，所以平滑的点数选取很关键，平稳的数据可以选 20 个点，非平稳数据一般取 5 个点。

## 2.3.2 中心序列平滑滤波法

### 2.3.2.1 中心序列平滑滤波模型

中心序列平滑滤波采用非线性方法，它在平滑脉冲噪声方面非常有效，对椒盐噪声处理较好，对高斯噪声效果较差。

**步骤 1**：对跟踪测量数据序列 $y_i, i=1,2,\cdots,n$，计算每相邻 5 个点（$y_i, y_{i+1},\cdots,y_{i+4}$）的中值，生成的数据序列为$\{y_i^{(1)}, i=1,2,\cdots,n-4\}$。

**步骤 2**：对数据序列$\{y_i^{(1)}\}$，计算每相邻 3 点（$y_i^{(1)}, y_{i+1}^{(1)}, y_{i+2}^{(1)}$）的中值，生成的数据序列为$\{y_i^{(2)}, i=1,2,\cdots,n-6\}$。

**步骤 3**：对数据序列$\{y_i^{(2)}\}$，进行滤波，有

$$y_i^{(3)}=0.25\times(y_{i-1}^{(2)}+2y_i^{(2)}+y_{i+1}^{(2)}) \quad i=2,\cdots,n-8 \tag{2-34}$$

**步骤 4**：对数据序列 $\Delta y_i^{(3)}=\{y_i-y_i^{(3)}\}$，重复步骤 1、步骤 2、步骤 3，进行二次处理，生成 $\Delta y_i^{(3)}$，即

$$\begin{gathered}\Delta y_i^{(1)}=\mathrm{med}\{\Delta y_{i-2},\Delta y_{i-1},\Delta y_i,\Delta y_{i+1},\Delta y_{i+2}\}\\ \Delta y_i^{(2)}=\mathrm{med}\{\Delta y_{i-1}^{(2)},\Delta y_i^{(2)},\Delta y_{i+1}^{(2)}\}\\ \Delta y_i^{(3)}=0.25\times\{y_{i-1}^{(2)}+2y_i^{(2)}+y_{i+1}^{(2)}\}\end{gathered}$$

最终平滑估计值为

$$y_i^{(4)}=\{y_i^{(3)}-\Delta y_i^{(3)}\} \tag{2-35}$$

### 2.3.2.2 中心序列平滑滤波在雷达测量数据处理中的应用

1. 背景介绍

以 2.2.1.2 节中的某雷达俯仰角测量数据为例。

2. 计算特征参数

采用式（2-34）计算斜距、方位角和俯仰角的平滑值，平滑之后的数据如图 2-12 所示。

3. 平滑效果分析

从图 2-12 可以看出，中心序列平滑滤波在处理方位角 $A$ 时，效果较好；在

处理斜距 $R$、和俯仰角 $E$ 时,效果一般。这说明方位角 $A$ 中脉冲噪声占比明显,斜距 $R$ 和俯仰角 $E$ 中高斯噪声占比明显。

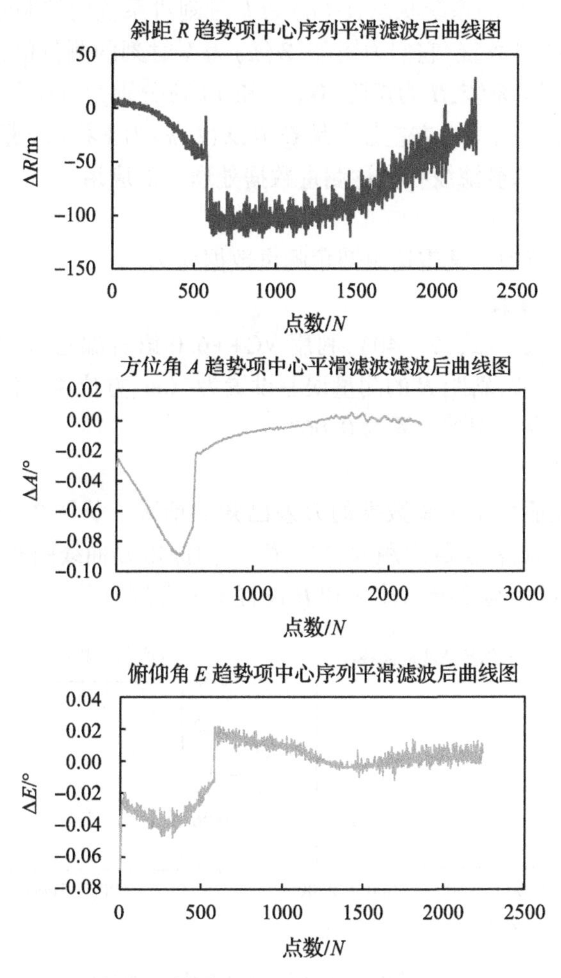


图 2-12　雷达趋势项数据中心序列平滑滤波后图

## 2.3.3　卡尔曼滤波法

### 2.3.3.1　卡尔曼滤波模型

卡尔曼滤波是比较成熟的一种滤波技术,鉴于篇幅,想深入了解的读者可以参考有关文献,本书只给出具体的公式,即

$$\boldsymbol{X}(k)=\boldsymbol{A}\boldsymbol{X}(k-1)+\boldsymbol{B}\boldsymbol{U}(k)+\boldsymbol{W}(k) \tag{2-36}$$

$$\boldsymbol{P}(k|k-1)=\boldsymbol{A}\boldsymbol{P}(k-1|k-1)\boldsymbol{A}^{\mathrm{T}}+\boldsymbol{Q} \tag{2-37}$$

$$\boldsymbol{X}(k|k)=\boldsymbol{X}(k|k-1)+\boldsymbol{Kg}(k)(\boldsymbol{Z}(k)-\boldsymbol{H}\boldsymbol{X}(k|k-1)) \tag{2-38}$$

$$Kg(k)=P(k|k-1)H^{T}/(HP(k|k-1)H^{T}+R) \tag{2-39}$$

$$P(k|k)=(I-Kg(k)H)P(k|k-1) \tag{2-40}$$

式中：$X(k)$为$k$时刻的系统状态；$U(k)$为$k$时刻对系统的控制量；$A$和$B$为系统参数，对于多模型系统，它们为矩阵；$Z(k)$为$k$时刻的测量值；$H$为测量系统的参数，对于多测量系统，$H$为矩阵；$W(k)$和$V(k)$分别为过程和测量的噪声，一般假设成高斯白噪声，其协方差分别是$Q$，$R$；$X(k|k)$为$k$状态下最优的估算值。

#### 2.3.3.2 卡尔曼滤波在雷达测量数据处理中的应用

1. 背景介绍

以2.2.1.2节中的某雷达俯仰角测量数据为例。

2. 计算特征参数

采用式(2－36)～式(2－40)，利用VC++6.0语言编写卡尔曼滤波处理程序，进行数据的滤波，斜距$R$的测量误差设置为20m、方位角$A$测量误差设置为0.02°、俯仰角$E$测量误差设置为0.06°。

3. 平滑效果分析

卡尔曼滤波适用于试验数据的方差已知的情况。从图2－13可以看出经卡尔曼滤波处理后，雷达的斜距$R$、方位角$A$、俯仰角$E$曲线图非常平滑，数据可能存在失真，这可能与系统参数$A$和$B$设置不太合理有关。

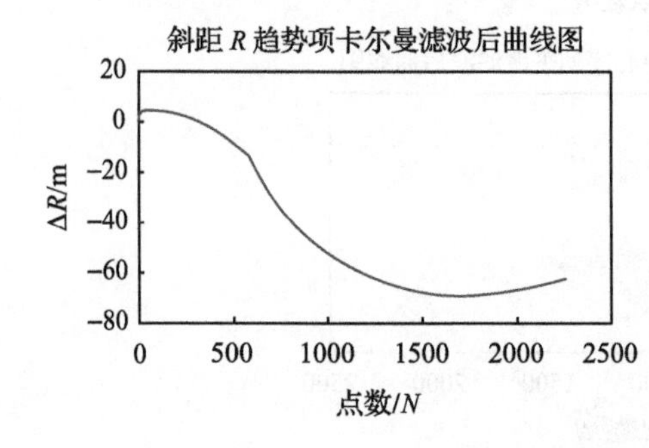


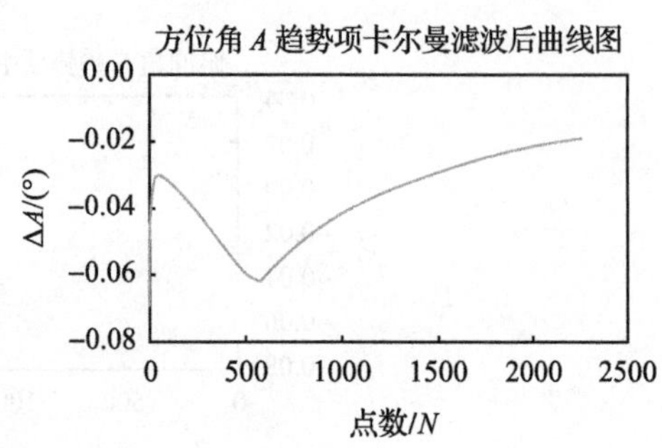


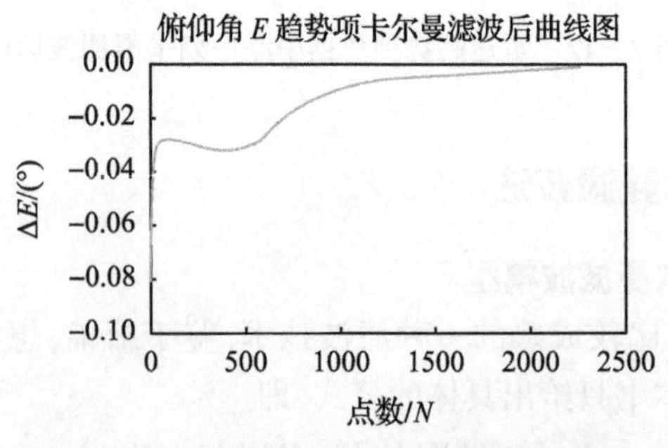


图2－13 雷达趋势项数据卡尔曼滤波后图

## 2.4 数据变换与数据离散化

不同变量的数据极差往往存在很大差异。例如,斜距的范围为 1000~800000m,而俯仰角的范围为-90°~90°。这种极差上的差异将会导致具有较大极差的变量对后续试验数据的挖掘结果产生不良影响。当采用主成分分析雷达测量效能与斜距和角度关系时,相对于极差较小的角度而言,斜距将会起到主导作用。而实际上,低俯仰角时,俯仰角对雷达测量效能的影响更大。

数据变换在对数据进行统计分析时,要求数据必须满足一定的条件。例如在方差分析时,要求数据误差具有独立性、无偏性、方差齐性和正态性。但在实际分析中,独立性、无偏性比较容易满足,正态性有时不容易满足。有时若将数据进行适当的变换,则可以使数据满足方差分析的要求。

数据离散化,是把无限空间中有限的个体映射到有限的空间,以提高算法的时空效率。一些数据挖掘算法,如 Apriori 算法和机器学习等,要求数据是分类属性形式的,需要进行数据离散化,离散化结果将会减少数据的个数,减少和简化原来的数据。通俗地说,离散化是在不改变数据相对大小的条件下,对数据进行相应的缩小。

下面介绍两种较为流行的方法,令 $v_i$ 为原始值,$v_i'$为其数据变换之后的数值。

### 2.4.1 数据变换

#### 2.4.1.1 数据变换方法

(1)最小—最大变换:对原始数据进行线性变换[16],有

$$v_i'=\frac{v_i-\min_A}{\max_A-\min_A}(\text{new\_max}_A-\text{new\_min}_A)+\text{new\_min}_A \tag{2-41}$$

(2)$z$ 分数($z$-score)变换(零均值变换):属性 $\bar{A}$ 的值基于 $A$ 的均值(平均值)和标准差变换,首先计算每一个维度上数据的均值(使用全体数据计算),然后在每一个维度上都减去该均值,最后在数据的每一维度上除以该维度上数据的标准差,即减去原始数据的均值再除以原始数据的标准差,有

$$v_i'=\frac{v_i-\bar{A}}{\sigma_A} \tag{2-42}$$

#### 2.4.1.2 数据变换在雷达测量数据处理中的应用

1. 背景介绍

以 2.2.1.2 节中的某雷达俯仰角测量数据为例。

2. 计算特征参数

经 $R$ 语言进行 $z$-score 变换。通过变换后,99%的数据归一到[-3,3]之间,

方便后续对其进行数据挖掘处理分析，斜距 $R$、方位角 $A$ 和俯仰角 $E$ 变换之后曲线图如图 2－14～图 2－16 所示。

3. $z$-score 变换效果分析

$z$-score 表示原始数据偏离均值的距离长短，而该距离度量的标准是标准方差。该种归一化方式要求原始数据的分布可以近似为正态分布，否则归一化的效果并不好。$z$-score 的数据分布对于较大数量的数据而言，将会有 68.3%的数据归一化[－1,1]之间，95.5%的数据归一化到[－2,2]之间，99.7%的数据归一到[－3,3]之间。特点是根据数据值的分布情况来进行分布概率的归一化，需求条件是原始数据至少近似呈现正态分布。从图 2－14～图 2－16 可以得出，经过 $z$-score 变换后，斜距 $R$、方位角 $A$ 和俯仰角 $E$ 的 $z$-score 值数据极差在一个数量级，为后续数据挖掘分析打下了基础。

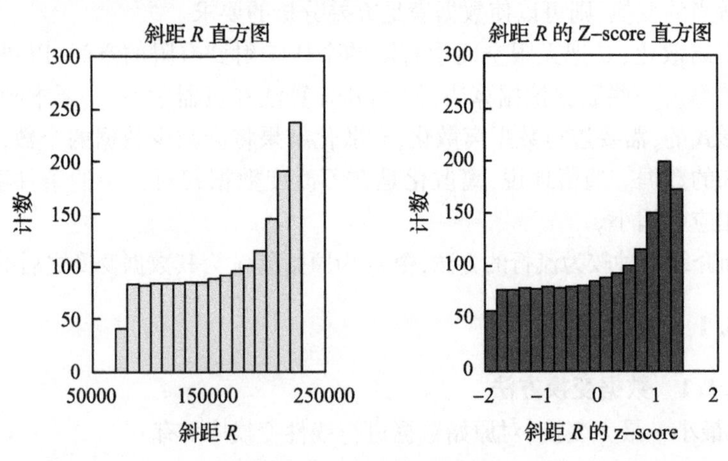


图 2－14　斜距 $R$ 变换图

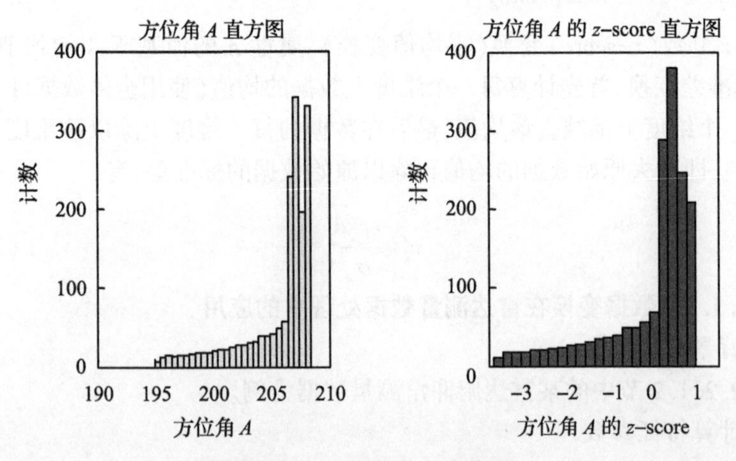


图 2－15　方位角 $A$ 变换图

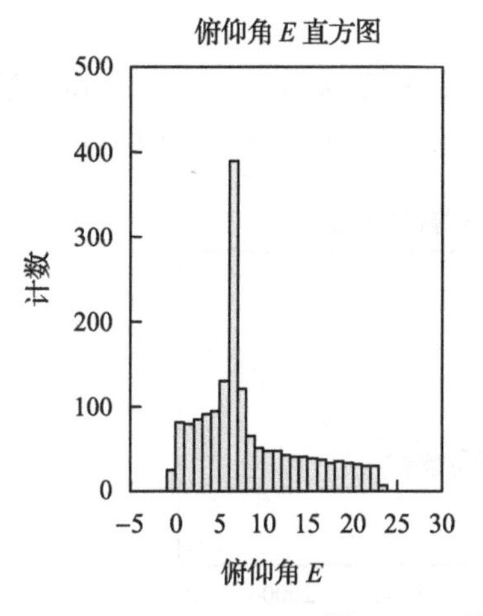


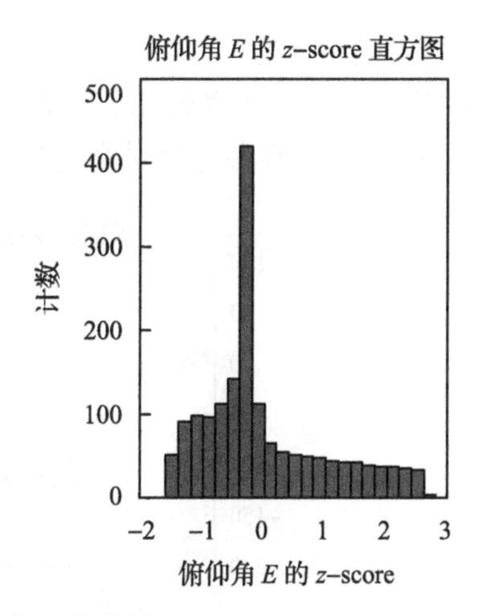


图 2-16　俯仰角 $E$ 变换图

### 2.4.2　数据离散化

数据离散化是通过一定规则将大量数据分成有限的几个类别,方便后续数据挖掘算法和机器学习等算法的数据挖掘分析。分箱方法是一种简单常用的预处理方法,通过考察相邻数据来确定最终值。“分箱”,顾名思义就是按照属性值划分的子区间,如果一个属性值处于某个子区间范围内,就称把该属性值放进这个子区间所代表的“箱子”内。

#### 2.4.2.1　数据离散化方法

分箱的方法有 4 种:等宽分箱法、等频分箱法、最小熵法和用户自定义区间法。

等宽分箱法是将数据集在整个属性值的区间上平均分布,假设分为 $k$ 个分类,即每个箱的区间范围是一个常量,称为箱子宽度。将观察点均匀划分成 $n$ 等份,每份的间距相等。

等频分箱法是将数据集按记录行数分箱,每箱具有相同的记录数,每箱记录数称为箱子的深度。这是最简单的一种分箱方法。将观察点均匀分成 $n$ 等份,每份的观察点数相同。

最小熵法是从信息论的角度来看,“去冗余”就是最小熵法。

用户自定义区间法是指用户可以根据需要自定义区间,当用户明确希望观察某些区间范围内的数据分布时,使用这种方法可以方便地帮助用户达到目的。

#### 2.4.2.2　数据离散化在雷达测量数据处理中的应用

1. 背景介绍

以 2.2.1.2 节中的某雷达俯仰角测量数据为例。

2. 计算特征参数

对斜距 $R$ 进行等宽分箱(图 2-17)。斜距 $R$ 最大值为 45.6m,最小值为-126.6m。将观察点均匀划分成 5 份,每份的间距相等,间距为 34.4m。

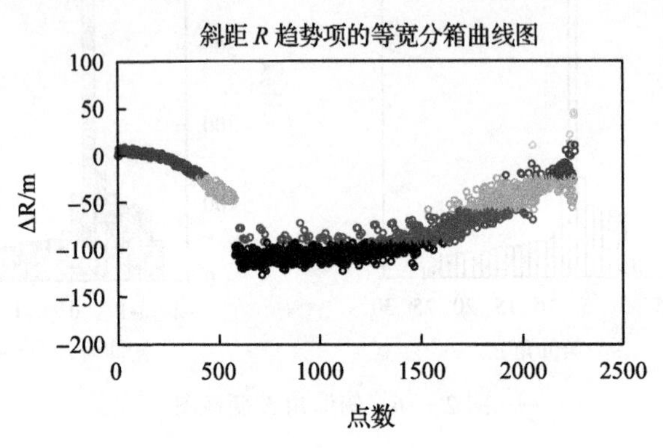


图 2-17　斜距 $R$ 等宽分箱图

如图 2-17 所示,第 1 组最多,即斜距小于-92.1m 的观察点最多;第 5 组最少,即斜距大于 11.2m 的观察点最多。

对斜距 $R$ 进行等频分箱(图 2-18)。将观察点均匀分成 5 等份,每份的观察点数相同为 452 点。

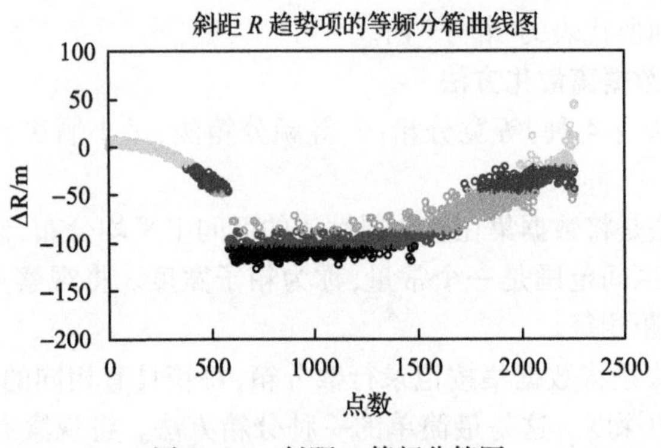


图 2-18　斜距 $R$ 等频分箱图

3. 数据离散化变换效果分析

通过对数据进行离散化处理,可以得出数据的分布规律。如上述的雷达测量值,可以反映雷达跟踪目标的精度规律,即:刚开始时目标离雷达较近,斜距 $R$ 的趋势项数值较小,精度较高;随着目标离雷达越来越远,斜距 $R$ 的趋势项数值较小,跟踪精度较差;随着目标离雷达越来越近,斜距 $R$ 的趋势项数值较小,精度较高。

## 2.5　本章小结

试验测量数据挖掘时,原始测量数据的预处理是整个数据挖掘处理的首要环节,异常数据识别与剔除、数据重构、平稳性检验、正态性检验、周期性检验、相关性检验、随机误差统计特性分析、数据平滑滤波及数据变换与数据离散化等之间相辅相成,是有机统一的。数据预处理的各个方面是不可分割的,它们之间关系密切。

测量数据含有异常值,使测量值严重失真,降低了观测数据的置信度,势必严重影响数据处理结果的质量。因此,必须对测量数据异常值进行识别处理和数据重构,以合理、可信的数据替代原始数据,保证试验数据处理结果的质量。

平稳性检验、正态性检验、周期性检验、相关性检验是各种误差统计的基础,随机误差统计的方法是建立在信号为白噪声的基础上,因此各种数据的特性统计是首要条件。统计试验数据的随机误差方差和相关函数主要依赖于多种统计估计方法。而应用统计的方法都有一定的假设条件,即对试验数据误差性质的假设,主要是平稳性、正态性和周期性的假设。在对试验测量数据挖掘时,首先要对平稳性的假设条件进行检验,然后使用相应的统计模型和估计方法,以便准确地获取所需要的信息和统计特性。

数据的平滑滤波处理,是减少采样序列中随机误差,改进数据质量,提高处理精度和改善处理结果的有效措施。

不同变量的数据极差往往存在很大差异,这种极差上的差异将会导致具有较大极差的变量对后续试验数据的挖掘结果产生不良影响。数据变换在对数据进行统计分析时,要求数据必须满足一定的条件。一些数据挖掘算法,要求数据是分类属性形式的,需要进行数据离散化,离散化结果将会减少数据的个数,减少和简化原来的数据。数据离散化,是把无限空间中有限个的个体映射到有限的空间去,以此提高算法的时空效率。

# 第3章 基本统计挖掘方法

本章主要介绍方差分析、主成分分析和因子分析三种常用基本统计挖掘方法。这三种方法有各自不同的应用领域,需要结合具体情况进行应用。方差分析主要用于判断不同变量的多个水平对事物是否存在显著性影响,可用于回归分析、试验设计等领域。主成分分析可以将影响事物的多个因素通过线性组合的方式,转变为互相独立的、少数的主成分,转换后的主成分更易体现事物的本质特征。因子分析主要用于发现影响事物的潜在影响因素,该类因素无法通过直观方式观察,但对事物本质有着决定作用,可用于事物机理分析、故障排查等领域。

## 3.1 方差分析

在工程中,装备的试验结果会受到多种因素的影响,有些因素会导致试验结果发生较大的变化,有些因素则不会。通过掌握对装备性能有显著影响的因素,可以预先开展装备设计工作,达到提升装备性能的目的。方差分析就是通过对试验结果进行分析,确定不同因素的影响是否显著的有效方法。本节重点介绍受一种因素和两种因素影响的试验结果处理方法,即单因素方差分析和双因素方差分析。

### 3.1.1 单因素方差分析

#### 3.1.1.1 基本定义

在装备试验中,一般将关心的指标称为试验指标,影响试验指标的条件称为因素,因素所处的状态称为水平。如将导弹的射程作为试验指标,自然条件中的风速为因素,风速不同数值为水平。

#### 3.1.1.2 统计模型

设单因素 $A$ 有 $m$ 个水平 $A_i(i=1,2,\cdots,m)$,在每个水平下,共进行了 $n$ 次重复试验。所得试验数据如表 3-1 所列。

假定在各个水平 $A_i(i=1,2,\cdots,m)$ 下的试验结果 $x_{ij}(j=1,2,\cdots,n)$ 来自具有相同方差 $\sigma^2$、均值 $\mu_i$ 的正态分布,其中 $\mu_i$、$\sigma^2$ 均未知,且在不同水平下的样本之间相互独立。根据上述假设,单因素统计模型为[17]

表 3-1　单因素试验方案

| 试验处理 | 重复 | | | |
|---|---|---|---|---|
| $A$ | 1 | 2 | … | $n$ |
| $A_1$ | $x_{11}$ | $x_{12}$ | … | $x_{1n}$ |
| ⋮ | ⋮ | ⋮ | … | ⋮ |
| $A_i$ | $x_{i1}$ | $x_{i2}$ | … | $x_{in}$ |
| ⋮ | ⋮ | ⋮ | … | ⋮ |
| $A_m$ | $x_{m1}$ | $x_{m2}$ | … | $x_{mn}$ |

$$\begin{cases} x_{ij}=\mu_i+\varepsilon_{ij}, i=1,2,\cdots,m; j=1,2,\cdots,n \\ \varepsilon_{ij}\in N(0,\sigma^2), \text{各 } \varepsilon_{ij} \text{ 相互独立} \end{cases} \tag{3-1}$$

方差分析的任务就是针对模型式(3-1),检验 $m$ 个总体 $N(\mu_1,\sigma^2),\cdots,N(\mu_m,\sigma^2)$ 中的均值是否相等,即假设检验满足

$$\begin{aligned} &\text{原假设 } H_0: \mu_1=\mu_2=\cdots=\mu_m \\ &\text{被择假设 } H_1: \mu_1,\mu_2,\cdots,\mu_m \text{ 不全相等} \end{aligned} \tag{3-2}$$

为了便于讨论和分析,引入 $\alpha_i=\mu_i-\mu$,其中 $\mu=\sum\limits_{i=1}^{m}\mu_i/m$ 表示总平均。而 $\alpha_i$ 称为水平 $A_i$ 的效应,反映了该水平下的总体平均值与总平均的差异。容易得到

$$\begin{cases} \sum\limits_{i=1}^{m}\alpha_i=0 \\ \mu_i=\mu+\alpha_i \end{cases}$$

这说明水平 $A_i$ 的总体平均值是由总平均和该水平效应叠加而成,因此,模型式(3-1)可改写为

$$\begin{cases} x_{ij}=\mu+\alpha_i+\varepsilon_{ij}, i=1,2,\cdots,m; j=1,2,\cdots,n \\ \varepsilon_{ij}\in N(0,\sigma^2), \text{各 } \varepsilon_{ij} \text{ 相互独立} \end{cases} \tag{3-3}$$

则检验问题式(3-2)等价为

$$\begin{aligned} &\text{原假设 } H_0: \alpha_1=\alpha_2=\cdots=\alpha_m \\ &\text{被择假设 } H_1: \alpha_1,\alpha_2,\cdots,\alpha_m \text{ 不全为 } 0 \end{aligned} \tag{3-4}$$

#### 3.1.1.3　分析步骤

检验问题式(3-4)拒绝域的构设需要具备一定的统计知识。此处,不加证明,直接给出具体处理步骤和结论。

1. 平方和分解

根据样本数据,总偏差平方和 $S_T$ 及其自由度 $f_T$ 为

$$\begin{cases} S_T=\sum\limits_{i=1}^{m}\sum\limits_{j=1}^{n}(x_{ij}-\bar{x})^2 \\ f_T=nm-1 \end{cases} \tag{3-5}$$

式中：$\bar{x}$ 为样本数据的总平均值。

$$\bar{x}=\frac{\sum_{i=1}^{m}\sum_{j=1}^{n}x_{ij}}{nm} \tag{3-6}$$

总偏差平方和 $S_T$ 可以分解为组间偏差平方和 $S_R$ 及组内偏差平方和 $S_E$。$S_R$ 为不同水平下的样本均值与数据总平均的差异，可视为是水平效应的差异和随机误差导致的；$S_E$ 为总误差。

组间偏差平方和 $S_R$ 及其相关参数满足

$$\begin{cases}S_R=\sum_{i=1}^{m}\sum_{j=1}^{n}(\bar{x}_{A_i}-\bar{x})^2\\ f_R=m-1\\ MS_R=\dfrac{S_R}{f_R}\end{cases} \tag{3-7}$$

式中：$f_R$ 为 $S_R$ 的自由度；$MS_R$ 为 $S_R$ 的方差；$\bar{x}_{A_i}$ 为水平 $A_i$ 下的样本均值。

$$\bar{x}_{A_i}=\frac{\sum_{j=1}^{n}x_{ij}}{n} \tag{3-8}$$

组内偏差平方和 $S_E$ 及其相关参数满足

$$\begin{cases}S_E=\sum_{i=1}^{m}\sum_{j=1}^{n}(x_{ij}-\bar{x}_{A_i})^2\\ f_E=m(n-1)\\ MS_E=\dfrac{S_E}{f_E}\end{cases} \tag{3-9}$$

式中：$f_E$ 为 $S_E$ 的自由度；$MS_E$ 为 $S_E$ 的方差。

$S_T$ 与 $S_R$、$S_E$ 之间关系可表示为

$$\begin{cases}S_T=S_R+S_E\\ f_T=f_R+f_E\end{cases} \tag{3-10}$$

2. 拒绝域的确定

在已知上述参数的基础上，确定检验问题式(3-4)的拒绝域如下：

$$F=\frac{MS_R}{MS_E}\geqslant F_{1-\alpha}(m-1,nm-m) \tag{3-11}$$

式中：$F_{1-\alpha}(\cdot)$ 为已知自由度的 $F$ 分布的 $1-\alpha$ 分位数。式(3-11)表明给定检验显著性水平 $\alpha$，当检验值 $F\geqslant F_{1-\alpha}(m-1,mn-m)$ 时，说明 $A$ 因素效应显著，否则不显著。

上述分析结果如表 3-2 所列。

表 3－2　单因素试验方差分析表

| 方差来源 | 平方和 | 自由度 | 方差 | F 值 |
| --- | --- | --- | --- | --- |
| 因素 $R$ | $S_R$ | $f_R=m-1$ | $MS_R=S_R/f_R$ | $F=\dfrac{MS_R}{MS_E}\geqslant F(f_R,f_E)$ |
| 误差 $E$ | $S_E$ | $f_E=m(n-1)$ | $MS_E=S_E/f_E$ | |
| 总和 $T$ | $S_T$ | $f_T=mn-1$ | | |

## 3.1.2　单因素方差分析在雷达精度试验中的应用

### 3.1.2.1　背景介绍

在某型雷达精度试验中，其他因素固定不变，仅选用目标海拔高度作为单因素 $A$。该因素共有 $a=3$ 个试验水平，它们分别为 10000m、100m 和 35m，每个水平下的重复数均为 $n=44$。通过精度试验，三个水平下的雷达距离一次差如图 3－1 所示。

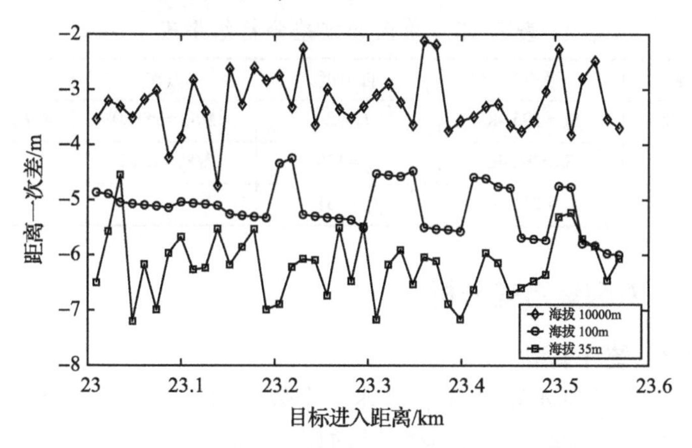


图 3－1　不同目标海拔高度下的雷达距离一次差

### 3.1.2.2　计算特征参数

根据三个水平下的距离一次差数据，依次能够得到方差分析的特征参数，具体满足

$$\begin{cases} S_T = \sum_{i=1}^{3}\sum_{j=1}^{44}(x_{ij}-\bar{x})^2 = 231.87 \\ f_T = 3\times44-1 = 131 \end{cases}$$

$$\begin{cases} S_R = \sum_{i=1}^{3}\sum_{j=1}^{44}(\bar{x}_{A_i}-\bar{x})^2 = 196.40 \\ f_R = 3-1 = 2 \\ MS_R = \dfrac{S_R}{f_R} = 98.20 \end{cases}$$

$$\begin{cases} S_E = \sum_{i=1}^{3}\sum_{j=1}^{44} (x_{ij}-\bar{x}_{A_i})^2 = 35.46 \\ f_E = 3\times(44-1) = 129 \\ MS_E = \dfrac{S_E}{f_E} = 0.27 \end{cases}$$

#### 3.1.2.3 做出判决

计算 $F$ 值,有

$$F = \frac{MS_R}{MS_E} = 363.70$$

在 $\alpha = 0.01$ 的显著性水平下,$F_{1-0.01}(2,129) = 4.77$。$F = 363.70$ 远大于 $F_{1-0.01}(2,129)$,说明目标海拔高度因素对雷达精度产生了显著性影响。

上述方差分析结果,如表 3-3 所列。

表 3-3 单因素方差分析结果表

| 方差来源 | 平方和 | 自由度 | 方差 | $F$ 值 |
| --- | --- | --- | --- | --- |
| 目标海拔高度 $A$ | $S_A = 196.40$ | $f_A = 2$ | $MS_A = 98.20$ | $F_A = 363.70$ |
| 误差 $E$ | $S_E = 35.46$ | $f_E = 129$ | $MS_E = 0.27$ | |
| 总和 $T$ | $S_T = 231.87$ | $f_T = 131$ | | |

### 3.1.3 双因素方差分析

#### 3.1.3.1 统计模型

假设试验因素为 $A$ 和 $B$,$A$ 和 $B$ 水平个数分别为 $a$ 和 $b$,在每个试验处理下,试验重复 $n$ 次,试验方案及具体结果如表 3-4 所列。

表 3-4 双因素试验方案

| 试验处理 $A_iB_j$ | 重复 | | | |
| --- | --- | --- | --- | --- |
| | 1 | 2 | … | $n$ |
| $A_1B_1$ | $x_{A_1B_1}^1$ | $x_{A_1B_1}^2$ | … | $x_{A_1B_1}^n$ |
| $A_1B_2$ | $x_{A_1B_2}^1$ | $x_{A_1B_2}^2$ | … | $x_{A_1B_2}^n$ |
| ⋮ | ⋮ | ⋮ | … | ⋮ |
| $A_iB_j$ | $x_{A_iB_j}^1$ | $x_{A_iB_j}^2$ | … | $x_{A_iB_j}^n$ |
| ⋮ | ⋮ | ⋮ | … | ⋮ |
| $A_aB_b$ | $x_{A_aB_b}^1$ | $x_{A_aB_b}^2$ | … | $x_{A_aB_b}^n$ |

在表 3-4 中,$x_{A_iB_j}^k$ 表示 $A$ 和 $B$ 因素分别在第 $i$ 和 $j$ 水平、第 $k$ 次重复下的试验结果值。对于 $A$ 和 $B$ 因素无交互作用的线性统计模型为[20]

$$\begin{cases} x_{A_iB_j}^k = \mu + \alpha_i + \beta_j + \varepsilon_{ijk} & i=1,2,\cdots,a; j=1,2,\cdots,b; k=1,2,\cdots,n \\ \varepsilon_{ijk} \in N(0,\sigma^2) & \text{各 } \varepsilon_{ijk} \text{ 相互独立} \end{cases} \tag{3-12}$$

式中:$\alpha_i$ 为 $A_i$ 水平的效应;$\beta_j$ 为 $B_j$ 水平的效应;$\mu$ 为总平均值。对此线性统计模型,假设检验为

$$\begin{cases} H_{A_0}: \alpha_1 = \alpha_2 = \cdots = \alpha_a = 0 \\ H_{A_1}: \text{至少有一个 } \alpha_i \neq 0 \end{cases} \tag{3-13}$$

$$\begin{cases} H_{B_0}: \beta_1 = \beta_2 = \cdots = \beta_b = 0 \\ H_{B_1}: \text{至少有一个 } \beta_j \neq 0 \end{cases} \tag{3-14}$$

对于 $A$ 和 $B$ 因素之间存在交互作用的线性统计模型为

$$\begin{cases} x_{A_iB_j}^k = \mu + \alpha_i + \beta_j + \gamma_{ij} + \varepsilon_{ijk} & i=1,2,\cdots,a; j=1,2,\cdots,b; k=1,2,\cdots,n \\ \varepsilon_{ijk} \in N(0,\sigma^2) & \text{各 } \varepsilon_{ijk} \text{ 相互独立} \end{cases} \tag{3-15}$$

式中:$\gamma_{ij}$ 为水平 $A_i$ 和水平 $B_j$ 间的交互效应。对于该模型假设检验,除了对因素 $A$、$B$ 的水平效应检验外,还需要对 $A$ 和 $B$ 因素之间的交互效应进行检验,有

$$\begin{cases} H_{AB_0}: \gamma_{ij} = 0; i=1,\cdots,a; j=1,\cdots,b \\ H_{AB_1}: \text{至少有一个 } \gamma_{ij} \neq 0 \end{cases} \tag{3-16}$$

#### 3.1.3.2 分析步骤

本节重点对有 $A$ 和 $B$ 交互作用效应的线性统计模型式(3-15)进行假设检验。

1. 数据资料分类与整理

将试验数据按 $A$、$B$ 两因素分类进行整理,如表 3-5 所列。

表 3-5 $A$,$B$ 两因素两向分组表

| 因素 $B$<br>因素 $A$ | $A_iB_j$ 平均值 | | | | 因素 $A$ 水平平均 |
|---|---|---|---|---|---|
| | $B_1$ | $B_2$ | … | $B_b$ | |
| $A_1$ | $\bar{x}_{A_1B_1}$ | $\bar{x}_{A_1B_2}$ | … | $\bar{x}_{A_1B_b}$ | $\bar{x}_{A_1}$ |
| $A_2$ | $\bar{x}_{A_2B_1}$ | $\bar{x}_{A_2B_2}$ | … | $\bar{x}_{A_2B_b}$ | $\bar{x}_{A_2}$ |
| ⋮ | ⋮ | ⋮ | ⋮ | ⋮ | ⋮ |
| $A_a$ | $\bar{x}_{A_aB_1}$ | $\bar{x}_{A_aB_2}$ | … | $\bar{x}_{A_aB_b}$ | $\bar{x}_{A_a}$ |
| 因素 $B$ 水平平均 | $\bar{x}_{B_1}$ | $\bar{x}_{B_2}$ | … | $\bar{x}_{B_b}$ | 总平均:$\bar{x}$ |

表 3-5 中,$\bar{x}$ 为试验结果总平均值,$\bar{x}_{A_iB_j}$ 为 $A_iB_j$ 处理下的均值,$\bar{x}_{A_i}$ 为 $A_i$ 水平下的均值,$\bar{x}_{B_j}$ 为 $B_j$ 水平下的均值,上述均值的表达式为

$$\bar{x}=\frac{\sum_{k=1}^{n}\sum_{i=1}^{a}\sum_{j=1}^{b}x_{A_iB_j}^{k}}{nab},\bar{x}_{A_iB_j}=\frac{\sum_{k=1}^{n}x_{A_iB_j}^{k}}{n},\bar{x}_{A_i}=\frac{\sum_{k=1}^{n}\sum_{j=1}^{b}x_{A_iB_j}^{k}}{nb},\bar{x}_{B_j}=\frac{\sum_{k=1}^{n}\sum_{i=1}^{a}x_{A_iB_j}^{k}}{na}$$

2. 计算总的偏差平方和与各因素的偏差平方和,以及它们的自由度和方差

总的偏差平方和 $S_T$ 可以分解为组间偏差平方和 $S_{AB}$ 和组内偏差平方和 $S_E$,其相关参数分别为

$$\begin{cases}S_T=\sum_{k=1}^{n}\sum_{i=1}^{a}\sum_{j=1}^{b}(x_{A_iB_j}^{k}-\bar{x})^2\\ f_T=nab-1\end{cases}\tag{3-17}$$

$$\begin{cases}S_{AB}=\sum_{k=1}^{n}\sum_{i=1}^{a}\sum_{j=1}^{b}(\bar{x}_{A_iB_j}-\bar{x})^2=n\sum_{i=1}^{a}\sum_{j=1}^{b}(\bar{x}_{A_iB_j}-\bar{x})^2\\ f_{AB}=ab-1\\ MS_{AB}=\dfrac{S_{AB}}{f_{AB}}\end{cases}\tag{3-18}$$

$$\begin{cases}S_E=\sum_{k=1}^{n}\sum_{i=1}^{a}\sum_{j=1}^{b}(x_{A_iB_j}^{k}-\bar{x}_{A_iB_j})^2\\ f_E=(n-1)ab\\ MS_E=\dfrac{S_E}{f_E}\end{cases}\tag{3-19}$$

组间偏差平方和 $S_{AB}$ 可继续分解为因素 $A$ 偏差平方和 $S_A$、因素 $B$ 偏差平方和 $S_B$、因素 $A$ 与 $B$ 交互作用偏差平方和 $S_{A\times B}$,其相关参数分别为

$$\begin{cases}S_A=\sum_{k=1}^{n}\sum_{i=1}^{a}\sum_{j=1}^{b}(\bar{x}_{A_i}-\bar{x})^2=nb\sum_{i=1}^{a}(\bar{x}_{A_i}-\bar{x})^2\\ f_A=a-1\\ MS_A=\dfrac{S_A}{f_A}\end{cases}\tag{3-20}$$

$$\begin{cases}S_B=\sum_{k=1}^{n}\sum_{i=1}^{a}\sum_{j=1}^{b}(\bar{x}_{B_j}-\bar{x})^2=na\sum_{j=1}^{b}(\bar{x}_{B_j}-\bar{x})^2\\ f_B=b-1\\ MS_B=\dfrac{S_B}{f_B}\end{cases}\tag{3-21}$$

$$\begin{cases} S_{A\times B} = \sum_{k=1}^{n}\sum_{i=1}^{a}\sum_{j=1}^{b}(\bar{x}_{A_iB_j}-\bar{x}_{A_i}-\bar{x}_{B_j}+\bar{x})^2 = n\sum_{i=1}^{a}\sum_{j=1}^{b}(\bar{x}_{A_iB_j}-\bar{x}_{A_i}-\bar{x}_{B_j}+\bar{x})^2 \\ f_{A\times B} = (a-1)(b-1) \\ MS_{A\times B} = \dfrac{S_{A\times B}}{f_{A\times B}} \end{cases} \tag{3-22}$$

$S_T$ 与 $S_{AB}$、$S_E$ 之间关系为

$$\begin{cases} S_T = S_{AB}+S_E \\ f_T = f_{AB}+f_E \end{cases} \tag{3-23}$$

$S_{AB}$ 与 $S_A$、$S_B$ 和 $S_{A\times B}$ 之间关系有

$$\begin{cases} S_{AB} = S_A+S_B+S_{A\times B} \\ f_{AB} = f_A+f_B+f_{A\times B} \end{cases} \tag{3-24}$$

3. 拒绝域的确定

以 $A$ 因素为例,其拒绝域可表示为

$$F_A = \frac{MS_A}{MS_E} > F_{1-\alpha}(f_A, f_E) \tag{3-25}$$

给定显著性水平 $\alpha$,若 $F \geqslant F_{1-\alpha}(f_A, f_E)$,则说明 $A$ 因素效应显著,否则不显著。其他因素分析过程同理。方差分析的过程如表 3-6 所列。

表 3-6　双因素试验方差分析表

| 方差来源 | 平方和 | 自由度 | 方差 | $F$ 值 |
|---|---|---|---|---|
| 因素 $AB$ | $S_{AB}$ | $f_{AB}=ab-1$ | $MS_{AB}=S_{AB}/f_{AB}$ | $\dfrac{MS_{AB}}{MS_E} \geqslant F(f_{AB}, f_E)$ |
| 因素 $A$（水平 $a$） | $S_A$ | $f_A=a-1$ | $MS_A=S_A/f_A$ | $\dfrac{MS_A}{MS_E} \geqslant F(f_A, f_E)$ |
| 因素 $B$（水平 $b$） | $S_B$ | $f_B=b-1$ | $MS_B=S_B/f_B$ | $\dfrac{MS_B}{MS_E} \geqslant F(f_B, f_E)$ |
| $A\times B$ 交互作用 | $S_{A\times B}$ | $f_{A\times B}=(a-1)(b-1)$ | $MS_{A\times B}=S_{A\times B}/f_{A\times B}$ | $\dfrac{MS_{A\times B}}{MS_E} \geqslant F(f_{A\times B}, f_E)$ |
| 误差 $E$（重复 $n$） | $S_E$ | $f_E=ab(n-1)$ | $MS_E=S_E/f_E$ | |
| 总和 $T$ | $S_T$ | $f_T=abn-1$ | | |

方差分析的主要过程如上,不同试验方案的方差分析主要在于区分方差的来源,即增加或减少造成试验结果变化的因素。例如,在单因素试验中,只有一

个因素的效应。对于双因素无交互作用的线性统计模型,则不用考虑因素间的交互效应,只考虑双因素的自身效应即可。

## 3.1.4 双因素方差分析在雷达精度试验中的应用

### 3.1.4.1 背景介绍

在单因素方差分析的案例中,只考虑了目标海拔高度因素。实际上,有很多因素对距离一次差产生影响,在此增加目标距离因素。目标在进入过程中,距离在不断变化,将距离因素 $B$ 进行分段处理。目标自 40km 进入,至 20km 退出,以 5km 为一段进行数据处理,共分为 $b=4$ 个水平。目标海拔高度 $A$ 为 $a=2$ 两个水平,选用 10km 和 100m 高度。每个试验下,重复 $n=171$ 次。试验安排如表 3-7 所列。

表 3-7 两因素试验安排表

| 因素进入距离 $B$ / 因素海拔高 $A$ | $B_1$ (35~40km) | $B_2$ (30~35km) | $B_3$ (25~30km) | $B_4$ (20~25km) |
|---|---|---|---|---|
| $A_1$(10km) | $A_1B_1$ | $A_1B_2$ | $A_1B_3$ | $A_1B_4$ |
| $A_2$(100m) | $A_2B_1$ | $A_2B_2$ | $A_2B_3$ | $A_2B_4$ |

将 $A_iB_j$ 处理下的试验数据进行绘图,如图 3-2 所示。图中,横坐标为目标进入距离,纵坐标为距离一次差,上面 4 张图为 $A_1$ 水平,下面 4 张图则为 $A_2$ 水平。

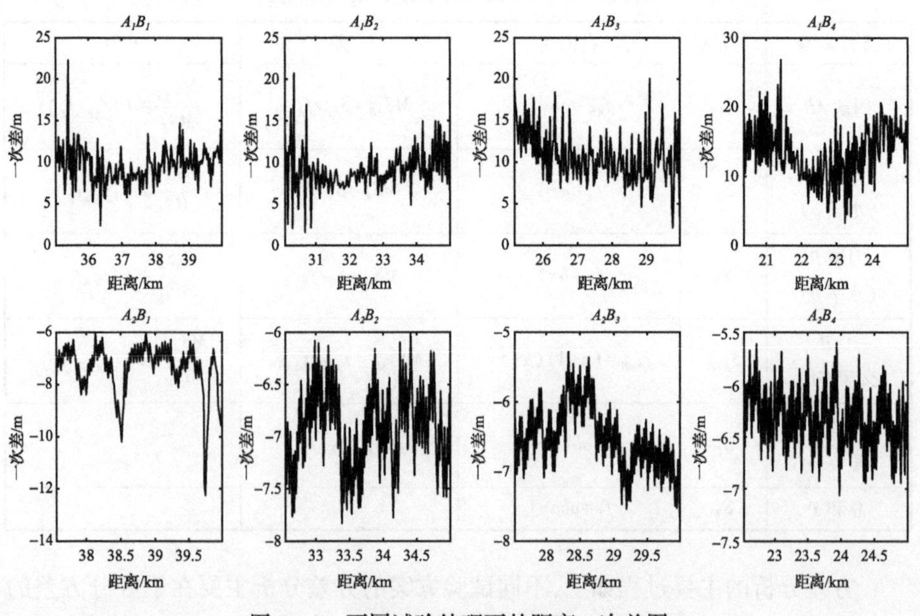


图 3-2 不同试验处理下的距离一次差图

#### 3.1.4.2　计算特征参数

对试验数据进行方差分析，所得相关参数的结果为

$$\begin{cases} S_T = \sum_{k=1}^{171}\sum_{i=1}^{2}\sum_{j=1}^{4}(x_{A_iB_j}^k-\bar{x})^2 = 113368 \\ f_T = 171\times2\times4-1 = 1367 \end{cases}$$

$$\begin{cases} S_{AB} = 171\sum_{i=1}^{2}\sum_{j=1}^{4}(\bar{x}_{A_iB_j}-\bar{x})^2 = 106531 \\ f_{AB} = 2\times4-1 = 7 \\ MS_{AB} = \dfrac{S_{AB}}{f_{AB}} = 15218 \end{cases}
\begin{cases} S_E = \sum_{k=1}^{171}\sum_{i=1}^{2}\sum_{j=1}^{4}(x_{A_iB_j}^k-\bar{x}_{A_iB_j})^2 = 6837 \\ f_E = (171-1)\times2\times4 = 1360 \\ MS_E = \dfrac{S_E}{f_E} = 5 \end{cases}$$

$$\begin{cases} S_A = 171\times4\sum_{i=1}^{2}(\bar{x}_{A_i}-\bar{x})^2 = 104444 \\ f_A = 2-1 = 1 \\ MS_A = \dfrac{S_A}{f_A} = 104444 \end{cases}
\begin{cases} S_B = 171\times2\sum_{j=1}^{4}(\bar{x}_{B_j}-\bar{x})^2 = 1408 \\ f_B = 4-1 = 3 \\ MS_B = \dfrac{S_B}{f_B} = 469 \end{cases}$$

$$\begin{cases} S_{A\times B} = 171\sum_{i=1}^{2}\sum_{j=1}^{4}(\bar{x}_{A_iB_j}-\bar{x}_{A_i}-\bar{x}_{B_j}+\bar{x})^2 = 679 \\ f_{A\times B} = (2-1)(4-1) = 3 \\ MS_{A\times B} = \dfrac{S_{A\times B}}{f_{A\times B}} = 226 \end{cases}$$

#### 3.1.4.3　做出判决

计算各因素 $F$ 值，有

$$F_A = \frac{MS_A}{MS_E} = 20889 > F_{1-0.01}(1,1360) = 6.65$$

$$F_B = \frac{MS_B}{MS_E} = 93 > F_{1-0.01}(3,1360) = 3.79$$

$$F_{A\times B} = \frac{MS_{A\times B}}{MS_E} = 45 > F_{1-0.01}(3,1360) = 3.79$$

取显著性水平 $\alpha=0.01$，$F_A$ 为 20889，大于 $F_{1-0.01}(1,1360)=6.65$，说明因素 $A$ 效果显著；$F_B$ 为 93，大于 $F_{1-0.01}(3,1360)=3.79$，说明因素 $B$ 效果显著；$F_{A\times B}$ 为 45，大于 $F_{1-0.01}(3,1360)=3.79$，说明因素 $A\times B$ 效果显著。同时通过 $F$ 值大小可以看出，三种因素的作用大小排序为 $A>B>A\times B$，尤其是因素 $A$（目标海拔高度）的作用要远远大于 $B$ 因素及 $A\times B$ 因素，说明因素 $A$（目标海拔高度）对距离一次差具有重要作用。

上述方差分析过程如表3-8所列。

表3-8 双因素试验方差分析表

| 方差来源 | 平方和 | 自由度 | 方差 | F值 |
|---|---|---|---|---|
| 因素AB | 106531 | $f_{AB}=7$ | $MS_{AB}=15218$ | $F_{AB}=3044>F_{1-0.01}(7,1360)=2.65$ |
| 因素A（水平2） | 104444 | $f_A=1$ | $MS_A=104444$ | $F_A=20889>F_{1-0.01}(1,1360)=6.65$ |
| 因素B（水平4） | 1408 | $f_B=3$ | $MS_B=469$ | $F_B=93>F_{1-0.01}(3,1360)=3.79$ |
| A×B交互作用 | 679 | $f_{A\times B}=3$ | $MS_{A\times B}=226$ | $F_{A\times B}=45>F_{1-0.01}(3,1360)=3.79$ |
| 误差E（重复171） | 6837 | $f_E=1360$ | $MS_E=5$ | |
| 总和T | 113368 | $f_T=1367$ | | |

## 3.2 主成分分析

主成分分析主要是通过降维思想，将多个相关的变量通过线性组合的方式，转换成相互独立的变量。转换后的变量称为主成分。选择少数几个主成分，使其含有原始变量的大部分信息。用选择后的主成分去代替原始变量，往往能集中、典型地显示出研究对象的特征，进而使问题得到大幅简化。

### 3.2.1 主成分模型

假设有$p$个试验指标$x_1,x_2,\cdots,x_p$，主成分分析就是要把关于$p$个指标的问题，转变成讨论$m(m<p)$个指标$y_1,y_2,\cdots,y_m$的问题。转换后的$m$个指标包含了原始指标的绝大部分信息[21]。

设$\boldsymbol{X}=(x_1,x_2,\cdots,x_p)^{\mathrm{T}}$是一个$p$维随机向量，$\boldsymbol{Y}=(y_1,y_2,\cdots,y_p)^{\mathrm{T}}$是由$\boldsymbol{X}$经线性变换后得到的主成分向量，之间关系为$\boldsymbol{Y}=\boldsymbol{CX}$，展开为

$$\begin{cases} y_1=c_{11}x_1+c_{12}x_2+\cdots+c_{1p}x_p \\ y_2=c_{21}x_1+c_{22}x_2+\cdots+c_{2p}x_p \\ \cdots \\ y_p=c_{p1}x_1+c_{p2}x_2+\cdots+c_{pp}x_p \end{cases} \tag{3-26}$$

其中，系数矩阵$\boldsymbol{C}$满足$c_{i1}^2+c_{i2}^2+\cdots+c_{ip}^2=1(i=1,2,\cdots,p)$。经过线性变换，主成分分析要求变量$y_i(i=1,2,\cdots,p)$满足以下条件：

（1）$y_i$与$y_j$相互独立$(i\neq j)$，协方差为0。

（2）$y_1$是满足式(3-26)中方差最大者，$y_2$是方差次最大者，依次类推。

满足上述条件时,系数矩阵 $\boldsymbol{C}$ 为正交矩阵,变量 $y_i(i=1,2,\cdots,p)$ 称为原变量的第 $i$ 个主成分。根据上述条件,要求 $\boldsymbol{Y}$ 的协方差矩阵 $\boldsymbol{\Lambda}$ 为对角阵,即

$$\begin{aligned}\mathrm{cov}(\boldsymbol{Y})&=E[(\boldsymbol{CX}-E(\boldsymbol{CX}))(\boldsymbol{CX}-E(\boldsymbol{CX}))^{\mathrm{T}}]\\&=\boldsymbol{C}\cdot E\{[\boldsymbol{X}-E(\boldsymbol{X})][\boldsymbol{X}-E(\boldsymbol{X})]^{\mathrm{T}}\}\cdot\boldsymbol{C}^{\mathrm{T}}\\&=\boldsymbol{C}\cdot\mathrm{cov}(\boldsymbol{X})\cdot\boldsymbol{C}^{\mathrm{T}}\\&=\boldsymbol{\Lambda}\end{aligned}$$

进而有

$$\boldsymbol{C}\cdot\mathrm{cov}(\boldsymbol{X})\cdot\boldsymbol{C}^{\mathrm{T}}=\boldsymbol{\Lambda}\tag{3-27}$$

$$\boldsymbol{\Lambda}=\begin{pmatrix}\lambda_1 & 0 & \cdots & 0\\ 0 & \lambda_2 & \cdots & 0\\ \vdots & \vdots & \ddots & \vdots\\ 0 & 0 & \cdots & \lambda_p\end{pmatrix}$$

主成分分析是在满足式(3-27)约束条件下,求得 $\boldsymbol{Y}=\boldsymbol{CX}$ 中系数矩阵 $\boldsymbol{C}$。假定 $\boldsymbol{X}$ 为标准化处理后的矩阵(标准化处理方式见 3.2.2 节),$\mathrm{cov}(\boldsymbol{X})$ 为相关系数矩阵,记为 $\boldsymbol{R}$,即

$$\boldsymbol{R}=\begin{pmatrix}r_{11} & r_{12} & \cdots & r_{1p}\\ r_{21} & r_{22} & \cdots & r_{2p}\\ \vdots & \vdots & \ddots & \vdots\\ r_{p1} & r_{p2} & \cdots & r_{pp}\end{pmatrix}$$

将相关系数矩阵 $\boldsymbol{R}$ 代入式(3-27),有

$$\boldsymbol{CRC}^{\mathrm{T}}=\boldsymbol{\Lambda}\tag{3-28}$$

用 $\boldsymbol{C}^{\mathrm{T}}$ 左乘式(3-28),有

$$\boldsymbol{RC}^{\mathrm{T}}=\boldsymbol{C}^{\mathrm{T}}\boldsymbol{\Lambda}\tag{3-29}$$

进一步可以表示为

$$\begin{pmatrix}r_{11} & r_{12} & \cdots & r_{1p}\\ r_{21} & r_{22} & \ddots & r_{2p}\\ \vdots & \vdots & \cdots & \vdots\\ r_{p1} & r_{p2} & \cdots & r_{pp}\end{pmatrix}\times\begin{pmatrix}c_{11} & c_{21} & \cdots & c_{p1}\\ c_{12} & c_{22} & \cdots & c_{p2}\\ \vdots & \ddots & \vdots & \vdots\\ c_{1p} & c_{2p} & \cdots & c_{pp}\end{pmatrix}=\begin{pmatrix}c_{11} & c_{21} & \cdots & c_{p1}\\ c_{12} & c_{22} & \cdots & c_{p2}\\ \vdots & \vdots & \ddots & \vdots\\ c_{1p} & c_{2p} & \cdots & c_{pp}\end{pmatrix}\times\begin{pmatrix}\lambda_1 & 0 & \cdots & 0\\ 0 & \lambda_2 & \cdots & 0\\ \vdots & \vdots & \ddots & \vdots\\ 0 & 0 & \cdots & \lambda_p\end{pmatrix}$$

为了求解系数矩阵 $\boldsymbol{C}$,针对矩阵 $\boldsymbol{C}$ 的每一行,可以得到由 $p$ 个方程组成的方程组。令 $\boldsymbol{C}$ 为

$$\boldsymbol{C}=\begin{pmatrix}c_{11} & c_{12} & \cdots & c_{1p}\\ c_{21} & c_{22} & \cdots & c_{2p}\\ \vdots & \vdots & \cdots & \vdots\\ c_{p1} & c_{p2} & \cdots & c_{pp}\end{pmatrix}=\begin{pmatrix}\boldsymbol{C}_1\\ \boldsymbol{C}_2\\ \cdots\\ \boldsymbol{C}_p\end{pmatrix}\tag{3-30}$$

以矩阵 $\boldsymbol{C}$ 的第一行 $\boldsymbol{C}_1$ 为例,得到方程组为

$$\begin{cases}(r_{11}-\lambda_1)c_{11}+r_{12}c_{12}+\cdots+r_{1p}c_{1p}=0\\ r_{21}c_{11}+(r_{22}-\lambda_1)c_{12}+\cdots+r_{2p}c_{1p}=0\\ \cdots\\ r_{p1}c_{11}+r_{p2}c_{12}+\cdots+(r_{pp}-\lambda_1)c_{1p}=0\end{cases}\tag{3-31}$$

求解该线性方程组的解,根据线性代数知识,可知要求关于 $c_{1j}$ 的系数行列式为0,即

$$\begin{vmatrix}r_{11}-\lambda_1 & r_{12} & \cdots & r_{1p}\\ r_{21} & r_{22}-\lambda_1 & \cdots & r_{2p}\\ \vdots & \vdots & \ddots & \vdots\\ r_{p1} & r_{p2} & \cdots & r_{pp}-\lambda_1\end{vmatrix}=0\tag{3-32}$$

写成矩阵形式为 $|\boldsymbol{R}-\lambda_1\boldsymbol{I}|=0$。同理,对于 $\lambda_2,\lambda_3,\cdots,\lambda_p$,可以得到完全类似的方程。因此,$\lambda_i,i=1,2,\cdots,p$ 是 $|\boldsymbol{R}-\lambda\boldsymbol{I}|=0$ 的 $p$ 个根,$\boldsymbol{C}_i$ 为相应的特征向量。对 $\boldsymbol{C}_i$ 进行标准化处理,使其 $\|\boldsymbol{C}_i\|=1$,即 $\sum_{j=1}^{p}c_{ij}^2=1$。

下面讨论在此情形下的 $y_i$ 满足主成分分析所要求的条件。

设相关矩阵 $\boldsymbol{R}$ 的 $p$ 个特征值满足 $\lambda_1>\lambda_2>\cdots\lambda_p\geqslant0$,相应于 $\lambda_i$ 的特征向量为 $\boldsymbol{C}_i$。相对于 $y_i$ 的方差为

$$\mathrm{var}(y_i)=\mathrm{var}(\boldsymbol{C}_i\boldsymbol{X})=\boldsymbol{C}_i\mathrm{var}(\boldsymbol{X})\boldsymbol{C}_i^{\mathrm{T}}=\boldsymbol{C}_i\boldsymbol{R}\boldsymbol{C}_i^{\mathrm{T}}=\lambda_i\tag{3-33}$$

式(3-33)说明,$y_i$ 的方差为特征根 $\lambda_i$。

对于 $y_i$ 和 $y_j$ 的协方差有

$$\mathrm{cov}(y_i,y_j)=\mathrm{cov}(\boldsymbol{C}_i\boldsymbol{X},\boldsymbol{C}_j\boldsymbol{X})=\boldsymbol{C}_i\mathrm{var}(\boldsymbol{X})\boldsymbol{C}_j^{\mathrm{T}}=\boldsymbol{C}_i\boldsymbol{R}\boldsymbol{C}_j^{\mathrm{T}}=0\tag{3-34}$$

以上说明,经过变换后的随机向量 $\boldsymbol{Y}$,彼此不相关,且 $y_i$ 的方差为 $\lambda_i$。

### 3.2.2 分析步骤

#### 3.2.2.1 样本矩阵标准化处理

设样本矩阵为

$$\boldsymbol{X}=\begin{bmatrix}x_{11} & x_{12} & \cdots & x_{1p}\\ x_{21} & x_{22} & \cdots & x_{2p}\\ \vdots & \vdots & \ddots & \vdots\\ x_{n1} & x_{n2} & \cdots & x_{np}\end{bmatrix}$$

式中:$n$ 为样本数;$p$ 为变量数。对原始数据进行标准化处理,进行变换,即

$$x_{ik}^0=\frac{x_{ik}-\overline{x}_k}{S_k}\ (i=1,2,\cdots,n;k=1,2,\cdots,p)$$

$$\overline{x_k}=\frac{\sum_{i=1}^{n}x_{ik}}{n}\qquad S_k=\sqrt{\frac{1}{n-1}\sum_{i=1}^{n}(x_{ik}-\overline{x_k})^2}$$

式中：$\overline{x_k}$ 为均值；$S_k$ 为标准差。

#### 3.2.2.2　计算相关系数矩阵 R

假设样本矩阵经过标准化处理后仍记为 $\boldsymbol{X}$，计算 $\boldsymbol{X}$ 的相关系数矩阵，为

$$\boldsymbol{R}=\mathrm{cov}(\boldsymbol{X})=\begin{bmatrix} r_{11} & r_{12} & \cdots & r_{1p} \\ r_{21} & r_{22} & \cdots & r_{2p} \\ \vdots & \vdots & \ddots & \vdots \\ r_{p1} & r_{p2} & \cdots & r_{pp} \end{bmatrix} \tag{3-35}$$

式中：$r_{ij}$ 为随机变量 $\boldsymbol{x}_i=(x_{1i},x_{2i},\cdots,x_{ni})$ 与 $\boldsymbol{x}_j=(x_{1j},x_{2j},\cdots,x_{nj})$ 之间的相关系数。$r_{ij}$ 计算公式为

$$r_{ij}=\frac{\sum_{k=1}^{n}(x_{ki}-\bar{\boldsymbol{x}}_i)(x_{kj}-\bar{\boldsymbol{x}}_j)}{\sqrt{\sum_{k=1}^{n}(x_{ki}-\bar{\boldsymbol{x}}_i)^2\sum_{k=1}^{n}(x_{kj}-\bar{\boldsymbol{x}}_j)^2}} \tag{3-36}$$

式中：$\bar{\boldsymbol{x}}_i$ 和 $\bar{\boldsymbol{x}}_j$ 分别为随机变量 $\boldsymbol{x}_i$ 和 $\boldsymbol{x}_j$ 的均值。

#### 3.2.2.3　主成分求解

针对相关系数矩阵 $\boldsymbol{R}$，求特征方程 $|\boldsymbol{R}-\lambda\boldsymbol{I}|=0$ 的 $p$ 个非负的特征值，有

$$\lambda_1>\lambda_2>\cdots>\lambda_p\geqslant 0$$

选择 $m(m<p)$ 个主成分，累计贡献率为

$$\frac{\sum_{i=1}^{m}\lambda_i}{\sum_{i=1}^{p}\lambda_i}\quad(m=1,2,\cdots,p)$$

一般取累计贡献率达85%~95%的特征值，选取 $\lambda_i(1\leqslant i\leqslant m)$ 所对应的变量 $y_i$ 作为主成分。此时，有 $m<p$。

### 3.2.3　主成分分析在权重确定中的应用

#### 3.2.3.1　背景介绍

在现代战场，电磁环境异常复杂。为了评估电子装备所处电磁环境的复杂度，选取雷达对抗信号环境密度、雷达信号类型与样式、雷达信号频率重合度、雷达信号方位重合度、雷达信号数量、背景信号强度等6个指标，作为复杂度的评估指标。

根据评估指标对电磁环境复杂度的贡献大小确定其权值。指标权重对最终的评价结果会产生很大的影响，不同的权重有时会得到完全不同的结论。利

用主成分分析可以给出不同指标的权重[22],方法如下。

假设需确定的权重指标为 $u_i(i=1,2,\cdots,m)$,现分别咨询 $p$ 位专家得出 $m$ 组权重评分值,$x_{ij}$ 为专家 $v_j(j=1,2,\cdots,p)$ 对指标 $u_i$ 的评分权重。评分结果如表3-9所列。

表3-9 专家评分表

| 指标 \ 专家 | $v_1$ | $v_2$ | $\cdots$ | $v_p$ |
|---|---|---|---|---|
| $u_1$ | $x_{11}$ | $x_{12}$ | $\cdots$ | $x_{1p}$ |
| $u_2$ | $x_{21}$ | $x_{22}$ | $\cdots$ | $x_{2p}$ |
| $\vdots$ | $\vdots$ | $\vdots$ | $\ddots$ | $\vdots$ |
| $u_m$ | $x_{m1}$ | $x_{m2}$ | $\cdots$ | $x_{mp}$ |

由于各位专家研究方向不同,其评分存在一定的偏向,从而给权重确定带来一定的模糊性。同时,专家给出的权重值存在一定的重叠。采用主成分分析方法,将各专家给出的权重值转化到主成分下取值,根据主成分的取值,求得指标的权重。分析过程如下。

根据主成分分析原理,确定专家的主成分模型为

$$\begin{cases} y_1=c_{11}v_1+c_{12}v_2+\cdots+c_{1p}v_p \\ y_2=c_{21}v_1+c_{22}v_2+\cdots+c_{2p}v_p \\ \vdots \\ y_p=c_{p1}v_1+c_{p2}v_2+\cdots+c_{pp}v_p \end{cases} \tag{3-37}$$

选择 $q(q<p)$ 个主成分,使前面 $q$ 个主成分的方差和占全部总方差的比例为 $a=\sum_{i=1}^{q}\lambda_i\Big/\sum_{i=1}^{p}\lambda_i$,并大于预先给定的值。

在此基础上,构建综合评价函数,将选取的主成分通过加权的方式综合在一起,权值为该主成分的方差占总方差的比例。定义综合评价函数为

$$Y(v)=\sum_{k=1}^{q}\frac{\lambda_k y_k}{K}=\sum_{k=1}^{q}\frac{\lambda_k}{K}(c_{k1}v_1+c_{k2}v_2+\cdots+c_{kp}v_p) \tag{3-38}$$

$$K=\sum_{i=1}^{p}\lambda_i$$

将专家对某指标 $u_i$ 的评分权重代入上式中,可以算出该指标的评分综合值为

$$Z_i=\sum_{k=1}^{q}\frac{\lambda_k}{K}(c_{k1}x_{i1}+c_{k2}x_{i2}+\cdots+c_{kp}x_{ip}),i=1,2,\cdots,m \tag{3-39}$$

该指标的权重为

$$\omega_i = Z_i \Big/ \sum_{i=1}^{m} Z_i, i=1,2,\cdots,m \tag{3-40}$$

#### 3.2.3.2 计算特征参数

现邀请专家对复杂电磁环境的复杂度评估指标进行权重评分,采用0.1~0.9标度法来定量表示,评分结果如表3-10所列。

表3-10 评价指标得分表

| 指标\专家 | $v_1$ | $v_2$ | $v_3$ | $v_4$ | $v_5$ |
|---|---|---|---|---|---|
| 雷达对抗信号环境密度 | 0.5 | 0.4 | 0.4 | 0.6 | 0.9 |
| 雷达信号类型与样式 | 0.6 | 0.5 | 0.4 | 0.6 | 0.8 |
| 雷达信号频率重合度 | 0.6 | 0.6 | 0.5 | 0.3 | 0.8 |
| 雷达信号方位重合度 | 0.2 | 0.7 | 0.6 | 0.6 | 0.7 |
| 雷达信号数量 | 0.4 | 0.4 | 0.7 | 0.5 | 0.6 |
| 背景信号强度 | 0.1 | 0.2 | 0.2 | 0.4 | 0.5 |

根据表3-10中数据,计算专家间的相关系数矩阵如表3-11所列。

表3-11 专家相关系数

| 相关系数 | $v_1$ | $v_2$ | $v_3$ | $v_4$ | $v_5$ |
|---|---|---|---|---|---|
| $v_1$ | 1.0000 | 0.3267 | 0.2178 | 0.0000 | 0.7773 |
| $v_2$ | 0.3267 | 1.0000 | 0.6087 | 0.1806 | 0.4914 |
| $v_3$ | 0.2178 | 0.6087 | 1.0000 | 0.1806 | 0.1035 |
| $v_4$ | 0.0000 | 0.1806 | 0.1806 | 1.0000 | 0.3223 |
| $v_5$ | 0.7773 | 0.4914 | 0.1035 | 0.3223 | 1.0000 |

对该相关系数矩阵进行主成分求解,求得主成分系数如表3-12所列。

表3-12 主成分系数表

| 主成分系数 | $y_1$ | $y_2$ | $y_3$ | $y_4$ | $y_5$ |
|---|---|---|---|---|---|
| $v_1$ | 0.4897 | -0.4925 | -0.2142 | -0.4431 | -0.5248 |
| $v_2$ | 0.5106 | 0.3472 | -0.2029 | 0.6796 | -0.3402 |
| $v_3$ | 0.3770 | 0.6307 | -0.2793 | -0.5286 | 0.3203 |
| $v_4$ | 0.2446 | 0.2396 | 0.8972 | -0.1546 | -0.2324 |
| $v_5$ | 0.5454 | -0.4263 | 0.1732 | 0.1963 | 0.6725 |

每个主成分的特征值及方差贡献如表3-13所列。

表3-13 特征值及方差贡献表

| 主成分 | $y_1$ | $y_2$ | $y_3$ | $y_4$ | $y_5$ |
|---|---|---|---|---|---|
| 特征值 | 2.3740 | 1.1636 | 0.9651 | 0.4144 | 0.0828 |
| 方差贡献 | 47.48% | 23.27% | 19.30% | 8.29% | 1.66% |
| 累计贡献 | 47.48% | 70.75% | 90.05% | 98.34% | 100% |

前3个主成分的累积方差贡献为90.05%,大于85%。因此,选择前3个主成分进行分析。将前3个主成分进行加权求和,得到综合评价函数为

$$Y=0.0765v_1+0.2841v_2+0.2719v_3+0.3451v_4+0.1932v_5$$

将各专家对指标权重打分代入上式,可得各指标权重的得分及权重结果如表3-14所列。

表3-14 指标权重结果表

| 指标 | 雷达对抗信号环境密度 | 雷达信号类型与样式 | 雷达信号频率重合度 | 雷达信号方位重合度 | 雷达信号数量 | 背景信号强度 |
|---|---|---|---|---|---|---|
| 指标得分 | 0.6415 | 0.6583 | 0.6104 | 0.7196 | 0.6230 | 0.3535 |
| 指标权重 | 0.1779 | 0.1825 | 0.1693 | 0.1995 | 0.1728 | 0.0980 |

# 3.3 因子分析

## 3.3.1 因子分析模型

因子分析是指将每一个原始变量分解为两部分,一部分为所有原始变量共有的公共因子的线性组合,另一部分为每个原始变量所独有的特殊因子。公共因子和特殊因子彼此不相关,且都无法观测。公共因子含有原始变量的绝大部分信息,需要给出实际意义的合理解释。

设$\boldsymbol{X}=(x_1,x_2,\cdots,x_p)^{\mathrm{T}}$为观测值向量,假设$\boldsymbol{X}$具有矩阵结构为

$$\boldsymbol{X}=\boldsymbol{\mu}+\boldsymbol{A}\boldsymbol{f}+\boldsymbol{e} \tag{3-41}$$

式中:$\boldsymbol{f}=(f_1,f_2,\cdots,f_m)^{\mathrm{T}}$为公共因子向量,为原始变量所共有的因素;$\boldsymbol{e}=(e_1,e_2,\cdots,e_p)^{\mathrm{T}}$为特殊因子向量,为原始变量所特有的因素;$\boldsymbol{\mu}=(\mu_1,\mu_2,\cdots,\mu_p)^{\mathrm{T}}$为$\boldsymbol{X}$的均值向量;$\boldsymbol{A}=(a_{ij})_{p\times p}$为因子载荷矩阵。$\boldsymbol{f}$和$\boldsymbol{e}$均为不可观测的随机向量,$m$为公共因子数,且$m\leqslant p$。如果$\boldsymbol{X}$为标准化向量,则有

$$X=Af+e \tag{3-42}$$

在上述模型中，因子分析假定条件如下：

(1)公共因子 $f$ 彼此不相关，且具有单位方差，即 $E(f)=0_{m\times1}$，$\text{var}(f)=I_{m\times m}$。

(2)特殊因子 $e$ 彼此不相关，即 $E(e)=0_{p\times1}$，$\text{var}(e)=E=\text{diag}(\sigma_1^2,\sigma_2^2,\cdots,\sigma_p^2)$。

(3)公共因子 $f$ 和特殊因子 $e$ 彼此不相关，即 $\text{cov}(f,e)=0_{m\times p}$。

因子分析的任务，就是在上述条件下，对标准化向量 $X$ 求出满足式(3-42)的因子载荷矩阵 $A$、公共因子 $f$、特殊因子 $e$，并给予公共因子以合理解释。当难以解释时，则进行因子旋转，使得因子旋转后能予以合理解释。

求变量 $x_i$ 方差，有

$$\begin{aligned}\text{var}(x_i)&=\text{var}(\mu_i+\sum_{j=1}^{m}a_{ij}f_j+e_i)\\&=\sum_{j=1}^{m}a_{ij}^2\text{var}(f_j)+\text{var}(e_i)=\sum_{j=1}^{m}a_{ij}^2+\sigma_i^2\end{aligned} \tag{3-43}$$

令 $h_i^2=\sum_{j=1}^{m}a_{ij}^2(i=1,2,\cdots,p)$，$h_i^2$ 反映了公共因子对变量 $x_i$ 的影响，称为共性方差。$\sigma_i^2$ 反映了特殊因子对变量 $x_i$ 的影响，称为特殊方差。原始变量方差则由共性方差和特殊方差组成。将变量方差关于 $i$ 求和，可得

$$\sum_{i=1}^{p}\text{var}(x_i)=\sum_{i=1}^{p}a_{i1}^2+\sum_{i=1}^{p}a_{i2}^2+\cdots+\sum_{i=1}^{p}a_{im}^2+\sum_{i=1}^{p}\sigma_i^2 \tag{3-44}$$

令 $g_j^2=\sum_{i=1}^{p}a_{ij}^2(j=1,2,\cdots,m)$，$g_j^2$ 反映了第 $j$ 个公共因子对 $p$ 个原始变量总方差的贡献，可以用于衡量公共因子的重要性，$g_j^2$ 越大，则因子 $f_j$ 越重要。$g_j^2\Big/\sum_{i=1}^{p}\text{var}(x_i)$ 称为第 $j$ 个公共因子的累计贡献率。

### 3.3.2　分析步骤

因子分析的计算过程如下：

(1)样本矩阵标准化处理。

标准化处理方法同3.2.2.1节中相关内容。

(2)计算相关系数矩阵 $R$。

相关系数矩阵计算方法同3.2.2.2节中相关内容。

(3)公共因子 $f$、载荷矩阵 $A$ 求解。

根据主成分分析，有

$$Y=CX \tag{3-45}$$

式中：$\boldsymbol{Y}$ 为主成分；$\boldsymbol{C}$ 为系数矩阵。对 $|\boldsymbol{R}-\lambda\boldsymbol{I}|=\boldsymbol{0}$ 求解，得到特征值 $\lambda_1,\cdots,\lambda_p$ 和系数矩阵 $\boldsymbol{C}$。对式(3-45)两边左乘 $\boldsymbol{C}^{\mathrm{T}}$，则有 $\boldsymbol{X}=\boldsymbol{C}^{\mathrm{T}}\boldsymbol{Y}$，记 $\boldsymbol{C}^{\mathrm{T}}=\boldsymbol{U}$。把 $\boldsymbol{Y}$ 标准化，有

$$\boldsymbol{Y}=\begin{pmatrix}\sqrt{\lambda_1} & & & 0\\ & \sqrt{\lambda_1} & & \\ & & \ddots & \\ 0 & & & \sqrt{\lambda_p}\end{pmatrix}\begin{pmatrix}y_1/\sqrt{\lambda_1}\\ y_2/\sqrt{\lambda_2}\\ \vdots\\ y_p/\sqrt{\lambda_p}\end{pmatrix}=\begin{pmatrix}\sqrt{\lambda_1} & & & 0\\ & \sqrt{\lambda_1} & & \\ & & \ddots & \\ 0 & & & \sqrt{\lambda_p}\end{pmatrix}\begin{pmatrix}f_1\\ f_2\\ \vdots\\ f_p\end{pmatrix}=\boldsymbol{\Lambda f} \tag{3-46}$$

$$\boldsymbol{\Lambda}=\mathrm{diag}(\sqrt{\lambda_1},\sqrt{\lambda_2},\cdots,\sqrt{\lambda_p})$$

$$\boldsymbol{f}=(f_1,f_2,\cdots,f_p)^{\mathrm{T}},f_i=y_i/\sqrt{\lambda_i}$$

与主成分分析类似，选取前 $m$ 个特征根的累计贡献率 $Q$，通常 $Q$ 为 0.85~0.90。选取满足此条件的 $m$ 个公共因子 $f_1,f_2,\cdots,f_m$。

根据公共因子数 $m$，将 $\boldsymbol{Y}=\boldsymbol{\Lambda f}$ 代入 $\boldsymbol{X}=\boldsymbol{UY}$ 中，写为

$$\begin{aligned}\boldsymbol{X}=\boldsymbol{U\Lambda f}&=\begin{pmatrix}\sqrt{\lambda_1}u_{11} & \sqrt{\lambda_2}u_{12} & \cdots & \sqrt{\lambda_p}u_{1p}\\ \sqrt{\lambda_1}u_{21} & \sqrt{\lambda_2}u_{22} & \cdots & \sqrt{\lambda_p}u_{2p}\\ \vdots & \vdots & \cdots & \vdots\\ \sqrt{\lambda_1}u_{p1} & \sqrt{\lambda_2}u_{p2} & \cdots & \sqrt{\lambda_p}u_{pp}\end{pmatrix}\begin{pmatrix}f_1\\ f_2\\ \vdots\\ f_p\end{pmatrix}\\ &=\begin{pmatrix}\sqrt{\lambda_1}u_{11} & \sqrt{\lambda_2}u_{12} & \cdots & \sqrt{\lambda_m}u_{1m}\\ \sqrt{\lambda_1}u_{21} & \sqrt{\lambda_2}u_{22} & \cdots & \sqrt{\lambda_m}u_{2m}\\ \vdots & \vdots & \cdots & \vdots\\ \sqrt{\lambda_1}u_{p1} & \sqrt{\lambda_2}u_{p2} & \cdots & \sqrt{\lambda_m}u_{pm}\end{pmatrix}\begin{pmatrix}f_1\\ f_2\\ \vdots\\ f_m\end{pmatrix}+\\ &\quad\begin{pmatrix}\sqrt{\lambda_{m+1}}u_{1m+1} & \sqrt{\lambda_{m+2}}u_{1m+2} & \cdots & \sqrt{\lambda_p}u_{1p}\\ \sqrt{\lambda_{m+1}}u_{2m+1} & \sqrt{\lambda_{m+2}}u_{2m+2} & \cdots & \sqrt{\lambda_p}u_{2p}\\ \vdots & \vdots & \cdots & \vdots\\ \sqrt{\lambda_{m+1}}u_{pm+1} & \sqrt{\lambda_{m+2}}u_{pm+2} & \cdots & \sqrt{\lambda_p}u_{pp}\end{pmatrix}\begin{pmatrix}f_{m+1}\\ f_{m+2}\\ \vdots\\ f_p\end{pmatrix}\\ &=\boldsymbol{Af}+\boldsymbol{e}\end{aligned} \tag{3-47}$$

$$\boldsymbol{A}=\begin{pmatrix}a_{11} & a_{12} & \cdots & a_{1m}\\ a_{21} & a_{22} & \cdots & a_{2m}\\ \vdots & \vdots & \cdots & \vdots\\ a_{p1} & a_{p2} & \cdots & a_{pm}\end{pmatrix}=\begin{pmatrix}\sqrt{\lambda_1}u_{11} & \sqrt{\lambda_2}u_{12} & \cdots & \sqrt{\lambda_m}u_{1m}\\ \sqrt{\lambda_1}u_{21} & \sqrt{\lambda_2}u_{22} & \cdots & \sqrt{\lambda_m}u_{2m}\\ \vdots & \vdots & \cdots & \vdots\\ \sqrt{\lambda_1}u_{p1} & \sqrt{\lambda_2}u_{p2} & \cdots & \sqrt{\lambda_m}u_{pm}\end{pmatrix}$$

$$\boldsymbol{f}=\begin{pmatrix} f_1 \\ f_2 \\ \vdots \\ f_m \end{pmatrix}$$

$$\boldsymbol{e}=\begin{pmatrix} e_1 \\ e_2 \\ \vdots \\ e_{p-m} \end{pmatrix}=\begin{pmatrix} \sqrt{\lambda_{m+1}}u_{1m+1} & \sqrt{\lambda_{m+2}}u_{1m+2} & \cdots & \sqrt{\lambda_p}u_{1p} \\ \sqrt{\lambda_{m+1}}u_{2m+1} & \sqrt{\lambda_{m+2}}u_{2m+2} & \cdots & \sqrt{\lambda_p}u_{2p} \\ \vdots & \vdots & \cdots & \vdots \\ \sqrt{\lambda_{m+1}}u_{pm+1} & \sqrt{\lambda_{m+2}}u_{pm+2} & \cdots & \sqrt{\lambda_p}u_{pp} \end{pmatrix}\begin{pmatrix} f_{m+1} \\ f_{m+2} \\ \vdots \\ f_p \end{pmatrix}$$

(4)因子载荷矩阵旋转。

通过上面步骤得到的因子载荷矩阵 $\boldsymbol{A}$,在某一列上,各元素绝对值往往差距不大,因此难于解释。可以通过对因子载荷矩阵旋转的方式,使得旋转后的矩阵列元素两极分化,以便于解释。在这里主要介绍方差极大正交旋转方法。设 $\boldsymbol{T}$ 为正交矩阵,令

$$\boldsymbol{B}=\boldsymbol{AT}=(b_{ij})_{p\times m} \tag{3-48}$$

$$V_j=\frac{\sum_{i=1}^{p}(d_{ij}^2-\overline{d_j^2})^2}{p}$$

$$d_{ij}^2=\frac{b_{ij}^2}{h_i^2}$$

$$\overline{d_j^2}=\frac{\sum_{i=1}^{p}d_{ij}^2}{p}$$

则称 $V_j$ 为旋转后因子载荷矩阵 $\boldsymbol{B}$ 的第 $j$ 列元素的平方的相对方差。所谓最大方差旋转法,就是选择正交矩阵 $\boldsymbol{T}$,使得 $\sum_{j=1}^{m}V_j$ 达到最大。

(5)因子得分。

因子分析是将变量表示为公共因子的线性组合。由于公共因子能充分反映原始变量的相关关系,用公共因子代表原始变量更有利于描述研究对象的特征。用原始变量表示公共因子为

$$f_j=\beta_{j1}x_1+\beta_{j2}x_2+\cdots+\beta_{jp}x_p, j=1,2,\cdots,m \tag{3-49}$$

式(3-49)称为因子得分函数,用来计算每个公共因子的得分。

由于方程的个数 $m$ 少于变量个数 $p$,因此只能在最小二乘意义下进行估计。由最小二乘估计得

$$\boldsymbol{f}=\boldsymbol{A}^{\mathrm{T}}\boldsymbol{R}^{-1}\boldsymbol{X} \tag{3-50}$$

式中:$\boldsymbol{A}$ 为因子载荷矩阵;$\boldsymbol{R}$ 为原变量的相关系数矩阵。

### 3.3.3 因子分析在雷达误差原因分析中的应用

#### 3.3.3.1 背景介绍

在某型雷达的靶场精度试验中,需要对雷达的距离、方位、俯仰、速度等精度指标进行考核。在每次试验中,受各种随机因素影响,如试验环境和人员操作,每次的试验结果并不一致,由此会产生误差。为了降低随机因素的影响,探索影响雷达精度更为本质的因素。可以利用因子分析的方法,将多次试验下的精度指标综合在一起,确定对多个精度指标影响的公共因子。

以某型雷达三个航次的数据为例,三个航次在不同的日期进行,分析的指标为距离、方位、俯仰、速度的系统误差和随机误差共 8 个指标,采用最小—最大变换方法对数据进行归一化处理,以消除量纲影响。由于指标众多,因此只展示归一化后的方位和俯仰系统误差结果图,如图 3-3 所示。

#### 3.3.3.2 计算特征参数

使用 SPSS 软件进行计算[23],对变量进行主成分分析,每个主成分的特征值及方差贡献如表 3-15 所列。

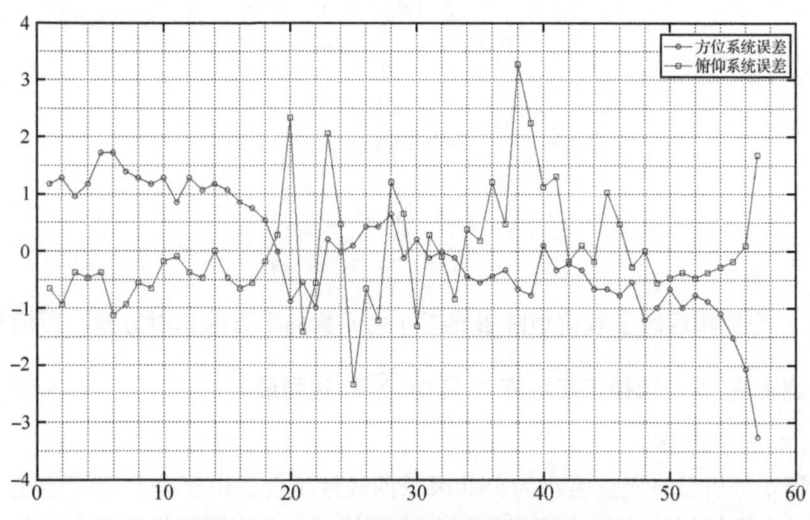


图 3-3 归一化后的方位、俯仰系统误差图

表 3-15 特征值及方差贡献表

| 主成分 | $y_1$ | $y_2$ | $y_3$ | $y_4$ | $y_5$ | $y_6$ | $y_7$ | $y_8$ |
|---|---|---|---|---|---|---|---|---|
| 特征值 | 2.4720 | 1.9961 | 1.2282 | 0.7305 | 0.6343 | 0.5791 | 0.2489 | 0.1110 |
| 方差贡献 | 30.90% | 24.95% | 15.35% | 9.13% | 7.93% | 7.24% | 3.11% | 1.38% |
| 累计贡献 | 30.90% | 55.85% | 71.20% | 80.33% | 88.26% | 95.50% | 98.61% | 100.00% |

选择前4个主成分做公共因子,载荷系数矩阵如表3-16所列。

表3-16 载荷系数矩阵表

| 指标名称 | 公共因子 | | | | 共同度 | 特殊因子方差 |
|---|---|---|---|---|---|---|
| | $F_1$ | $F_2$ | $F_3$ | $F_4$ | | |
| 方位系统误差 | -0.5032 | 0.3369 | -0.4669 | 0.3071 | 0.6790 | 0.3210 |
| 方位随机误差 | 0.8562 | 0.1351 | -0.2090 | 0.1838 | 0.8288 | 0.1712 |
| 俯仰系统误差 | 0.6615 | -0.1930 | 0.3044 | 0.1539 | 0.5912 | 0.4088 |
| 俯仰随机误差 | 0.7802 | -0.0063 | -0.3211 | 0.3733 | 0.8512 | 0.1488 |
| 距离系统误差 | 0.1048 | -0.4711 | 0.6934 | 0.1256 | 0.7295 | 0.2705 |
| 距离随机误差 | 0.1525 | 0.8629 | 0.4006 | 0.0230 | 0.9289 | 0.0711 |
| 速度系统误差 | 0.6240 | -0.0201 | -0.2727 | -0.6460 | 0.8815 | 0.1185 |
| 速度随机误差 | 0.1259 | 0.9274 | 0.2348 | -0.0754 | 0.9367 | 0.0633 |
| 公共因子贡献 | 2.4720 | 1.9961 | 1.2282 | 0.7305 | | |
| 累计贡献 | 30.90% | 55.85% | 71.20% | 80.33% | | |

在表3-16中,载荷系数分布比较均匀,不利于解释因子意义。对上述载荷矩阵进行旋转,采用方差极大正交旋转方法,旋转后的载荷矩阵系数如表3-17所列。

表3-17 旋转后的载荷系数矩阵表

| 指标名称 | 公共因子 | | | | 共同度 | 特殊因子方差 |
|---|---|---|---|---|---|---|
| | $F_1$ | $F_2$ | $F_3$ | $F_4$ | | |
| 方位系统误差 | -0.1013 | 0.0301 | **-0.7239** | -0.3792 | 0.6790 | 0.3210 |
| 方位随机误差 | **0.8557** | 0.1459 | 0.0664 | 0.2662 | 0.8288 | 0.1712 |
| 俯仰系统误差 | 0.5137 | 0.0323 | **0.5645** | 0.0871 | 0.5912 | 0.4088 |
| 俯仰随机误差 | **0.9163** | -0.0473 | -0.0010 | 0.0968 | 0.8512 | 0.1488 |
| 距离系统误差 | -0.0818 | -0.1365 | **0.8088** | -0.2234 | 0.7295 | 0.2705 |
| 距离随机误差 | 0.0484 | **0.9608** | 0.0157 | -0.0563 | 0.9289 | 0.0711 |
| 速度系统误差 | 0.2684 | -0.0095 | 0.0323 | **0.8991** | 0.8815 | 0.1185 |
| 速度随机误差 | 0.0309 | **0.9532** | -0.1548 | 0.0561 | 0.9367 | 0.0633 |
| 公共因子贡献 | 1.9280 | 1.8760 | 1.5265 | 1.0962 | | |
| 累计贡献 | 24.10% | 47.55% | 66.63% | 80.33% | | |

表3-17中粗体数字为在公共因子中占主要权重的指标。可以看出,对于公共因子$F_1$,方位随机误差和俯仰随机误差的系数较大,说明公共因子$F_1$对角度的随机误差产生影响比较大;对于公共因子$F_2$,距离随机误差和速度随机误

差的系数较大,说明公共因子 $F_2$ 对测距的随机误差产生影响比较大;对于公共因子 $F_3$,距离系统误差、方位系统误差、俯仰系统误差的系数较大;对于公共因子 $F_4$,则速度系统误差比较大。

由雷达方面专业知识可知,随机误差的产生主要受雷达内部噪声及外界环境(如目标特性、传输空间、地物杂波等)因素在测角、测距等环节造成的影响,速度测量是由距离微分获得,对测距造成的影响同样也会对测速造成相同的影响。系统误差的产生主要受雷达内部零位校准的影响。通过分析可知,4 个公共因子对不同指标有不同方面的影响。因此,在分析误差产生的具体原因时,还需要结合实际的雷达工作过程,进行进一步深入的原因分析,并采取有效措施,以提高雷达精度。

## 3.4 本章小结

本章主要介绍了方差分析、主成分分析和因子分析等三种基本统计挖掘方法的原理,并给出了三种方法在试验数据挖掘领域的应用。主要内容如下:

(1)采用单因素、双因素方差分析方法,对目标海拔高度、目标进入距离等因素对某型雷达精度的影响进行了分析,结果表明目标海拔高度、目标进入距离及两者间的交互作用都对雷达精度产生了显著性影响。

(2)针对电子装备所处电磁环境复杂度评估中的权重设置问题,对专家指标评分进行主成分分析,根据获得的主成分构造了评价函数,得到了各指标权重,降低了专家评分在各指标上的重叠性和模糊性。

(3)采用因子分析方法,对某型雷达方位、俯仰、距离、速度的系统误差和随机误差等 8 个指标进行分析,探求对此 8 个指标影响的公共因子,经过分析有 4 种公共因子在不同程度上对各指标产生了影响。

# 第4章　关联规则挖掘

在数据挖掘领域,关联规则是重要的技术方法之一,可过滤数据中大量无趣的规则,得到兴趣更高的规则。目前,关联规则在地理空间、气象、公共交通等多个工程领域得到了广泛的应用[24],越来越多的学科领域开始利用关联规则进行数据挖掘工作。为了实现关心问题的挖掘,关联规则主要思想是定义不同数据为不同集合,通过引入集合元素的支持度和置信度,依次获得不同集合之间的相互联系的知识。本章重点介绍关联规则的基本概念、方法步骤和常见的挖掘算法(如 Apriori、FP - growth 等),并以雷达为例,利用关联规则对其抗干扰试验结果进行挖掘分析,对其抗干扰能力进行评价。

## 4.1　关联规则简介

### 4.1.1　基本概念

假设关联规则待挖掘的数据库为 $D$,它由 $n$ 条事务组成,其中每一条事务又由不同的项目组成。用集合语言表示为 $D=\{t_1,t_2,\cdots,t_n\}$,$t_k$,$1\leqslant k\leqslant n$ 为事务,$D$ 含有 $n$ 条事务,$t_k$ 用项目表示为 $t_k=\{i_1,i_2,\cdots,i_p\}$,$t_k$ 含有 $p$ 个项目。

设 $I=\{i_1,i_2,\cdots,i_m\}$ 是数据库 $D$ 中由全体项目组成的集合,$I$ 的任何子集 $X$ 称为 $D$ 中的项目集,当 $X$ 包括 $k$ 个元素时,$X$ 称为 $k$-项目集。设 $t_k$ 为 $D$ 中事务,如果 $t_k$ 含有项目集 $X$,即 $X\subseteq t_k$,则称事务 $t_k$ 包含了项目集 $X$。

数据库 $D$ 中包含项目集 $X$ 的事务总数称为项目集 $X$ 的支持数,记为 $\sigma_x$。支持数与事务总数的比,称为项目集 $X$ 的支持度,记作 support$(X)$,即概率 $P(X)$,有

$$\text{support}(X)=P(X)=\frac{\sigma_x}{|D|}\times 100\% \tag{4-1}$$

式中:$|D|$为数据库 $D$ 中的事务总数。式(4-1)表示项目集 $X$ 在数据库 $D$ 中出现的频率。给定最小支持度,若项目集 $X$ 的支持度大于最小支持度,则称 $X$ 为频繁项目集,否则称 $X$ 为非频繁项目集。

设 $X$、$Y$ 为项目集,且 $X\cap Y=\varnothing$,则蕴含式 $X\Rightarrow Y$ 称为关联规则。$X$、$Y$ 分别称为关联规则的前提和结论。关联规则 $X\Rightarrow Y$ 表示在 $X$ 出现的情况下,$Y$ 也将会出现。

关联规则 $X \Rightarrow Y$ 的支持度为项目集 $X \cup Y$ 的支持度，是 $D$ 中事务包含 $X \cup Y$ 项目的百分比，即概率 $P(X \cup Y)$，记作 support$(X \Rightarrow Y)$，有

$$\text{support}(X \Rightarrow Y) = \text{support}(X \cup Y) = P(X \cup Y) \tag{4-2}$$

关联规则 $X \Rightarrow Y$ 的置信度是 $D$ 中事务在包含 $X$ 的前提条件下，同时包含 $Y$ 的百分比，即条件概率 $P(Y|X)$，记作 confidence$(X \Rightarrow Y)$，有

$$\text{confidence}(X \Rightarrow Y) = P(Y|X) = \frac{\text{support}(X \cup Y)}{\text{support}(X)} \times 100\% \tag{4-3}$$

支持度和置信度是描述关联规则的两个重要概念，前者用于衡量关联规则在整个数据集中出现的频繁程度，后者用于衡量关联规则的可信程度。

给定最小支持度和最小置信度，如果 support$(X \Rightarrow Y) \geqslant$ 最小支持度，同时 confidence$(X \Rightarrow Y) \geqslant$ 最小置信度，则称关联规则 $X \Rightarrow Y$ 为强规则，否则称关联规则 $X \Rightarrow Y$ 为弱规则。

关联规则的挖掘问题就是在数据库 $D$ 中寻求所有支持度和置信度均分别超过最小支持度和最小置信度的关联规则，即强规则。挖掘关联规则主要包含以下两个步骤。

(1)找出所有的频繁项目集。根据定义，频繁项目集的支持度大于等于预先设置的最小支持频度，通常采用 Apriori 算法和 FP - growth 算法进行寻找。

(2)根据所获得的频繁项目集。产生相应的强关联规则。根据定义强关联规则必须满足最小置信度，产生关联规则的操作步骤如下：①对每个频繁 $k$ -项目集 $L_k$，获得 $L_k$ 的所有非空子集 $X$；②对于每个 $L_k$ 的非空子集 $X$，若

$$\frac{\text{support}(L_k)}{\text{support}(X)} \geqslant \text{最小置信度}$$

则产生一个关联规则，即

$$X \Rightarrow (L_k - X)$$

$$(L_k - X) \cup X = L_k$$

该关联规则的支持度为 support$(L_k)$，置信度为 support$(L_k)$/support$(X)$。

关联规则挖掘算法的性能是由步骤(1)决定的。如何设计合理策略，快速找到所有频繁项目集，是算法设计的关键。

### 4.1.2 举例

为了便于理解，以事务数据库 $D$(表 4-1)为例，来说明上述相关概念。

表 4-1 事务数据库 $D$

| 事务 | 项目 |
| --- | --- |
| $T_1$ | $I_1, I_3, I_4, I_6, I_7, I_9, I_{13}, I_{15}$ |

（续）

| 事务 | 项目 |
|---|---|
| $T_2$ | $I_1, I_2, I_3, I_6, I_{12}, I_{13}$ |
| $T_3$ | $I_2, I_6, I_8, I_{10}$ |
| $T_4$ | $I_2, I_3, I_{11}, I_{15}$ |
| $T_5$ | $I_1, I_3, I_5, I_6, I_{12}, I_{13}, I_{14}, I_{15}$ |

在表4-1中，$T_i, i=1,\cdots,5$ 为事务，$I_j, j=1,\cdots,15$ 为项目。数据库 $D$ 由5条事务组成，表示为

$$D=\{T_1,T_2,T_3,T_4,T_5\}$$

其中每一个事务，又有项目组成。例如，事务 $T_3$ 由4个项目组成，用项目表示为

$$T_3=\{I_2,I_6,I_8,I_{10}\}$$

由项目可以组成项目集，如项目 $I_1$、$I_3$、$I_6$ 可组成项目集 $\{I_1,I_3,I_6\}$，由于该集合包含3个元素，因此项目集 $\{I_1,I_3,I_6\}$ 为3-项目集。$\{I_1,I_3,I_6\}$ 在数据库 $D$ 中事务 $T_1$、$T_3$、$T_5$ 里出现，因此它的支持数为3，又由于数据库中事务总数为5，得到项目集 $\{I_1,I_3,I_6\}$ 的支持度为

$$\text{support}(\{I_1,I_3,I_6\})=\frac{3}{5}=60\%$$

指定最小支持度为50%。项目集 $\{I_1,I_3,I_6\}$ 的支持度大于该支持度，为频繁项目集。而项目集 $\{I_1,I_6,I_{12}\}$ 的支持度为40%，小于最小支持度，为非频繁项目集。

由频繁3-项目集 $L_3=\{I_1,I_3,I_6\}$ 可生成的关联规则为

$$\{I_1\}\Rightarrow\{I_3,I_6\}\quad \{I_3\}\Rightarrow\{I_1,I_6\}\quad \{I_6\}\Rightarrow\{I_1,I_3\}$$
$$\{I_3,I_6\}\Rightarrow\{I_1\}\quad \{I_1,I_6\}\Rightarrow\{I_3\}\quad \{I_1,I_3\}\Rightarrow\{I_6\}$$

以 $\{I_6\}\Rightarrow\{I_1,I_3\}$ 关联规则为例。在该关联规则中，$\{I_6\}\cap\{I_1,I_3\}=\varnothing$，$\{I_6\}\cup\{I_1,I_3\}=L_3$，$\{I_6\}$ 为关联规则的前提，$\{I_1,I_3\}$ 为关联规则的结论。$\{I_6\}\Rightarrow\{I_1,I_3\}$ 的支持度为

$$\text{support}(\{I_6\}\Rightarrow\{I_1,I_3\})=\text{support}(\{I_6\}\cup\{I_1,I_3\})=\text{support}(\{I_1,I_3,I_6\})=60\%$$

计算该规则的置信度。项目集 $\{I_6\}$ 的支持数为4，项目集 $\{I_6\}\cup\{I_1,I_3\}$ 的支持数为3，因此 $\{I_6\}\Rightarrow\{I_1,I_3\}$ 的置信度为

$$\text{confidence}(\{I_6\}\Rightarrow\{I_1,I_3\})=\frac{\text{support}(\{I_6\}\cup\{I_1,I_3\})}{\text{support}(\{I_6\})}=\frac{3}{4}=75\%$$

指定最小置信度50%，关联规则 $\{I_6\}\Rightarrow\{I_1,I_3\}$ 的置信度大于该置信度。

由于关联规则 $\{I_6\}\Rightarrow\{I_1,I_3\}$ 的支持度和置信度均大于指定最小值，因此为强关联规则。

### 4.1.3 关联规则分类

关联规则挖掘方法有很多,一般可以按照以下原则进行分类。

(1)根据变量类别,可分为布尔型关联规则和数值型关联规则。

布尔型关联规则处理的变量值只有两种:1(出现)或者0(不出现);而数值型关联规则处理的变量数值是连续的,可以有多种取值。举例说明,关联规则为

$$\text{目标发现(驱逐舰)} \Rightarrow \text{目标发现(护卫舰)} \tag{4-4}$$

$$\text{速度}(500\sim1000\text{m/s}) \wedge ^{①}\text{海拔}(10\sim20\text{km}) \Rightarrow \text{目标类型(某型飞机)} \tag{4-5}$$

第一个规则中的"目标发现"的内容是离散化的,为布尔型关联规则。在第二个规则中速度和海拔是数值型的,可连续变化,为数值型关联规则。

(2)根据规则中的维数来进行划分,可分为单维关联规则和多维关联规则。

在式(4-4)中,只涉及"目标发现"一个属性,该规则为单维关联规则。在式(4-5)中,涉及"速度""海拔""目标类型"等三个属性,该规则为多维关联规则。

(3)根据规则描述内容所涉及的抽象层次分类,可分为单层关联规则和多层关联规则。

$$\text{目标发现(驱逐舰)} \Rightarrow \text{目标发现(作战飞机)} \tag{4-6}$$

$$\text{目标发现(驱逐舰)} \Rightarrow \text{目标发现(轰炸机)} \tag{4-7}$$

项目集中的项目概念是有层次的,在规则式(4-6)中作战飞机是轰炸机的更高抽象层次,作战飞机还可包括预警机、歼击机、强击机等较下层内容,为多层关联规则。而在规则式(4-7)中,轰炸机仅涉及单一层次内容,为单层关联规则。

在单层关联规则中,所有项目都没有考虑到现实的数据是具有多个不同的层次。而在多层关联规则中,对多个抽象层次的项目进行综合考虑。

## 4.2 Apriori 算法

### 4.2.1 算法原理

Apriori 算法是挖掘频繁项目集的基本算法,用于挖掘布尔型关联规则。该算法于1994年由 Agrawal 和 R. Srikant 提出[25],主要利用了项目集的先验性质,该先验性质为:频繁项目集的子集也为频繁项目集,非频繁项目集的超集为非

---

① ∧表示且的意思。

频繁项目集。

Apriori 算法使用层次顺序搜索的循环方法来完成频繁项目集的挖掘工作。具体做法是：首先找出频繁 1－项目集，记为 $L_1$；然后利用 $L_1$ 通过连接产生 $L_2$，即频繁 2－项目集；不断如此循环，直到无法发现更多的频繁 $k$－项目集为止。

通过频繁($k-1$)－项目集 $L_{k-1}$ 寻找频繁 $k$－项目集 $L_k$，主要分为以下两个步骤。

(1)连接操作。将 $L_{k-1}$ 两两连接，连接是指求两个集合的并集，要求连接的 $L_{k-1}$ 中的元素中有 $k-2$ 个相同，只有 1 个不相同，连接产生项目集为候选 $k$－项目集，记为 $C_k$。

(2)剪枝操作。检验 $C_k$ 的子集是否全部在频繁项目集 $L_{k-1}$ 中，若全部在 $L_{k-1}$ 中则保留；否则，由非频繁项目集的超集为非频繁项目集的原理可知，$C_k$ 为非频繁项目集，可将 $C_k$ 删除。经过删除，还需验证剩余 $C_k$ 是否为频繁项目集，即检验剩余的 $C_k$ 的支持度是否大于预先设定的支持度。为此需要扫描整个数据库进行统计，如果不满足，则将此 $C_k$ 删除，余下的为频繁项目集 $L_k$。

Apriori 算法流程如图 4－1 所示。

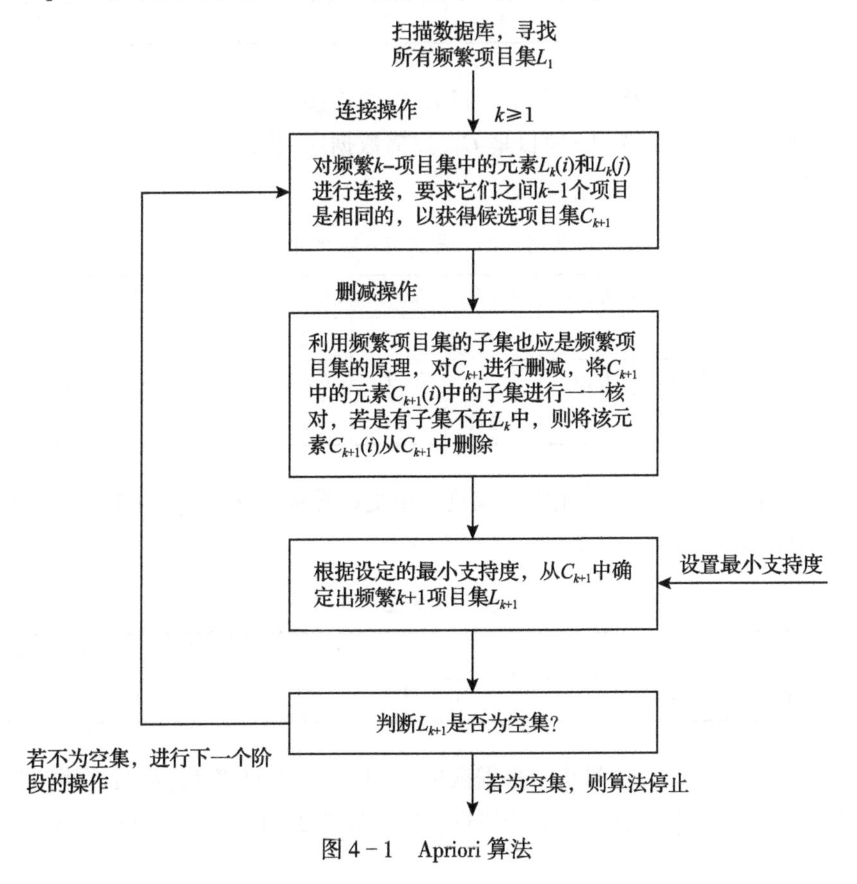


图 4－1　Apriori 算法

### 4.2.2 算法举例

下面举例说明 Apriori 算法过程。步骤如下。

(1)建立事务数据库。数据库如表 4-1 所列。

(2)扫描事务数据库 1 次,统计每个 1-项目集的支持数,如表 4-2 所列。

表 4-2 1-项目集支持数

| 1-项目 | $I_1$ | $I_2$ | $I_3$ | $I_4$ | $I_5$ | $I_6$ | $I_7$ | $I_8$ | $I_9$ | $I_{10}$ | $I_{11}$ | $I_{12}$ | $I_{13}$ | $I_{14}$ | $I_{15}$ |
|---|---|---|---|---|---|---|---|---|---|---|---|---|---|---|---|
| 支持数 | 3 | 3 | 4 | 1 | 1 | 4 | 1 | 1 | 1 | 1 | 1 | 2 | 3 | 1 | 3 |

(3)发现所有频繁 1-项目集。设置最小支持数为 3,对表 4-2 中的项目从大到小进行排序,同时删除支持数小于 3 的项目,得到如表 4-3 所列的频繁 1-项目集 $L_1$。

表 4-3 频繁 1-项目集

| 频繁 1-项目集 | $I_6$ | $I_3$ | $I_1$ | $I_2$ | $I_{13}$ | $I_{15}$ |
|---|---|---|---|---|---|---|
| 支持数 | 4 | 4 | 3 | 3 | 3 | 3 |

(4)发现所有频繁 2-项目集。将 $L_1$ 两两连接,根据获取的频繁 1-项目集通过连接操作产生候选 2-项目集 $C_2$,扫描数据库,获得其支持数。候选 2-项目集 $C_2$ 如表 4-4 所列。

表 4-4 候选 2-项目集

| 候选 2-项目集 | $I_6, I_3$ | $I_6, I_1$ | $I_6, I_2$ | $I_6, I_{13}$ | $I_6, I_{15}$ | $I_3, I_1$ | $I_3, I_2$ | $I_3, I_{13}$ |
|---|---|---|---|---|---|---|---|---|
| 支持数 | 3 | 3 | 2 | 3 | 2 | 3 | 2 | 3 |
| 候选 2-项目集 | $I_3, I_{15}$ | $I_1, I_2$ | $I_1, I_{13}$ | $I_1, I_{15}$ | $I_2, I_{13}$ | $I_2, I_{15}$ | $I_{13}, I_{15}$ | |
| 支持数 | 3 | 1 | 3 | 2 | 1 | 1 | 2 | |

指定最小支持数为 3,删除不满足最小支持数的候选 2-项目集 $C_2$,产生频繁 2-项目集 $L_2$,如表 4-5 所列。

表 4-5 频繁 2-项目集

| 频繁 2-项目集 | $I_6, I_3$ | $I_6, I_1$ | $I_6, I_{13}$ | $I_3, I_1$ | $I_3, I_{13}$ | $I_3, I_{15}$ | $I_1, I_{13}$ |
|---|---|---|---|---|---|---|---|
| 支持数 | 3 | 3 | 3 | 3 | 3 | 3 | 3 |

(5)产生候选 3-项目集。根据获取的频繁 2-项目集 $L_2$,两两连接产生候选 3-项目集 $C_3$,要求其中有 1 个项目相同。候选 3-项目集 $C_3$ 如表 4-6 所列。

表 4-6　候选 3-项目集

| 候选 3-项目集 | $I_6, I_3, I_1$ | $I_6, I_3, I_{13}$ | $I_6, I_3, I_{15}$ | $I_6, I_1, I_{13}$ |
|---|---|---|---|---|
| 候选 3-项目集 | $I_3, I_1, I_{13}$ | $I_3, I_1, I_{15}$ | $I_3, I_{13}, I_{15}$ | |

(6)发现所有频繁 3-项目集。首先通过剪枝操作,如果候选 3-项目集 $C_3$ 中的子集不在频繁 2-项目集 $L_2$ 中时,则将该项目集删除。剪枝后候选 3-项目集如表 4-7 所列。

表 4-7　剪枝后的候选 3-项目集

| 候选 3-项目集 | $I_6, I_3, I_1$ | $I_6, I_3, I_{13}$ | $I_6, I_1, I_{13}$ | $I_3, I_1, I_{13}$ |
|---|---|---|---|---|

扫描数据库,获取剪枝后项目集的支持数,同时根据最小支持数,确定所有频繁 3-项目集 $L_3$,如表 4-8 所列。

表 4-8　频繁 3-项目集

| 频繁 3-项目集 | $I_6, I_3, I_1$ | $I_6, I_3, I_{13}$ | $I_6, I_1, I_{13}$ | $I_3, I_1, I_{13}$ |
|---|---|---|---|---|
| 支持数 | 3 | 3 | 3 | 3 |

(7)产生候选 4-项目集。进行连接操作,从频繁 3-项目集 $L_3$ 产生候选 4-项目集 $C_4$,其中连接的项目集,要求有 2 个项目相同。候选 4-项目集 $C_4$ 如表 4-9 所列。

表 4-9　候选 4-项目集

| 候选 4-项目集 | $I_6, I_3, I_1, I_{13}$ |
|---|---|

(8)发现所有频繁 4-项目集。进行剪枝操作,候选 4-项目集不变。扫描数据库,其支持数为 3,满足最小支持数要求。频繁 4-项目集 $L_4$ 如表 4-10 所列。

表 4-10　频繁 4-项目集

| 频繁 4-项目集 | $I_6, I_3, I_1, I_{13}$ |
|---|---|
| 支持数 | 3 |

### 4.2.3　Apriori 算法改进

算法的改进措施通常采用以下方式进行[26]。

(1)减少事务个数。当一个事务包含的项目个数为 $k$ 时,则在挖掘 $k+1$ 频繁项目集时,可把该事务删除或标记。如此处理的优点是在以后产生大于 $k$ 频繁项目集时，可以使用较少的事务数。

(2)基于哈希(Hash)表技术。利用哈希表技术可以用于压缩候选 $k$ -项目集 $C_k$。该方法把扫描的项目放到不同的哈希桶中，每对项目最多只能在一个特定的桶中。采用该处理技术，减少了候选项目集的生成代价。

(3)采用划分技术[27]。该技术先把数据库从逻辑上分成几个互不相同的块，每次单独考虑一个分块，在每个数据块里解决频繁项目集的发现问题。这种技术可方便后续的并行处理，而分块后事务量的降低有助于提升 Apriori 算法的效率。

(4)使用采样技术。该技术先对数据库进行抽样，对抽样的数据进行挖掘，得到一些可能成立的规则；然后利用数据库的剩余部分数据，验证该类关联规则的正确性。该方法虽然可能使结果不是非常准确，但是如果使用得当，则可以在满足一定精度的前提下，提升算法效率。

## 4.3 FP - growth 算法

### 4.3.1 算法原理

Apriori 算法主要利用项目集先验性质对候选项目集的数目进行删除，虽然效果非常明显，但当数据库事务和项目较多时，生成的候选频繁项目集的数目是惊人的。由于 Apriori 算法的主要性能瓶颈在于要产生的候选项目集，因此，寻求不产生或尽量少产生候选项目集的技术可以有效提升算法的性能。对于不产生候选项目集的算法，韩家炜教授提出了 FP - growth 算法[28]。

FP - growth 算法采取分治策略：首先，将数据库中事务压缩到树上，要求树中的节点均为频繁项目集，该树称为频繁项目树，它保留项目集所有关联信息；然后，采用分而治之的方法，把频繁模式的挖掘分成若干个子模式的挖掘问题，将频繁项目树分解为多个条件模式树；接着，针对条件模式树，同样进行分而治之，递归地进行以上处理，直到条件模式树为空，或只含唯一的一条路径为止；最后，将最终得到的条件模式树，通过模式链接方式，得到所有频繁项目集。

### 4.3.2 算法举例

下面以具体的例子来说明 FP - growth 算法的步骤。选择的数据库如表 4 - 1 所列。发现频繁 1 -项目集的步骤与 4.2 节中 Apriori 算例步骤相同，在此不赘述。所有频繁 1 -项目集如表 4 - 11 所列。

表 4－11　频繁 1－项目

| 1－项目 | $I_6$ | $I_3$ | $I_1$ | $I_2$ | $I_{13}$ | $I_{15}$ |
|---|---|---|---|---|---|---|
| 支持数 | 4 | 4 | 3 | 3 | 3 | 3 |

(1)重建事务数据库。根据表 4－11 中的频繁 1－项目集,将数据库中非频繁 1－项目删除,然后按照频繁 1－项目次序($I_6$,$I_3$,$I_1$,$I_2$,$I_{13}$,$I_{15}$)进行排序。经此操作后,重建后的事务数据库如表 4－12 所列。

表 4－12　重建后的事务数据库

| 序号 | 事务 | 经删除、排序后的事务 |
|---|---|---|
| 1 | $I_1$, $I_3$, $I_4$, $I_6$, $I_7$, $I_9$, $I_{13}$, $I_{15}$ | $I_6$, $I_3$, $I_1$, $I_{13}$, $I_{15}$ |
| 2 | $I_1$, $I_2$, $I_3$, $I_6$, $I_{12}$, $I_{13}$ | $I_6$, $I_3$, $I_1$, $I_2$, $I_{13}$ |
| 3 | $I_2$, $I_6$, $I_8$, $I_{10}$ | $I_6$, $I_2$ |
| 4 | $I_2$, $I_3$, $I_{11}$, $I_{15}$ | $I_3$, $I_2$, $I_{15}$ |
| 5 | $I_1$, $I_3$, $I_5$, $I_6$, $I_{12}$, $I_{13}$, $I_{14}$, $I_{15}$ | $I_6$, $I_3$, $I_1$, $I_{13}$, $I_{15}$ |

(2)建立 FP－Tree。首先建立根节点,用 null 表示,扫描数据库,逐次将表 4－12 中的重建后的 5 个事务添加到 FP－Tree 中,项目添加顺序按照($I_6$,$I_3$,$I_1$,$I_2$,$I_{13}$,$I_{15}$)的顺序进行,并对添加的每个项目进行计数。建立 FP－Tree 的过程如图 4－2 所示,最终建立的 FP－Tree 在图 4－2 步骤 6 中。

(3)建立项头表和节点链。为方便树的遍历,建立项头表,项头表中含有每个频繁项目及其对应频数,并为每个频繁项目建立节点链。该节点链链接项头表中项目和树中所有出现该项目的节点。建立的项头表和节点链如图 4－3 所示。

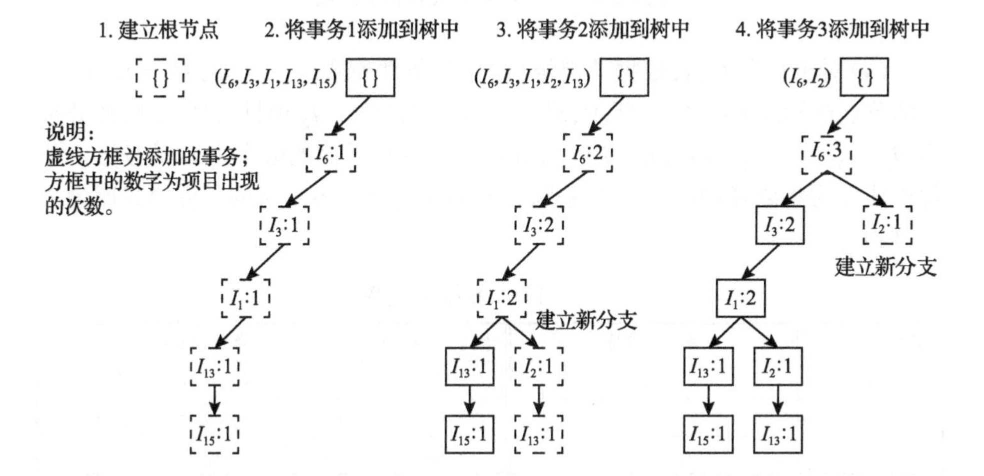

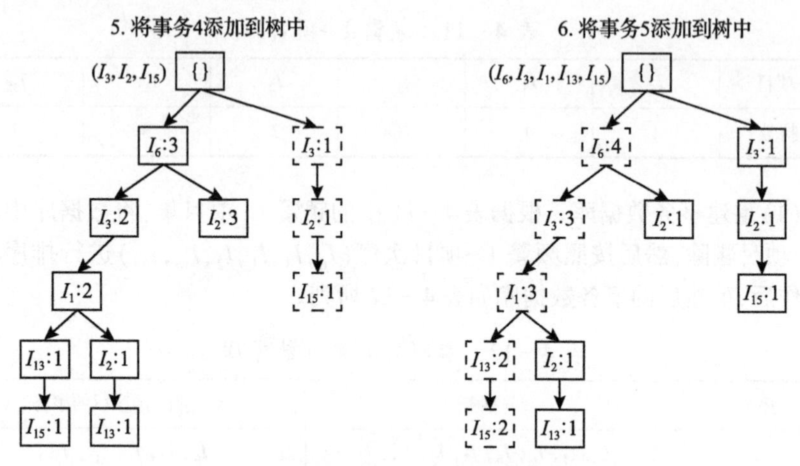


图 4-2　FP-Tree 建构过程

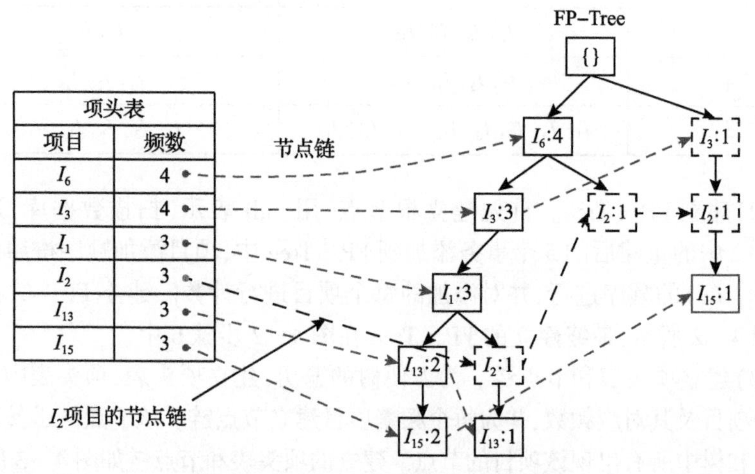


图 4-3　FP-Tree 项头表和节点链

(4)对于每个项目,根据节点链,建立其条件模式库。例如,对于 $I_2$ 项目,它的节点链标注如图 4-3 所示,对于树中链接的每个 $I_2$ 项目,它们的路径分别为($I_6-I_3-I_1-I_2:1$)、($I_6-I_2:1$)、($I_3-I_2:1$),后面的数字为 $I_2$ 的频数。条件模式库为将路径中的项目 $I_2$ 去除后的前缀路径。各项目的条件模式库为表 4-13 所列。

表 4-13　条件模式库

| 频繁 1-项目 | 条件模式库 | 频繁 1-项目 | 条件模式库 |
|---|---|---|---|
| $I_6$ | {} | $I_2$ | $I_6-I_3-I_1:1$, $I_6:1$, $I_3:1$ |
| $I_3$ | $I_6:3$ | $I_{13}$ | $I_6-I_3-I_1:2$, $I_6-I_3-I_1-I_2:1$ |
| $I_1$ | $I_6-I_3:3$ | $I_{15}$ | $I_6-I_3-I_1-I_{13}:2$, $I_3-I_2:1$ |

(5)根据条件模式库,构建条件模式树。将条件模式中的前缀路径,按照 FP - Tree 的构建方式,逐渐添加到条件模式树中,并统计合并后各项目的支持数,若支持数小于 3(最小支持数为 3),则将该项目删除。各项目的条件模式树构造过程分别如图 4 - 4 至图 4 - 6 所示。

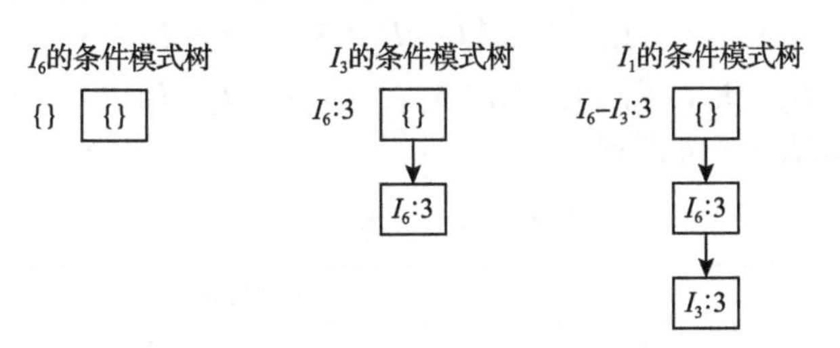


图 4 - 4　项目 $I_6$、$I_3$、$I_1$ 的条件模式树

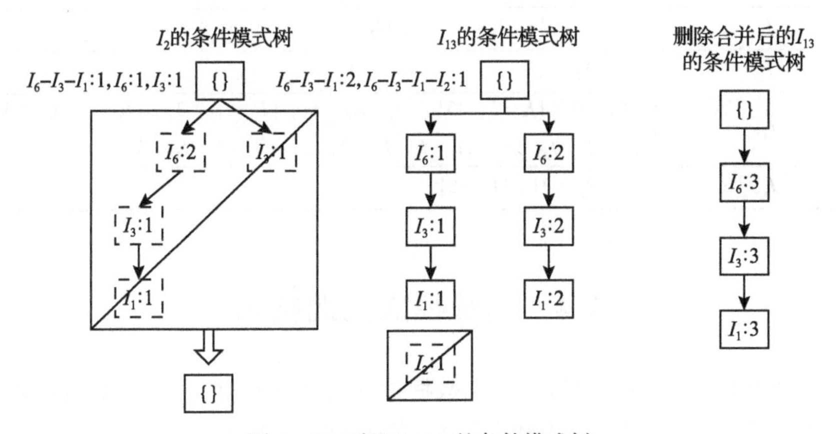


图 4 - 5　项目 $I_2$、$I_{13}$ 的条件模式树

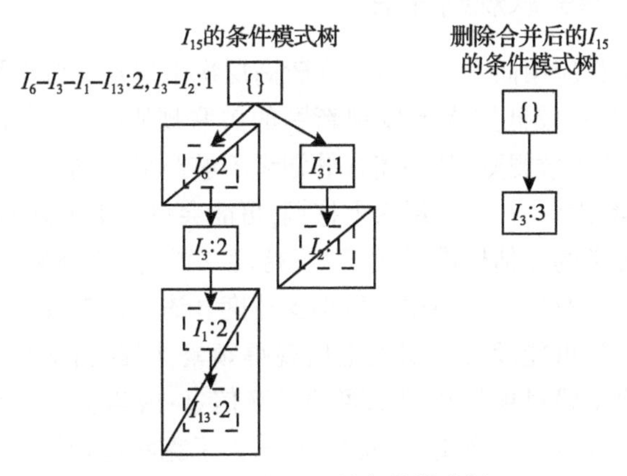


图 4 - 6　项目 $I_{15}$ 的条件模式树

(6)根据构建的条件模式树,挖掘出频繁项目集。频繁项目集为条件模式树中元素集合的子集,再加上各后缀元素。以 $I_{13}$ 为例,其条件模式树中的元素有$\{I_6:3, I_3:3, I_1:3\}$,其子集有$\{\varnothing\}$,$\{I_6:3\}$,$\{I_3:3\}$,$\{I_1:3\}$,$\{I_6-I_3:3\}$,$\{I_6-I_1:3\}$,$\{I_3-I_1:3\}$,$\{I_6-I_3-I_1:3\}$,把后缀元素 $I_{13}$ 加上,则其频繁项目集有$\{I_{13}:3\}$,$\{I_6-I_{13}:3\}$,$\{I_3-I_{13}:3\}$,$\{I_1-I_{13}:3\}$,$\{I_6-I_3-I_{13}:3\}$,$\{I_6-I_1-I_{13}:3\}$,$\{I_3-I_1-I_{13}:3\}$,$\{I_6-I_3-I_1-I_{13}:3\}$。最终挖掘出的频繁项目集如表 4-14 所列。

表 4-14 频繁项目集

| 频繁 1-项目 | 频繁项目集 |
| --- | --- |
| $I_6$ | $\{I_6:4\}$ |
| $I_3$ | $\{I_6-I_3:3\}$,$\{I_3:3\}$ |
| $I_1$ | $\{I_6-I_1:3\}$,$\{I_3-I_1:3\}$,$\{I_1:3\}$ |
| $I_2$ | $\{I_2:3\}$ |
| $I_{13}$ | $\{I_{13}:3\}$,$\{I_6-I_{13}:3\}$,$\{I_3-I_{13}:3\}$,$\{I_1-I_{13}:3\}$,$\{I_6-I_3-I_{13}:3\}$,$\{I_6-I_1-I_{13}:3\}$,$\{I_3-I_1-I_{13}:3\}$,$\{I_6-I_3-I_1-I_{13}:3\}$ |
| $I_{15}$ | $\{I_3-I_{15}:3\}$,$\{I_{15}:3\}$ |

## 4.4 高级模式挖掘技术

由于实际研究问题的复杂性和数据类型的多样性,挖掘技术不断发展、丰富。本节主要介绍多层、多维和定量等关联规则挖掘技术。

### 4.4.1 多层关联规则挖掘

对于许多工程应用而言,一方面,在较高层次上发现的强关联规则,可能是常识性知识,需要在较低层次上发现新颖的关联规则;另一方面,在较低层次上,可能有太多的零散规则,其中蕴含的知识不够凸显。同时,由于数据可能在不同层次上存储,因此,在多个层次上挖掘,可能会得出更丰富的知识。

多层关联规则的评估标准沿用了“支持度—置信度”框架。较简单的支持度设置方法为在所有层上使用相同最小支持度。该方法存在一定缺点,由于较低层次上的项目集可能没有高层次上出现得频繁,因此当支持度设置较高时,有可能在低层次上错过项目集间重要的关联信息;或当支持度设置较低时,在较高层次上会出现过多无意义的关联信息。为了克服这种缺点,可以使用以下两种支持度的设置方法。

(1)从高到低,设置逐渐降低的最小支持度。在每一层上,可以设置不同的最小支持度,层次越低,最小支持度也越低。利用递减支持阈值挖掘多层关联规则,可以选择若干搜索策略,主要包括:①层与层独立。该方法没有利用任何频繁项目集的有关知识来帮助项目集修剪。无论该节点的上一级节点是否为频繁的,均要对每个节点进行检查。②利用 $k$ -项目集进行跨层次过滤。当且仅当上一层次节点中 $k$ -项目集是频繁的,才需要检查下一层次的 $k$ -项目集。

(2)针对特定项目,设置最小支持度。某些项目比较重要,可以有针对性地对这些项目设置不同的最小支持度,以免遗漏重要关联信息。

对于多层关联规则挖掘的策略问题,可以根据应用的特点,采用灵活的方式来完成,策略如下:

(1)自上而下策略。从高层次向低层次挖掘,对频繁项目集出现次数进行累计,以便发现每个层次的频繁项目集,直到无法获得新频繁项目集为止。

(2)自下而上策略。先找低层的规则,再找它的上一层规则。

(3)固定层次策略。可以根据情况,在一个固定层次上有针对性地挖掘。如果需要查看其他层次的数据,可以通过上钻和下钻等操作来获得相应的数据。

### 4.4.2　多维关联规则挖掘

在关联规则中,每个不同的属性称作维。当有一个属性时,称为单维或维内关联规则。涉及两个或多个属性时,则称为多维关联规则。

数据的属性可分为定性和定量两类。定性属性的值为有限个可能值,值之间是无序的。而定量属性的值是数值的,是有序的。例如,“目标类型”属性是定性属性,它的值可以为驱逐舰、护卫舰、潜艇、航母等值;而“速度”属性是定量属性,它的值是连续变化的。

对于定性属性,可以直接处理,采用布尔型关联规则挖掘技术。而定量属性不能直接处理,需要将定量属性通过离散化的方式转化为多个定性属性进行处理。根据定量属性的处理方法,挖掘多维关联规则的技术有以下两种方式。

(1)使用预先定义的分层对定量属性进行离散处理。这种处理在挖掘之前进行,是静态的和预先确定的。离散化的数值属性取值替换为区间范围,具有区间标号,可以像定性属性一样处理。例如,“速度”属性取值为(100m/s,300m/s)时,将其离散化为(100m/s,200m/s)、(200m/s,300m/s)两个区间,分别用 A 和 B 代替表示。

(2)根据数据分布将定量属性离散化或聚类到“箱”。这些箱可以在挖掘过程中进一步组合。离散化的过程是动态的。在该方法中,数值属性的值被处理成数量,而不是预先定义的区间或类别。动态离散化方法见 4.4.3 节。

### 4.4.3 定量关联规则挖掘

对于定量关联规则的挖掘，根据一定的挖掘标准，对数值属性进行动态离散化处理。对于该类关联规则，可以使用基于图像处理的关联规则聚类方法(Association Rule Clustering System, ARCS)。

以二维定量规则(目标速度∧目标海拔⇒目标类型(某型飞机))为例，阐述定量关联规则挖掘方法。该方法是首先将一对定量属性映射到满足给定符号属性的二维方格，然后搜索产生相应关联规则的点的聚类。具体操作步骤如下：

(1)区间划分。将每个定量属性的取值范围划分为间隔，这些间隔是动态的，方便在今后的挖掘过程中进行合并。对于间隔有二种取法：①等宽，即每个区间的宽度相同；②等高，即每个区间内所含的数据大致相同。通过该方法处理后可以获得如图4-7所示的二维图像方格。

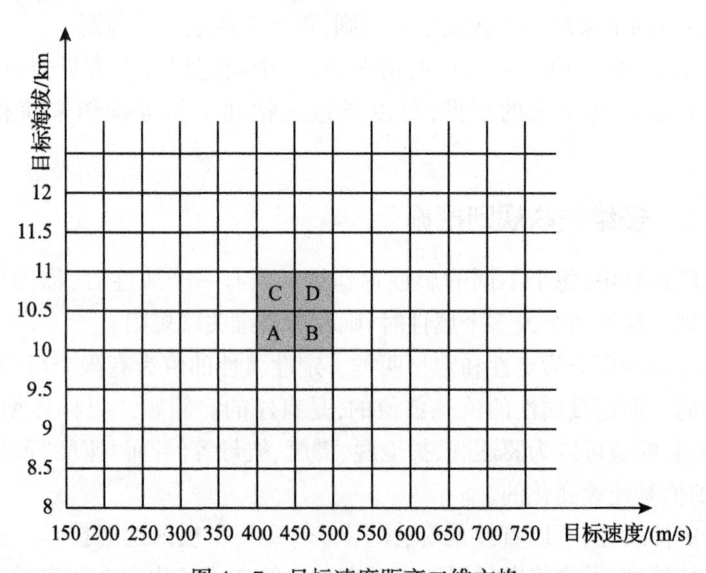


图4-7 目标速度距离二维方格

(2)发现频繁项目集。在进行区间划分后，可以对它扫描来获得有关的频繁项目集，并生成关联规则。在图4-7所示的二维方格中，产生的关联规则为

A：目标速度(400m/s,450m/s)∧目标海拔(10~10.5km)⇒目标类型(某型飞机)

B：目标速度(450m/s,500m/s)∧目标海拔(10~10.5km)⇒目标类型(某型飞机)

C：目标速度(400m/s,450m/s)∧目标海拔(10.5~11km)⇒目标类型(某型飞机)

D:目标速度(450m/s,500m/s)∧目标海拔(10.5~11km)⇒目标类型(某型飞机)

(3)关联规则聚类。如果获得的关联规则是非常接近的,则会形成方格中的一个聚类。因此这 4 个规则可以合并或“聚类”形成一个关联规则,以此来替换上面 4 个规则,聚类后的关联规则可表示为

目标速度(400m/s,500m/s)∧目标海拔(10~11km)⇒目标类型(某型飞机)

ARCS 方法利用一个聚类算法来实现这一相近关联规则的归并操作。该聚类算法对整个二维方格进行扫描,并将形成矩形的规则聚类到一起。在聚类基础上,可以根据需要进行进一步的合并,以此完成数值属性的动态离散。

# 4.5　关联规则在雷达抗干扰试验中的应用

## 4.5.1　背景介绍

以某型雷达抗干扰试验为例,说明关联规则在雷达抗干扰效果分析中的应用效果。该试验为雷达抗远距离支援干扰试验,干扰信号由地面干扰设备释放,为压制性噪声干扰,从副瓣进入,试验全程释放干扰信号。目标沿直线进入,航捷为 0km,航行至中间某处时雷达开启抗干扰措施,航行至近处某处时目标退出航路。这里通过使用关联规则来分析雷达在采取抗干扰措施前后的抗干扰能力变化情况。

## 4.5.2　试验数据挖掘处理

使用关联规则挖掘雷达试验数据,数据的内容主要有信干比=信息噪声幅度比值(SJR)、方位一次差、俯仰一次差、距离一次差、速度一次差。受限于篇幅,主要分析 SJR 与方位一次差之间的关系变化情况。

由于试验的数据是连续变化的,不能够直接进行挖掘,因此需要将数据转化为离散的分段区间。离散方法如下。

设离散化指标为 $X$,将其分为 $N$ 个区间,每个区间等长度 $L$ 为

$$L=\frac{\max(X)-\min(X)}{N} \tag{4-8}$$

式中:$\min(X)$为 $X$ 中的最小值;$\max(X)$为 $X$ 中的最大值。由此可知,第 $i(1\leqslant i\leqslant N)$个区间为$[\min(X)+(i-1)\times L,\min(X)+i\times L]$。

将试验数据离散化为 8 个区间。根据离散化后的区间,将试验数据标号到每个区间上,并使用 Apriori 算法进行挖掘。对于挖掘到的频繁项目集,使用 4.1 节中方法进行关联规则生成。

为了能够全面分析，不遗漏信息，设挖掘的最小支持度为 0，最小置信度为 0。分析主要针对 2 -项目集的关联规则，根据雷达专业知识可知，SJR 的改变将会引起方位一次差的变化，而方位一次差并不会引起 SJR 变化，确定关联规则 SJR⇒方位一次差，并进行相关分析。有抗干扰措施和无抗干扰措施下的关联规则如表 4 - 15 和表 4 - 16 所列。

表 4 - 15　有抗干扰措施下的关联规则 SJR⇒方位一次差

| 序号 | 前提 | 结论 | 置信度 | 支持度 |
| --- | --- | --- | --- | --- |
| 1 | SJR (1) | 方位一次差(4) | 0.0370 | 0.0004 |
| 2 | SJR (2) | 方位一次差(4) | 0.0000 | 0.0000 |
| 3 | SJR (3) | 方位一次差(4) | 0.3750 | 0.0013 |
| 4 | SJR (4) | 方位一次差(4) | 0.0462 | 0.0013 |
| … | … | … | … | … |

表 4 - 16　无干扰措施下的关联规则 SJR⇒方位一次差

| 序号 | 前提 | 结论 | 置信度 | 支持度 |
| --- | --- | --- | --- | --- |
| 1 | SJR (1) | 方位一次差(1) | 0.0789 | 0.0047 |
| 2 | SJR (2) | 方位一次差(1) | 0.0848 | 0.0217 |
| 3 | SJR (3) | 方位一次差(1) | 0.0211 | 0.0132 |
| 4 | SJR (4) | 方位一次差(1) | 0.0000 | 0.0000 |
| … | … | … | … | … |

表 4 - 15 和表 4 - 16 中，SJR($j$)表示 SJR 离散化后的第 $j(j=1,2,\cdots,8)$ 个区间。

### 4.5.3　雷达抗干扰效果分析

由于挖掘到的关联规则较多，用表格的形式不易发现其中蕴含的信息，因此使用直方图的形式来展示关联规则，将所有关联规则集中在一起进行对比展示，使信息显示更加直观。挖掘到的关联规则 SJR⇒方位一次差的支持度、置信度分布图分别如图 4 - 8、图 4 - 9 所示。

图 4 - 8 所示为在不同 SJR 区间下的 SJR⇒方位一次差支持度分布图。例如，图 4 - 8(b)为 SJR(2)⇒方位一次差($i$)($i=1,2,\cdots,8$)支持度分布图，横轴为方位一次差，纵轴为支持度，其中浅色、深色分别为有、为无抗干扰措施下的支持度，图示上方数字为支持度合计值，即

$$\sum_{i=1}^{8} \text{support}(\text{SJR}(2)\Rightarrow\text{方位一次差}(i))$$

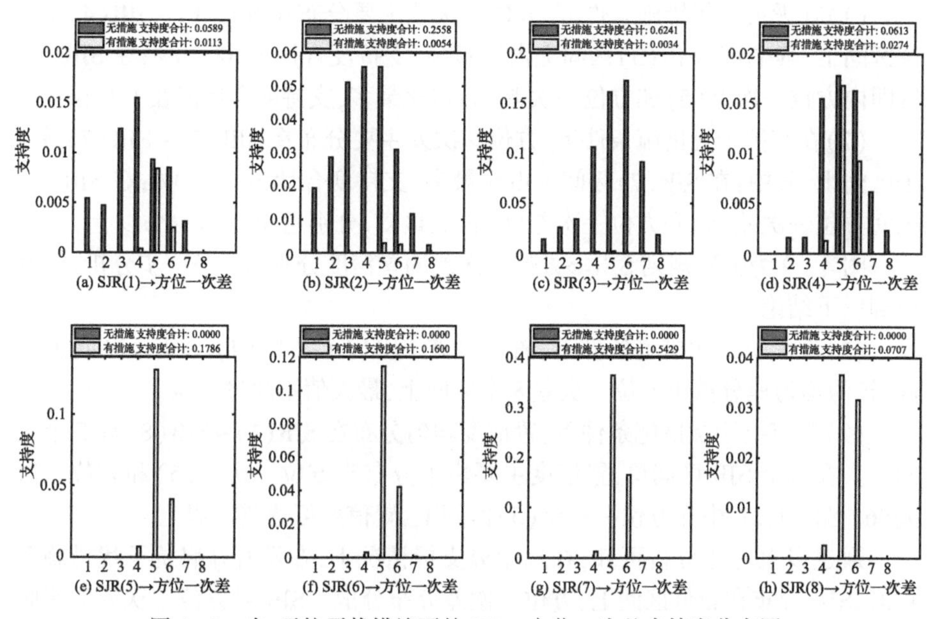


图 4-8　有、无抗干扰措施下的 SJR⇒方位一次差支持度分布图

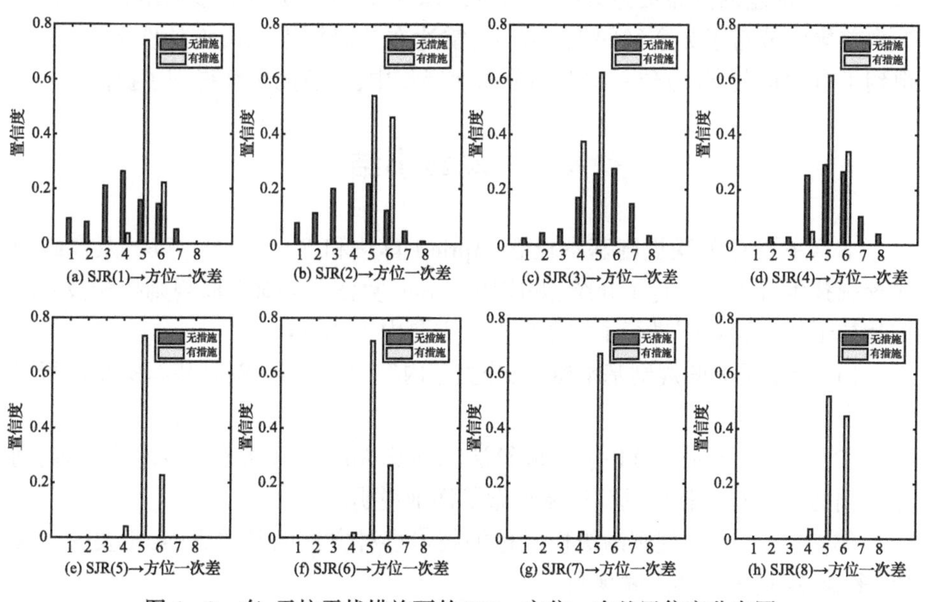


图 4-9　有、无抗干扰措施下的 SJR⇒方位一次差置信度分布图

通过支持度合计值，可以清楚地看到 SJR 在该区间下的关联规则重要程度。进一步分析，能够得到以下结论：

(1)在无抗干扰措施条件下,方位一次差主要分布在SJR(1)~SJR(4)等4个区间上,其中:在SJR(3)区间上占比最多,支持度合计为62.20%;在SJR(3)区间内方位一次差(5)和方位一次差(6)占比最多,支持度合计值在16%以上。

(2)在有抗干扰措施条件下,方位一次差主要分布在SJR(5)~SJR(7)等4个区间上,其中:在SJR(7)区间上占比最多,支持度合计为54.30%;在SJR(7)区间方位一次差(5)和方位一次差(6)占比最多,分别达35%和16%以上。

图4-9为关联规则SJR⇒方位一次差的置信度分布图。进一步分析,能够得到以下结论:

(1)在无抗干扰措施条件下,置信度在SJR(1)~SJR(4)等4个区间上较高,较为均匀地分散于方位一次差8个区间上,最大值不超过30%。

(2)在有抗干扰措施条件下,置信度均匀分布在SJR(1)~SJR(8)等8个区间上。在每个SJR区间里,置信度主要集中分布于方位一次差(5)和方位一次差(6)区间上,其中在方位一次差(5)区间上,置信度可达70%以上。

通过以上对比分析可知,在远距离支援情况下,在没有开启抗干扰措施条件时,SJR分布在较低区间上,方位一次差分布分散。SJR对方位一次差的影响较弱,在整个区间上都有分布;而在开启抗干扰措施条件下,SJR得到了大幅提升,方位一次差的分布更为集中。同时,SJR对方位一次差的影响增强,使方位一次差集中分布于2个区间上。综上,雷达在开启抗干扰措施条件下,对干扰得到了有效抑制,使方位一次差的分布变得集中,方位的精度得到了提高。

## 4.6 本章小结

本章主要对关联规则基本概念、Apriori算法和FP-growth算法、及高级模式挖掘技术等内容进行了介绍,并应用Apriori算法及多维关联规则挖掘技术对雷达抗干扰试验数据进行了挖掘分析。主要内容如下:

(1)介绍了关联规则基本概念、分类等内容,并利用案例对基本概念进行了解释说明。

(2)介绍了Apriori、FP-growth算法原理及Apriori算法改进技术等内容,通过举例的方式对两种挖掘算法流程做了详细说明。

(3)介绍了关联规则高级模式挖掘技术多种方法的基本思路,主要包含多层、多维、定量等三类关联规则。

(4)针对工程中雷达试验,运用Apriori算法及多维关联规则挖掘技术对雷达抗干扰试验中的精度数据进行了挖掘,重点对SJR及方位一次差两项目间的关联知识进行了分析,获得了雷达抗干扰能力详细变化情况。

# 第 5 章　分类判别分析

分类判别是数据挖掘中梳理数据信息、提高有用数据浓度的常用操作，是数据挖掘的核心应用部分。分类判别目前在军事装备领域有许多应用，主要任务是建立描述预定义的数据类或概念集的分类器，并使用该分类器实现待分析对象属于哪个预定义的数据类或概念集。本章将介绍分类判别的基本技术，重点介绍决策树、支持向量机、神经网络、朴素贝叶斯等方法的基本原理、方法步骤，并简要介绍其他分类技术，如逻辑回归、Fisher 判别、K 近邻等。

## 5.1　分类判别基本知识

分类判别过程主要包括 3 个步骤。

(1)如图 5－1 所示，建立一个描述已知数据集类别或概念的模型，该模型是通过对装备管理使用数据分析而获得的。每一行数据都可认为是属于一个确定的数据类型，其类别值是由一个属性描述。分类学习方法所使用的数据集称为训练集合，又可称为监督学习，它是在已知训练样本类别情况下，通过学习建立分类判别模型。分类判别模型通常可分为分类规则形式、决策树形式或数学公式的形式。通过分类学习，可应用于识别当前“故障表现形式”分属于哪一种“故障类型”，也可以对未知(未来)的数据进行识别判断(预测)[30]。

| 测试电压均值 | 测试电压方差 | 测试电流均值 | 测试电流方差 | 故障类型 |
|---|---|---|---|---|
| 10 | 0.1 | 5 | 0.01 | 软件故障 |
| 10 | 5 | 5 | 2 | 硬件故障 |
| … | … | … | … | … |

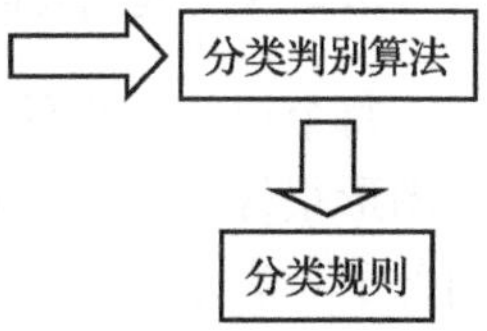

分类判别算法

分类规则

图 5－1　学习建模

(2)如图 5－2 所示，对分类判别模型进行分类准确率估计，如交叉验证等，利用未参与建模学习的带有类别的样本数据，代入分类模型，并将分类结果与原类别对比，验证分类判别模型的准确性。利用分类规则、决策树等分类判别模型，对待分类数据进行分类操作。

(3)如图 5－3 所示，如果分类判别模型的分类准确率测试结果是可接受的，则可利用该模型对未来数据或未知类别数据进行分类，即将待分类数据代入分类判别模型，得到分类判别结果。

| 测试电压均值 | 测试电压方差 | 测试电流均值 | 测试电流方差 | 故障类型 |
|---|---|---|---|---|
| 5 | 0.0 | 3 | 0.01 | 软件故障 |
| 8 | 2 | 4 | 1 | 硬件故障 |
| … | … | … | … | … |

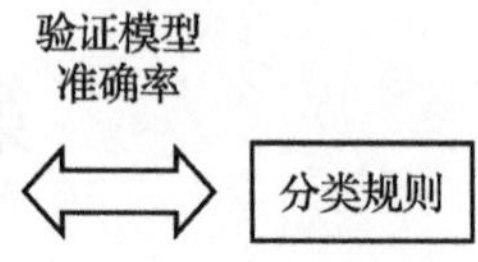


图 5-2　分类判别模型分类准确性检验

| 测试电压均值 | 测试电压方差 | 测试电流均值 | 测试电流方差 | 故障类型 |
|---|---|---|---|---|
| 7 | 0.0 | 8 | 0.01 | 未知 |
| 9 | 2 | 1 | 1 | 未知 |
| … | … | … | … | |

| 测试电压均值 | 测试电压方差 | 测试电流均值 | 测试电流方差 | 故障类型 |
|---|---|---|---|---|
| 7 | 0.0 | 8 | 0.01 | 软件故障 |
| 9 | 2 | 1 | 1 | 硬件故障 |
| … | … | … | … | |

图 5-3　输出分类判别结果

## 5.2　决策树

### 5.2.1　基本原理

每个决策或事件（自然状态）都可引出两个或多个事件，把这种决策分支画成图形很像一棵树的枝干，故称为决策树（decision tree）[32-35]。其中，树的每个内部节点表示一个属性的测试，其分支就是代表测试的结果；树的每个叶节点代表一个类别。树的最高层节点是根节点，决策树一般都是自上而下生成的。以测试电压均值为例，构造决策树，如图 5-4 所示。

对于给定的属性集，可以构造的决策树数目理论上可达到指数级。各个决策树的分类准确率不尽相同，从指数级的决策树中寻找次最优决策树，是决策树构建的关键环节。为此，学者们基于贪心策略，开发了一些有效的算法，能够在合理的时间内构建具有一定准确率的次最优决策树。这些算法在选择划分数据属性时，大多采取一系列局部最优决策来构造决策树[36]。下面以 Hunt 算法为例介绍决策树的基本原理。

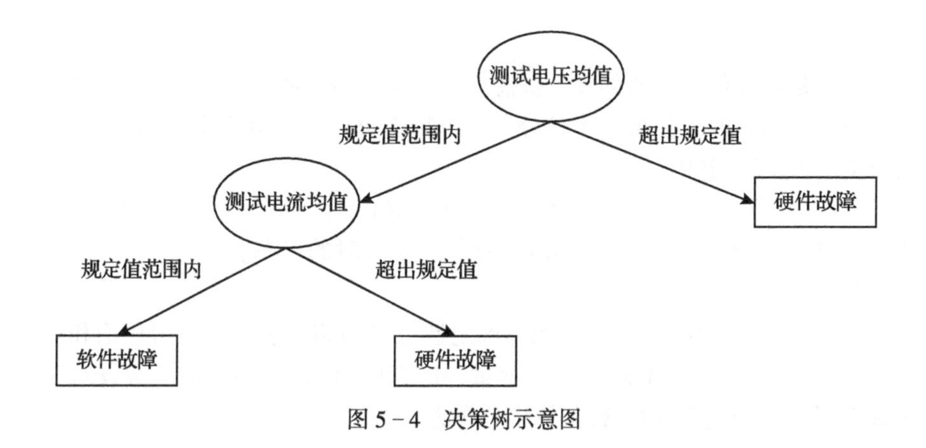


图 5-4　决策树示意图

Hunt 算法是一种采用局部最优策略的决策树构建算法，同时也是许多决策树算法的基础，包括 ID3、C4.5 和 CART 等。在 Hunt 算法中，将训练记录相继划分成较纯的子集，以递归方式建立决策树。设 $D_t$ 是与节点 $t$ 相关联的训练记录集，而 $y=\{y_1,y_2,\cdots,y_c\}$ 是类标号，Hunt 算法的递归定义如下：

（1）如果 $D_t$ 中所有训练数据都属于同一个类，则 $t$ 是叶节点，用 $y_t$ 标记。

（2）如果 $D_t$ 中包含属于多个类的记录，则选择一个属性测试条件（attribute test condition），将记录划分成较小的子集。对于测试条件的每个输出，创建一个子女节点，并根据测试结果将 $D_t$ 中的记录分布到子女节点中。

（3）对于每个子女节点，递归地调用该算法。

以上内容是决策树的基本原理，在建立过程中必须注意以下两个问题。

（1）如何分裂？树生长过程的每一个递归步都必须选择一个属性测试条件，将数据划分为较小的子集。为实现这个步骤，算法必须提供不同类型的属性指定测试条件的方法，并且提供用于评估每种测试条件的客观度量，具体内容将在 5.2.2 节进行讨论。

（2）如何停止分析？显然，树不能无限生长，必须有结束条件，以终止决策树的生长过程。一个可能的策略是分裂节点，直到所有的训练子集都属于同一类，或所有训练子集具有相同的属性值。终止决策树生长的这两个准则是充分的，但在实际工程中，存在过拟合的情况。为更好地解决工程问题，学者们提出了一些其他准则用以提前终止树的生长过程，具体准则将在 5.2.3 节讨论。

### 5.2.2　属性测试条件

属性测试条件是划分数据集的方法。目前，较为常用的划分数据集的方法有信息增益、信息增益率和基尼指数等。为理解这些概念，下面简单介绍一下信息、信息熵的概念。

1. 信息

信息是熵和信息增益的基础概念。著名学者香农指出,信息是用来消除随机不确定性的东西。如果一个带分类的事物集合可以划分为多个类别,则其中某个类 $x_i$ 的信息定义为

$$I(X=x_i)=-\log_2 p(x_i) \tag{5-1}$$

式中:$I(X)$为随机变量的信息;$p(x_i)$为当 $x_i$ 发生时的概率。

2. 信息熵

香农在信息论中指出,信息的不确定性可以用熵来表示。在信息论和概率论中,熵是对随机变量不确定性的度量,其实就是信息的期望值。假设对于一个取有限个值的随机变量 $X$,其概率分布为

$$P(X=x_i)=p(x_i),i=1,2,\cdots,n \tag{5-2}$$

随机变量 $X$ 的熵可以记为

$$H(X)=\sum_{i=1}^{n} p(x_i)I(x_i)=-\sum_{i=1}^{n} p(x_i)\log p(x_i) \tag{5-3}$$

熵只依赖 $X$ 的分布,和 $X$ 的取值没有关系。熵用来度量不确定性,熵越大,$X$ 取值的不确定性越大,反之越小。在机器学习中,熵越大,这个类别的不确定性越大,反之越小。

3. 条件熵

条件熵是用来解释信息增益而引入的概念。

定义:随机变量 $X$ 在给定条件下随机变量 $Y$ 的条件熵,是 $X$ 给定条件下 $Y$ 的条件概率分布的熵对 $X$ 的数学期望。

在机器学习中为选定某个特征后的熵,公式为

$$\begin{aligned} H(Y/X) &= \sum_{i} p(x)H(Y/X=x_i)=-\sum_{i,j} p(x_i,y_j)\log p(y_j/x_i) \\ &= -\sum_{i,j} p(y_j/x_i)p(x_i)\log p(y_j/x_i) \end{aligned} \tag{5-4}$$

举一简单的例子。假设有数据集 $D$,包含 $K$ 个类别,每个数据样本中又含有 $M$ 个特征属性,如果现在按照特征属性 $A$ 将数据集 $D$ 划分为两个独立的子数据集 $D_1$ 和 $D_2$,则此时整个数据集 $D$ 的熵就是两个独立数据集 $D_1$ 的熵和数据集 $D_2$ 的熵的加权和,即

$$\text{Entropy}(D)=\frac{|D_1|}{|D|}\text{Entropy}(D_1)+\frac{|D_2|}{|D|}\text{Entropy}(D_2) \tag{5-5}$$

于是便有

$$\text{Entropy}(D)=-\left(\frac{|D_1|}{|D|}\sum_{k=1}^{K} p_k^{D_1}\log_2 p_k^{D_1}+\frac{|D_2|}{|D|}\sum_{k=1}^{K} p_k^{D_2}\log_2 p_k^{D_2}\right) \tag{5-6}$$

式中:$p_k^{D_1}$ 和 $p_k^{D_2}$ 分别为 $D_1$ 和 $D_2$ 中第 $k$ 类的样本所占的比例;$|D_1|$和$|D_2|$分别

为数据集 $D_1$ 和 $D_2$ 中样本的个数。

此处的熵 Entropy($D$)是在将所有样本按照其中一特征属性 $m$ 划分为子样本集 $D_1$ 和 $D_2$ 的条件下计算出来的,故称为条件熵。当条件熵中的概率分布是由数据估计(特别是极大似然估计)得到时,所对应的条件熵称为经验条件熵。

4. 信息增益

在概率中,信息增益定义为待分类的集合的熵和选定某个特征的经验条件熵之差,可表示为

$$\begin{aligned}\mathrm{IG}(Y/X)&=H(Y)-H(Y/X)\\&=\left[-\sum_{i}p(y_i)\log p(y_i)\right]-\left[-\sum_{i,j}p(y_j/x_i)p(x_i)\log p(y_j/x_i)\right]\end{aligned}\tag{5-7}$$

此处仍然以条件熵中的例子来分析,对于给定的数据集,划分前后信息熵的变化量(其实是减少量,因为条件熵肯定小于之前的信息熵)称为信息增益,即

$$\mathrm{igain}(D,A)=\left[-\sum_{k=1}^{K}p_k\log_2 p_k\right]-\sum_{p=1}^{P}\frac{|D_p|}{|D|}\mathrm{Entropy}(D_p)\tag{5-8}$$

式中:$|D_p|$为属于第 $p$ 类的样本的个数。

信息熵表征的是数据集中的不纯度,信息熵越小表明数据集纯度越大。ID3 决策树算法就是利用信息增益作为划分数据集的一种方法。在决策树算法中,信息增益是用来选择特征的指标,信息增益越大,这个特征的选择性越好。

5. 信息增益率

信息增益用于特征选择的一个缺点就是:算法天生偏向选择分支多的属性,会导致过拟合(overfitting)。解决办法就是对分支过多的情况进行惩罚(penalty),于是就有了信息增益率(信息增益比)。

特征 $X$ 的熵为

$$H(X)=-\sum_{i=1}^{n}p(x_i)\log p(x_i)\tag{5-9}$$

特征 $X$ 的信息增益为

$$\mathrm{IG}(X)=H(Y)-H(Y/X)\tag{5-10}$$

信息增益率为

$$g_r=\frac{\mathrm{IG}(X)}{H_m(X)}=\frac{H(Y)-H(Y/X)}{H_m(X)}\tag{5-11}$$

此处仍然以条件熵中的例子来分析,在机器学习中,信息增益率是选择最优划分属性的一种方法,其定义为

$$\mathrm{gain_ratio}(D,A)=\frac{\mathrm{igain}(D,A)}{\mathrm{IV}(A)}\tag{5-12}$$

$$\mathrm{IV}(A) = -\sum_{p=1}^{P} \frac{|D_p|}{|D|} \log_2 \frac{|D_p|}{|D|} \tag{5-13}$$

式中:IV($A$)被称为特征属性 $A$ 的“固定值”;$D_p$ 为属于第 $p$ 类的样本的个数。在决策树算法中,ID3 使用信息增益,而 C4.5 决策树算法也使用信息增益率。

6. 基尼指数

基尼指数是一种与信息熵类似的特征选择的方式,可以用来表征数据的不纯度。在 CART(Classification and Regression Tree)算法中,利用基尼指数构造二叉决策树。基尼系数的计算方式为

$$\mathrm{Gini}(D) = \sum_{i=1}^{n} p(x_i) \cdot [1-p(x_i)] = 1 - \sum_{i=1}^{n} p(x_i)^2 \tag{5-14}$$

式中:$D$ 为数据集全体样本;$p(x_i)$为每种类别出现的概率。

特殊的,如果数据集中所有的样本都为同一类,那么有 $p_o = 1$,$\mathrm{Gini}(D) = 0$。显然,此时数据的不纯度最低。与信息增益类似,可以计算

$$\Delta\mathrm{Gini}(X) = \mathrm{Gini}(D) - \mathrm{Gini}_X(D) \tag{5-15}$$

式(5-15)表示,加入特征 $X$ 以后,数据不纯度减小的程度。很明显,在特征选择时,可以取 $\Delta\mathrm{Gini}(X)$ 最大的那个。

此处仍然以条件熵中的例子来分析,以特征属性 $A$ 将数据集 $D$ 划分为独立的两个数据集 $D_1$ 和 $D_2$,则此时基尼指数为

$$\mathrm{Gini}(D,A) = \frac{|D_1|}{|D|}\mathrm{Gini}(D_1) + \frac{|D_2|}{|D|}\mathrm{Gini}(D_2) \tag{5-16}$$

在机器学习中,CART 决策树算法就是利用基尼指数作为划分数据集的标准。

### 5.2.3 树枝修剪

在一个决策树刚刚建立起来的时候,其中许多分支都是根据训练样本集合中的异常数据(由于噪声等原因)构造出来的。树枝修剪正是针对这类数据过拟合问题而提出来的。树枝修剪方法通常利用统计方法删去最不可靠的分支,以提高分类识别的速度和分类识别新数据的能力。树枝修剪过程在最优决策树生成过程中占有重要地位。有研究表明,树枝修剪过程的重要性要比树生成过程更为重要,对于不同的划分标准生成的最大树(maximum tree),在树枝修剪之后都能够保留最重要的属性划分,差别不大。树枝修剪方法对于最优树的生成更为关键。通常采用两种方法进行树枝的修剪,分别如下。

1. 事前修剪(prepruning)方法

该方法通过提前停止分支生成过程,即通过在当前节点上判断是否需要继续划分该节点所含训练样本集来实现。一旦停止分支,当前节点就会成为一个

叶节点。该叶节点中可能包含多个不同类别的训练样本。在建造一个决策树时，可以利用统计上的重要性检测$\chi^2$分布检验或信息增益等来对分支生成情况(优劣)进行评估。如果在一个节点上划分样本集时，会导致所产生的节点中样本数少于指定的阈值，则停止继续分解样本集合。阈值的确定对于决策树事前修剪极为关键，若阈值过大则会导致决策树过于简单化，若阈值过小则又会导致多余树枝无法修剪。

2. 事后修剪(postpruning)方法

该方法是通过对已经"充分生长"的完整的决策树，自底向上进行多余分支修剪，进而得到"简化版"的决策树。对于树中每个非叶节点，计算出该节点(分支)被修剪后所发生的预期分类错误率；根据每个分支的分类错误率，以及每个分支的权重(样本分布)，计算该节点不被修剪时的预期分类错误率。如果修剪导致预期分类错误率变大，则放弃修剪，保留相应节点的各个分支，否则就将相应节点分支修剪删去。在产生一系列经过修剪的决策树候选之后，利用一个独立的测试数据集，对这些经过修剪的决策树的分类准确性进行评价，保留下预期分类错误率最小的决策树。

除了利用预期分类错误率进行决策树修剪之外，还可以利用决策树的编码长度来进行决策树的修剪。所谓最佳修剪树，就是编码长度最短的决策树。这种修剪方法利用最短描述长度(minimum description length，MDL)原则进行决策树的修剪。该原则的基本思想就是：最简单的，就是最好的。与基于代价成本方法相比，利用MDL进行决策树修剪时无须额外的独立测试数据集。

当然，事前修剪可以与事后修剪相结合，从而构成一个混合的修剪方法。事后修剪比事前修剪需要更多的计算时间，从而可以获得一个更可靠的决策树。以CART决策树为例，介绍CART树的构建算法和剪枝的方法。

CART树的基本构建算法思路如下：

输入：训练数据集$D$，计算停止条件。

输出：CART树。

(1)设训练数据集为$D$，计算现有特征对该数据集的基尼指数。此时，对每一个特征$A$，对其可能取的每一个$a$，根据样本点对$A=a$的测试为"是"或"否"将$D$分割成$D_1$和$D_2$两部分，计算$A=a$时的基尼指数。

(2)在所有可能的特征$A$以及它们所有的切分点$a$中，选择基尼指数最小的特征及其对应的切分点作为最优特征和最优切分点，并据此生成两个子节点，将训练数据集依次分配到两节点中。

(3)对两个子节点递归调用步骤(1)和步骤(2)，直到满足停止条件。

(4)生成CART决策树。

算法停止条件有：①节点中样本个数小于预定阈值；②训练样本集的基尼

指数小于预定阈值;③没有更多特征。

以上是 CART 树的生成过程,下面介绍 CART 树的剪枝过程。CART 树剪枝是通过从决策树 $T_0$ 底端开始剪枝,往上遍历直到根节点,形成子树序列 $\{T_0,T_1,\cdots,T_n\}$,然后通过交叉验证法在独立的验证数据集上对子树序列进行测试,从中选择最优子树。

在剪枝的过程中,对于任意的一颗位于节点 $t$ 的子树,其损失函数为

$$C_\alpha(T_t)=C(T_t)+\alpha|T_t| \tag{5-17}$$

式中:$\alpha$ 为权衡训练数据的拟合程度与模型复杂度的参数,为非负数;$C(T_t)$ 为训练数据的预测误差,CART 树采用基尼指数作为度量;$|T_t|$ 为子树 $T$ 的叶节点数。

若将节点 $t$ 的分支剪掉,仅保留根节点,则损失为

$$C_\alpha(T)=C(T)+\alpha \tag{5-18}$$

当 $\alpha=0$ 或极小时,则有 $C_\alpha(T_t)<C_\alpha(T)$;当 $\alpha$ 增大到一定程度时,则有 $C_\alpha(T_t)=C_\alpha(T)$;当 $\alpha$ 继续增大时,则有 $C_\alpha(T_t)>C_\alpha(T)$。也就是说,若满足条件

$$\alpha=\frac{C(t)-C(T_t)}{|T_t|-1} \tag{5-19}$$

则 $T_t$ 与 $T$ 有相同的损失,但 $T$ 有更少的节点,因此可以对 $T_t$ 进行剪枝。

CART 树的剪枝一般算法如下。

输入:CART 算法生成的决策树 $T_0$。

输出:最优决策树 $T_a$。

(1)设 $k=0,T=T_0$。

(2)设 $\alpha=+\infty$。

(3)自上而下对内部节点 $t$ 计算 $C(T_t)$,$|T_t|$以及

$$g(t)=\frac{C(T)-C(T_t)}{|T_t|-1} \tag{5-20}$$

(4)对 $g(t)=\alpha$ 的内部节点 $t$ 进行剪枝,并对叶节点 $t$ 以多数表决法决定所属类别,得到树 $T$。

(5)设 $k=k+1,\alpha_k=\alpha,T_k=T$。

(6)如果 $T_k$ 不是由根节点及两个叶节点构成的树,则返回步骤(3),否则令 $T_k=T_n$。

(7)用交叉验证法在子树序列 $T_0,T_1,\cdots,T_n$ 中选取最优子树 $T_a$。

### 5.2.4 案例分析

以某型装备质量水平判断数据为例,数据见表 5-1,基于测试数据进行质量水平的分类,简要介绍 CART 决策树的建立方法。

表5-1 装备测试数据及质量水平数据

| 序号 | 是否上电 | 运行时长 | 测试电压/V | 质量水平 |
| --- | --- | --- | --- | --- |
| 1 | 是 | 长 | 12.5 | 低 |
| 2 | 否 | 中 | 10 | 低 |
| 3 | 否 | 长 | 7 | 低 |
| 4 | 是 | 中 | 12 | 低 |
| 5 | 否 | 短 | 9.5 | 高 |
| 6 | 否 | 中 | 6 | 低 |
| 7 | 是 | 短 | 22 | 低 |
| 8 | 否 | 长 | 8.5 | 高 |
| 9 | 否 | 中 | 7.5 | 低 |
| 10 | 否 | 长 | 9 | 高 |

(1)选择分支的特征。

特征1:是否上电变量的基尼指数计算。

表5-2所列为上电与质量水平的统计值。

表5-2 上电与质量水平的统计值

| 是否上电 \ 质量水平 | 高 | 低 | 合计 |
| --- | --- | --- | --- |
| 是 | 0 | 3 | 3 |
| 否 | 3 | 4 | 7 |
| 合计 | 3 | 7 | 10 |

根据式(5-14)可计算得到上电的基尼指数为

$$1-\left(\frac{0}{3}\right)^2-\left(\frac{3}{3}\right)^2=0$$

未上电的基尼指数为

$$1-\left(\frac{3}{7}\right)^2-\left(\frac{4}{7}\right)^2=0.4898$$

则质量高低的基尼指数可根据式(5-16)计算得到,即

$$\text{Gini}(\text{是否上电})=\frac{3}{10}\times 0+\frac{7}{10}\times 0.4898=0.34286$$

特征2:运行时长变量的基尼指数计算。

运行时长有三种不同的类别,可通过两两组合的方法进行二分,即{长,

(中,短)}、{中,(长,短)}、{短,(长,中)}。同理,计算得到上述三种组合下的基尼指数,分别为

$$\text{Gini}(\text{长},(\text{中},\text{短}))=0.36668$$

$$\text{Gini}(\text{中},(\text{长},\text{短}))=0.3$$

$$\text{Gini}(\text{短},(\text{长},\text{中}))=0.4$$

选取上述三项计算中的最小值作为运行时长变量的基尼指数,故有

$$\text{Gini}(\text{运行时长})=0.3$$

特征3:测试电压特征。

对于连续型数据,简单的方法是将数据进行排序,并取相邻两组数的平均值作为分割值,故可得到测试电压的原始排序及分割值见表5-3。

表5-3　原始排序及分割值

| 原始数据 | 6 | 7 | 7.5 | 8.5 | 9 | 9.5 | 10 | 12 | 12.5 |
|---|---|---|---|---|---|---|---|---|---|
| 分割值 | 6.5 | 7.25 | 8 | 8.75 | 9.25 | 9.75 | 11 | 12.25 | 12.75 |

下面选择6.5作为分割值为例,描述基尼指数的计算过程。表5-4所列为测试电压与质量水平的统计值。

表5-4　测试电压与质量水平的统计值

| 测试电压/V \ 质量水平 | 高 | 低 |
|---|---|---|
| <6.5 | 0 | 1 |
| >6.5 | 3 | 6 |

此时,测试电压<6.5V的基尼指数为0;测试电压>6.5V的基尼指数为0.4444。由此可得到运行时长特征的基尼指数为0.3996。

同理,可得到其他分割值的基尼指数,具体见表5-5。

表5-5　分割值对应的基尼指数

| 分割值 | 6.5 | 7.25 | 8 | 8.75 | 9.25 | 9.75 | 11 | 12.25 | 12.75 |
|---|---|---|---|---|---|---|---|---|---|
| 基尼指数 | 0.3996 | 0.375 | 0.34286 | 0.41664 | 0.4 | 0.3 | 0.34286 | 0.375 | 0.39996 |

可见,测试电压选取9.75时,基尼指数最小。

(2)建立CART决策树。

对比三个特征的基尼指数,明显运行时长{中,(长,短)}特征的基尼指数最小,可将运行时长作为根节点,形成两个分支,如图5-5所示。

同时,将训练数据集分为两个分支,分别见表5-6和表5-7。

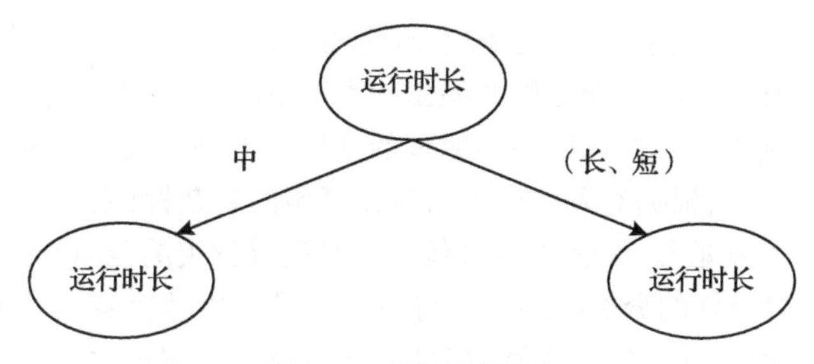


图 5-5　运行时长分支

表 5-6　分支 1 的训练数据集

| 序号 | 是否上电 | 运行时长 | 测试电压/V | 质量水平 |
|---|---|---|---|---|
| 1 | 是 | 长 | 12.5 | 低 |
| 3 | 否 | 长 | 7 | 低 |
| 5 | 否 | 短 | 9.5 | 高 |
| 7 | 是 | 短 | 22 | 低 |
| 8 | 否 | 长 | 8.5 | 高 |
| 10 | 否 | 长 | 9 | 高 |

表 5-7　分支 2 的训练数据集

| 序号 | 是否上电 | 运行时长 | 测试电压/V | 质量水平 |
|---|---|---|---|---|
| 2 | 否 | 中 | 10 | 低 |
| 4 | 是 | 中 | 12 | 低 |
| 6 | 否 | 中 | 6 | 低 |
| 9 | 否 | 中 | 7.5 | 低 |

从表 5-6 和表 5-7 可以看出，分支 2 的结果均为同一类别（均为：低），故满足停止分裂的条件，直接作为叶节点；对于分支 1 的数据，则按照上述方法，继续计算分支，直至形成了一颗完整的决策树。若再获得一组特征数据，代入决策树，即可按质量水平高低进行分类。

## 5.3　支持向量机

### 5.3.1　基本原理

在统计学习理论基础上发展起来的支持向量机（Support Vector Machine，

SVM)算法,是一种专门研究有限样本预测的学习方法[38]。与传统统计学相比,SVM 算法没有以传统的经验风险最小化原则作为基础,而是在统计学习理论的 VC 维理论和结构风险最小原理的基础上发展起来的一种新的机器学习方法。SVM 算法根据有限的样本信息在模型的复杂性(对特定训练样本的学习精度)和学习能力(无错误的对任意样本进行分类的能力)之间寻求最佳折中,以期获得最好的分类模型。支持向量机是一类按监督学习方式对数据进行二元分类的广义线性分类器,其目的是寻找一个超平面对样本进行分割(图 5-6),分割的原则是间隔最大化,最终转化为一个凸二次规划问题进行求解。

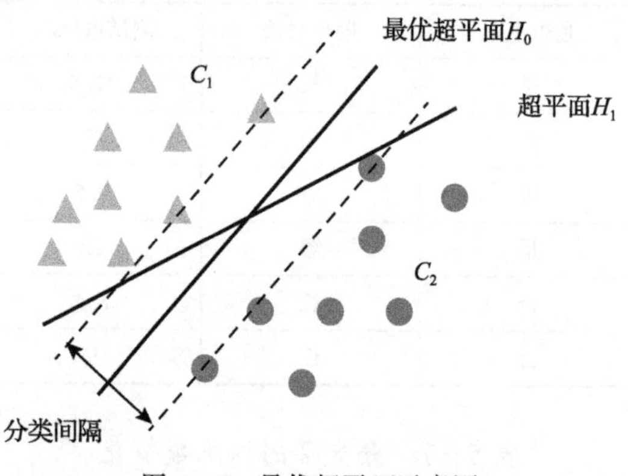


图 5-6　最优超平面示意图

SVM 是由线性可分情况的最优分类面发展而来的,以二维分类问题说明 SVM 的基本思想。

设样本集为$\{(\boldsymbol{x}_i,y_i)\,|\,\boldsymbol{x}_i\in R^n;y_i\in\{-1,+1\},i=1,2,\cdots,N\}$,其目的是寻找一个最优超平面 $H$ 使得标签为+1 和-1 的两类点不仅分开且分得间隔最大。

当在 $n$ 维欧几里德空间中实现线性分离时,存在超平面将样本集按照标签-1与+1 分在两边。由于超平面在 $n$ 维欧几里德空间中的数学表达式是一个线性方程$<\boldsymbol{w},\boldsymbol{x}>+b=0$,其中:$\boldsymbol{w}$ 为系数向量;$\boldsymbol{x}$ 为 $n$ 维变量;$<\boldsymbol{w},\boldsymbol{x}>$为内积;$b$ 为常数。空间中点 $\boldsymbol{x}_i$ 到超平面 $H$ 的距离 $d(\boldsymbol{x}_i,H)=\dfrac{|<\boldsymbol{w},\boldsymbol{x}_i>+b|}{\|\boldsymbol{w}\|}$,可知:$d(\boldsymbol{x}_i,H)$最大,等价于$\dfrac{1}{2}\|\boldsymbol{w}\|^2$最小。于是,得到一个在约束条件下的极值问题,即

$$\begin{cases}\min\dfrac{1}{2}\|\boldsymbol{w}\|^2\\ \text{s.t.}\quad y_i(<\boldsymbol{w},\boldsymbol{x}_i>+b)\geqslant 1,\quad i=1,2,\cdots,N\end{cases}\tag{5-21}$$

引入拉格朗日乘子$\boldsymbol{\lambda}=(\lambda_1,\lambda_2,\cdots,\lambda_N)$,上述目标函数可以改写为

$$L_P=\frac{1}{2}\|\boldsymbol{w}\|^2-\sum_{i=1}^{N}\lambda_i(y_i(\boldsymbol{w}\cdot\boldsymbol{x}_i+b)-1) \tag{5-22}$$

为了最小化拉格朗日函数,需对 $L_P$ 关于 $w$ 和 $b$ 求偏导,并令其等于零,有

$$\frac{\partial L_P}{\partial \boldsymbol{w}}=0\Rightarrow \boldsymbol{w}=\sum_{i=1}^{N}\lambda_i y_i \boldsymbol{x}_i \tag{5-23}$$

$$\frac{\partial L_P}{\partial b}=0\Rightarrow \sum_{i=1}^{N}\lambda_i y_i=0 \tag{5-24}$$

因为拉格朗日乘子是未知的,因此我们仍然无法得到 $\boldsymbol{w}$ 和 $b$ 的解,将式(5-23)、式(5-24)代入式(5-22),可得

$$L_D=\sum_{i=1}^{N}\lambda_i-\frac{1}{2}\sum_{i=1,j=1}^{N}\lambda_i\lambda_j y_i y_j \boldsymbol{x}_i^{\mathrm{T}} x_j \tag{5-25}$$

则上述优化问题转化为

$$\begin{aligned}&\min\sum_{i=1}^{N}\lambda_i-\frac{1}{2}\sum_{i=1,j=1}^{N}\lambda_i\lambda_j y_i y_j \boldsymbol{x}_i^{\mathrm{T}} x_j\\ &\text{s.t.}\sum_{i=1}^{N}\lambda_i y_i=0,\lambda_i\geqslant 0,i=1,2,\cdots,N\end{aligned} \tag{5-26}$$

通过二次规划问题进行最优化求解,可根据式(5-23)求得 $w$,进而得到 $b$。对任意的实例数据,可以通过以下模型进行分类,即

$$g(x)=\mathrm{sign}(\boldsymbol{w}\cdot\boldsymbol{x}+b)=\mathrm{sign}\left(\sum_{i=1}^{N}\lambda_i y_i \boldsymbol{x}_i^{\mathrm{T}} x+b\right) \tag{5-27}$$

上述过程需要满足 Karuch - Kuhn - Tucher(KKT)条件,即

$$\begin{cases}\lambda_i\geqslant 0\\ y_i f(\boldsymbol{x}_i)-1\geqslant 0\\ \lambda_i(y_i f(\boldsymbol{x}_i)-1)=0\end{cases} \tag{5-28}$$

$$f(x)=\boldsymbol{w}\cdot\boldsymbol{x}+b$$

从 KKT 条件可知,当 $(y_i f(\boldsymbol{x}_i)-1)>0$ 时,$\lambda_i=0$;当 $\lambda_i>0$ 时,$(y_i f(\boldsymbol{x}_i)-1)=0$,说明满足 KKT 条件的 $w$ 和 $b$ 参数与满足 $(y_i f(\boldsymbol{x}_i)-1)=0$ 的样本有关,而这些样本点就是离最大间隔超平面最近的点,这些点称为支持向量。因此,很多时候支持向量在小样本集分类时也有很好的表现。

### 5.3.2　线性支持向量机:不可分的情况

如图 5-7 所示,本节给出的方法允许 SVM 在一些线性不可分的情况下构造出线性的分类平面。为做到这一点,SVM 必须考虑边缘的宽度与线性决策边界允许的训练错误数目之间的折中。

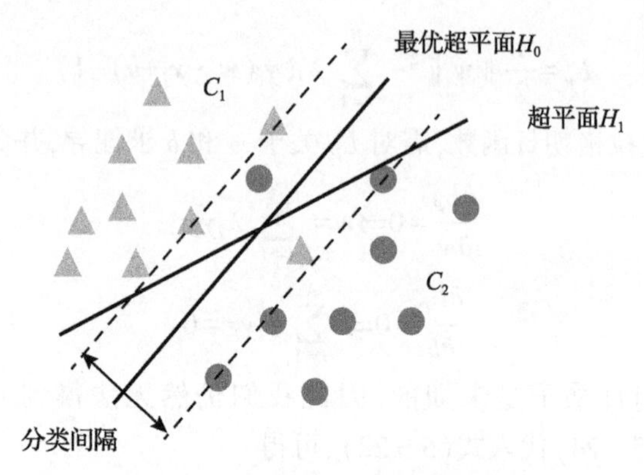


图 5-7　线性不可分示意图

在优化问题约束中引入松弛变量 $\xi$,即目标函数满足

$$\begin{cases}\min \dfrac{1}{2}\|w\|^2+C\left(\sum\limits_{i=1}^{N}\xi_i\right)^k \\ w\cdot \boldsymbol{x}_i+b\geqslant 1-\xi_i,\text{当 } y_i=+1 \\ w\cdot \boldsymbol{x}_i+b\geqslant 1-\xi_i,\text{当 } y_i=-1\end{cases} \tag{5-29}$$

式中:$C$ 和 $k$ 是人为设定的参数,表示对误分训练实例的惩罚。为简化该问题,设定 $k=1$。

综上,被约束的拉格朗日函数可更改为

$$L_P=\frac{1}{2}\|w\|^2+C\sum_{i=1}^{N}\xi_i-\sum_{i=1}^{N}\lambda_i(y_i(w\cdot\boldsymbol{x}_i+b)-1+\xi_i)-\sum_{i=1}^{N}\mu_i\xi_i \tag{5-30}$$

式中:前两项是需要最小化的目标函数,第三项表示与松弛变量相关的不等式约束,最后一项要求 $\xi_i$ 的值非负。

与 5.3.1 节方法类似,令 $L_P$ 关于 $\boldsymbol{w}$、$b$ 和 $\xi_i$ 的偏导数为零,并代入拉格朗日函数中,得到对偶拉格朗日函数,即

$$L_D=\sum_{i=1}^{N}\lambda_i-\frac{1}{2}\cdot\sum_{i=1,j=1}^{N}\lambda_i\lambda_j y_i y_j \boldsymbol{x}_i^{\mathrm{T}}x_j \tag{5-31}$$

该公式与线性可分数据的对偶拉格朗日函数相同,但是拉格朗日乘子 $\lambda_i$ 的约束略有不同,对于线性可分的情况,拉格朗日乘子必须是非负的,即 $\lambda_i\geqslant 0$。而对于线性不可分的情况,要求拉格朗日乘子必须满足 $0\leqslant\lambda_i\leqslant C$。后续求解方法同 5.3.1 节。

### 5.3.3　非线性支持向量机和核函数

上述是对于线性分类问题,如图 5-8 所示。对于图 5-8 中的数据,在原始空间中无法找出令人满意的最优化分类面,即线性支持向量机无法处理这类数据的分类工作。针对这个情况,一种解决思路是把原始空间中的非线性样本数据投影到某一个更高维的空间中,在高维的空间中寻找一个最优超平面能线性

地分开样本数据。

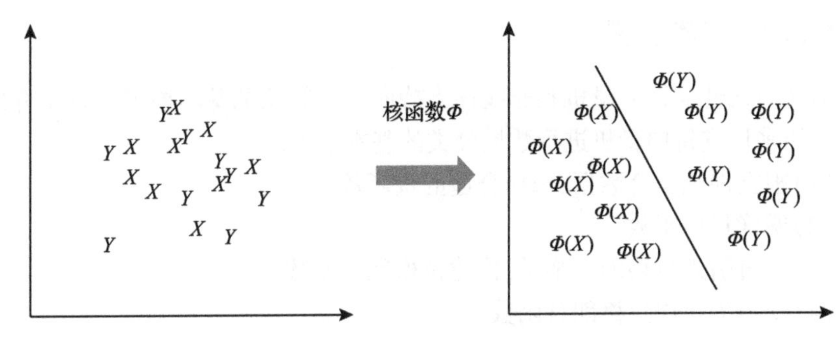


图 5－8　核函数变换基本原理示意图

支持向量机利用核函数巧妙地解决了此问题。核函数变换的基本思想是将一个 $n$ 维空间中矢量 $\boldsymbol{x}$ 映射到更高维的特征空间中去，然后在高维空间中进行线性地分类。核函数变换的基本原理示意图如图 5－8 所示。

非线性 SVM 的目标函数可表示为

$$\begin{cases} \min \dfrac{1}{2}\|\boldsymbol{w}\|^2 \\ \boldsymbol{w}\cdot\boldsymbol{\Phi}(x_i)+b\geqslant 1-\xi_i, y_i=1 \\ \boldsymbol{w}\cdot\boldsymbol{\Phi}(x_i)+b\geqslant 1+\xi_i, y_i=-1 \end{cases} \tag{5-32}$$

非线性 SVM 的推导及求解过程与线性 SVM 基本相同，主要区别在于：学习对象是变换后的属性 $\boldsymbol{\Phi}(x)$，而不是原属性 $x$。采用相同的方法，对任意数据进行分类，有

$$f(z)=\mathrm{sign}(\boldsymbol{w}\cdot\boldsymbol{\Phi}(z)+b)=\mathrm{sign}\left(\sum_{i=1}^{N}\lambda_i y_i\boldsymbol{\Phi}(x_i)\boldsymbol{\Phi}(z)+b\right) \tag{5-33}$$

核函数作为支持向量机理论重要的组成部分引起了很多研究者的兴趣。常用的核函数有线性函数、多项式函数、径向基函数、Sigmoid 函数等，选择不同的核函数可以构造不同的支持向量机。

（1）线性函数可表示为

$$K(\boldsymbol{x},x_i)=<\boldsymbol{x},x_i> \tag{5-34}$$

（2）多项式函数可表示为

$$K(\boldsymbol{x},x_i)=[<\boldsymbol{x},x_i>+1]^d \tag{5-35}$$

（3）径向基函数可表示为

$$K(\boldsymbol{x},x_i)=\exp\left\{-\frac{|\boldsymbol{x}-x_i|^2}{\sigma^2}\right\} \tag{5-36}$$

（4）sigmoid 函数可表示为

$$K(\boldsymbol{x},x_i)=\tan[v<\boldsymbol{x},x_i>+a] \tag{5-37}$$

由这4种核函数可以构造出线性SVM、多项式SVM、RBFSVM和感知SVM。

### 5.3.4 基本步骤

前文对线性支持向量机和非线性支持向量机算法的基本原理进行了介绍，本节介绍采用支持向量机进行数据分类的基本步骤。

(1)根据训练集合数据，选择合适的核函数。

(2)明确目标函数。

(3)通过引入拉格朗日乘子，构建拉格朗日函数。

(4)变换为对偶拉格朗日函数。

(5)结合约束条件，选取合适的数值计算方法(常用SMO)进行求解。

(6)根据求解结果，得到支持向量机判别函数。

(7)将待分类数据代入判别函数，得到分类结果。

### 5.3.5 案例分析

以采用支持向量机进行装备备品备件分类管理为例进行分析，备品备件的科学管理对于保障装备完好率具有重要的军事意义及经济意义。对于某备件是否需要配备或需要配备足够的备品备件，需要综合考虑多方面的因素，如可靠性水平、部件的维修性水平及价格等，一般可以用平均故障间隔时间(mean time between failures, MTBF)、设备故障平均修复时间(mean time to repair, MTTR)及价格来具体表征。某型装备备品备件数据如表5-8所列。

表5-8 备品备件数据

| 特征<br>备件 | MTBF/h | MTTR/h | 价格/元 | 类别 |
|---|---|---|---|---|
| R1 | 50 | 8.23 | 20 | 1 |
| R2 | 10000 | 2.75 | 170 | 2 |
| R3 | 300 | 1.38 | 850 | 3 |
| R4 | 200 | 0.53 | 10 | 1 |
| R5 | 1200 | 0.80 | 420 | 3 |
| R6 | 9000 | 1.29 | 50 | 2 |
| R7 | 950 | 1.34 | 90 | 4 |
| R8 | 1000 | 2.75 | 50 | 4 |
| R9 | 600 | 15.4 | 90 | ? |
| R10 | 190 | 4.3 | 50 | ? |

从表5-8中可以看出,此分类为多分类问题,因此,需要对类别进行{-1,1}编码,可将类别表示为1(-1,-1)、2(-1,1)、3(1,-1)、4(1,1)。因此,需要用两组支持向量机分别进行学习。以MATLAB平台进行计算,svmtrain()函数用于训练支持向量机模型,选择相关参数和训练样本(R1~R8)即可输出一个结构体Model,Model中包含模型表达式中全部参数。

Model=svmtrain(Ytrain,Xtrain,'-s -t -h -d -c -p')

相关参数设置原则可参考相关文献,本书不再详细介绍。

svmpredict函数用于预测分类,将模型及待分类样本输入就能输出分类结果及其分类精度,即

[$T$,accuracy,prob_estimates]=svmpredict(Ytest,Xtest,model)

选择RBF核函数,参数$C=10$,$\sigma^2=0.2$,通过训练得到Model,代入待分类数据(R9、R10),解码可得到类别号。通过计算得到分类结果见表5-9。

表5-9 基于支持向量机的分类结果

| 备件 | MTBF/h | MTTR/h | 价格/元 | 类别 |
|---|---|---|---|---|
| R9 | 600 | 15.4 | 90 | 4 |
| R10 | 190 | 4.3 | 50 | 1 |

通过分类,可明确某待备品备件所属类别,可见R9可参照R7、R8的管理方式实施,R10可参照R1和R4的管理模式实施。

## 5.4 人工神经网络

### 5.4.1 基本原理

人工神经网络从生物神经网络发展而来。一个神经元就是一个神经细胞,在人类大脑皮层中大约有100亿个神经元、60万亿个神经突触以及连接体。神经元是基本的信息处理单元,主要由细胞体、树突、轴突和突触组成[41]。人工神经网络是从数学和物理方法以及信息处理的角度对人脑神经网络的抽象,由多个简单的信息处理单元彼此按照一定的规则连接形成的计算系统。

由于人工神经网络具有大规模并行分布式结构、自主学习能力以及由此而来的泛化能力,因此可以利用人工神经网络来解决许多传统方法无法解决的复杂问题。显然,工程实际情况千差万别,目前不存在适用于各种环境和情况的通用人工神经网络模型,为了解决该问题,学者们开展了大量研究,提出了多种情况的人工神经网络模型:感知器神经网络模型、线性神经网络模型、BP神经

网络模型、径向基函数神经网络模型、自组织神经网络模型、LVQ 神经网络模型、Hopfield 神经网络模型、模糊神经网络模型等。随着研究的深入,2006 年 Hinton 等提出了含多隐层的多层传感器的深度神经网络,被称为"深度学习",主要有卷积神经网络、循环神经网络、递归神经网络等方法。

人工神经元是人工神经网络操作的基本信息处理单位。人工神经元模型是人工神经网络的设计基础,其模型示意图如图 5-9 所示。

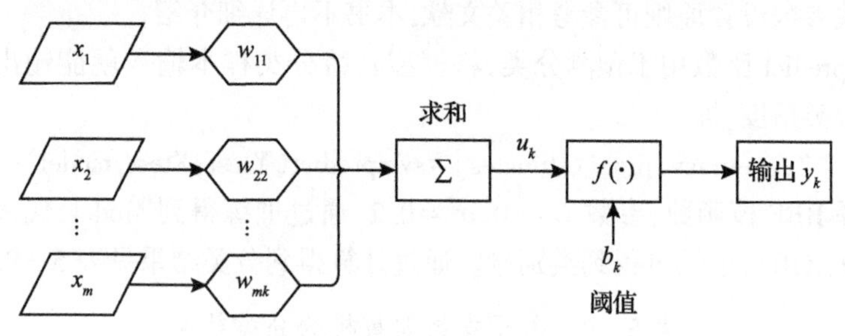


图 5-9　人工神经元模型

一个人工神经元模型可以看成是由 3 种基本元素组成。

(1)一组连接。连接强度由各连接上的权值表示。

(2)一个加法器,用于求输入信号对神经元的相应突触加权的和。

(3)一个激活函数,用来限制神经元输出振幅。激活函数也称为压制函数,因为它将输入信号压制(限制)到允许范围之内的一定值。通常,一个神经元输出的正常幅度范围可写成单位闭区间[0,1]或者另一种区间[-1,+1]。

在此基础上,可以给一个神经元模型加一个外部偏置,记为 $k_b$。偏置的作用是根据其为正或为负,相应地增加或降低激活函数的网络输入。综上,一个人工神经元 $k$ 可以表示为

$$u_k = \sum_{i=1}^{m} w_{ik} x_i \tag{5-38}$$

$$y_k = f(u_k + b_k) \tag{5-39}$$

式中:$x_i$ 为输入信号;$w_{ik}$ 为神经元 $k$ 的突触权值(对于激发状态,$w_{ik}$ 取正值;对于抑制状态,$w_{ik}$ 取负值,$m$ 为输入信号数目);$u_k$ 为输入信号线性组合器的输出;$b_k$ 为神经元单元的偏置(阈值);$f(\cdot)$为激活函数;$y_k$ 为神经元输出信号。

激活函数主要有以下 3 种形式。

(1)域值函数。当函数的自变量小于 0 时,函数的输出为 0;当函数的自变量大于或等于 0 时,函数的输出为 1。用该函数可以把输入分成两类,即

$$f(v) = \begin{cases} 1, v \geqslant 0 \\ 0, v < 0 \end{cases} \tag{5-40}$$

$$v = u_k + b_k$$

(2)分段线性函数。该函数具体可表示为

$$f(v)=\begin{cases}1, v\geqslant 1\\ v, -1<v<1\\ -1, v\leqslant -1\end{cases} \tag{5-41}$$

该函数在(−1,+1)线性区内的放大系数是一致的,这种形式的激活函数可以看作是非线性放大器的近似,如图5−10(a)所示。

(3)非线性转移函数。该函数为实数域 $R$ 到[0,1]闭集的非连续函数,代表了状态连续型神经元模型。最常用的非线性转移函数是单极性 Sigmoid 函数曲线,简称为S型函数,其特点是函数本身及其导数都是连续的,能够体现数学计算上的优越性,因而在处理上十分方便。如图5−10(b)所示,单极性S型函数定义为

$$f(v)=\frac{1}{1+\mathrm{e}^{-v}} \tag{5-42}$$

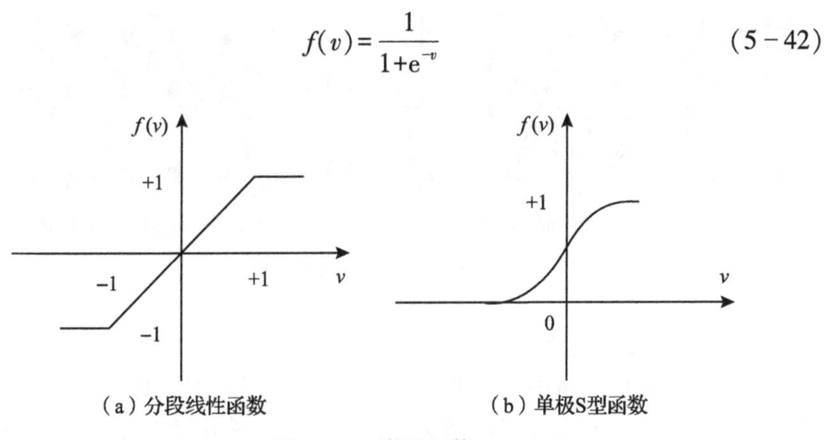


图5−10　激活函数

如果将大量功能简单的神经元通过一定的拓扑结构组织起来,构成群体并行式处理的计算结构,则这种结构就是人工神经网络。

将一个神经元的输出送到另一个神经元作为输入信号称为连接,每个连接通路对应一个连接权系数,相同神经元经过不同的连接方式将得到具有不同特性的神经网络。

根据神经元的不同连接方式,可将神经网络分为两大类:分层网络和相互连接型网络。

(1)分层网络。

分层网络将一个神经网络模型中的所有神经元按照功能分成若干层。一般有输入层、隐含层(中间层)和输出层,各层顺次连接。其中:输入层接收外部输入模式,并由各输入单元传送给相连的隐含层各单元;隐含层是神经网络的内部处理单元层,神经网络所具有的模式变换能力(如模式分类、模式完善、特

征抽取等）主要体现在隐含层单元的处理，根据模式变换功能的不同，隐含层可以有多层，也可以没有；输出层产生神经网络的输出模式。

分层网络主要有：单纯的前向网络，如图 5－11(a)所示；具有反馈的前向网络，如图 5－11(b)所示；层内互联的前向网络，如图 5－11(c)所示。

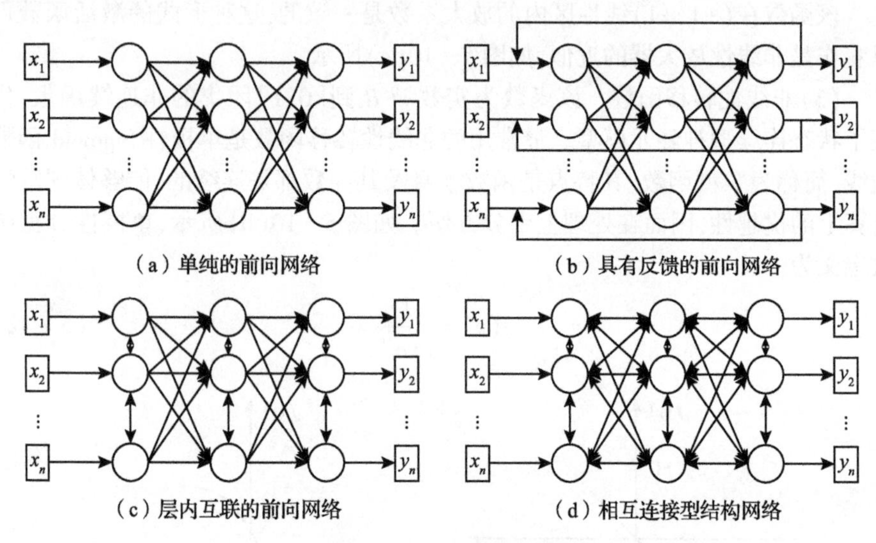

(a) 单纯的前向网络 (b) 具有反馈的前向网络
(c) 层内互联的前向网络 (d) 相互连接型结构网络

图 5－11 神经网络结构

(2)相互连接型网络。

相互连接是指网络中任意两个单元之间都是可达的，即存在连接路径，如图 5－11(d)所示。相互连接网络又分为局部互联网络和全互联网络。其中，全互联网络中每个神经元的输出都与其他神经元相连；而局部互联网络中，有些神经元之间没有连接关系。

对于简单的前向网络，给定某一输入模式，网络能迅速产生一个相应的输出模式，并保持不变。但在相互连接的网络中，对于给定的某一输入模式，由某一网络参数出发，在一段时间内处于不断改变输出模式的动态变化中，网络最终可能产生某一稳定的输出模式，但也可能进入周期性震荡或混沌状态。

### 5.4.2 BP 网络的标准学习算法基本步骤

在感知器和线性神经网络的学习算法中，理想输出与实际输出之差被用来估计神经元连接权值的误差。当为解决线性不可分问题而引入多级网络后，因为在实际中，无法知道隐含层的任何神经元的理想输出值，所以如何估计网络隐含层神经元的误差就成为一大难题。Rumelhart、McClelland 和同事们洞察到了神经网络信息处理的重要性，于 1982 年成立了一个 PDP 小组，研究并行分布式信息处理方法，探索人类认知的微结构。1985 年他们提出了 BP(back propagation)网络的误差反向后传算法(简称为 BP 算法),实现了 Minsky 设想的多层神经网络模型。BP 算法在于利用输出后的误差来估计输出层的直接前导层的误差,再用这个误差估计更前一层的误差,如此一层一层地反传下去,就获得了所有其他各层的误差估计。这样就形成了将输出层表现出的误差沿着与输入传送相反的方向向网络的输入层逐级传递的过程。因此,人们特将此算法称为 BP 算法。使用 BP 算法进行学习的多级非循环网络称为 BP 网络,属于前向神经网络类型。

与一般的人工神经网络一样,构成 BP 网络的神经元仍然是神经元,其网络模型如图 5-12 所示。

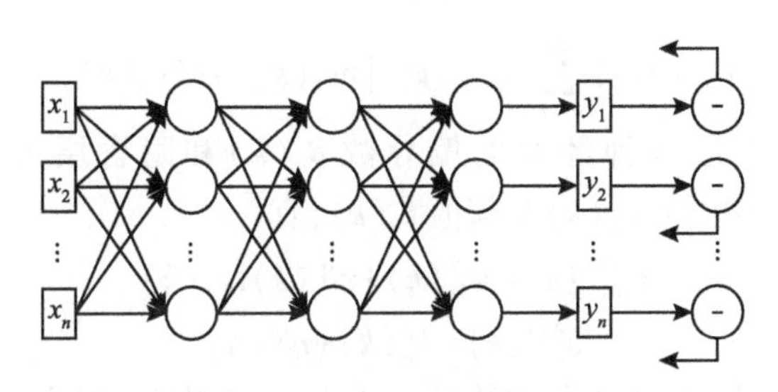


图 5-12　BP 神经网络模型

按照 BP 算法的要求,神经元所用的激活函数必须是处处可导的。一般使用 S 型函数。对一个神经元来说,其网络输入可表示为

$$\text{net}=x_1w_1+x_2w_2+\cdots+x_nw_n \tag{5-43}$$

式中:$x_1,x_2,\cdots,x_n$ 为该神经元所接受的输入;$w_1,w_2,\cdots,w_n$ 分别为不同神经元对应的连接权值。该神经元的输出为

$$y=f(\text{net})=\frac{1}{1+\mathrm{e}^{-\text{net}}} \tag{5-44}$$

为了算法描述的方便,定义向量和变量如下:输入向量为 $\boldsymbol{x}=(x_1,x_2,\cdots,x_n)$;隐含层输入向量为 $\boldsymbol{h}_i=(h_{i1},h_{i2},\cdots,h_{ip})$;隐含层输出向量为 $\text{ho}=(\text{ho}_1,\text{ho}_2,\cdots,\text{ho}_p)$;输出层输入向量为 $\boldsymbol{y}_i=(y_{i1},y_{i2},\cdots,y_{ip})$;输出层输出向量为 $\text{yo}=(\text{yo}_1,\text{yo}_2,\cdots,\text{yo}_q)$;期望输出向量为 $\boldsymbol{d}=(d_1,d_2,\cdots,d_q)$;输入层与隐含层的连接权值为 $w_{\text{ih}}$;隐含层与输出层的连接权值为 $w_{\text{ho}}$;隐含层各神经元的阈值为 $b_{\text{h}}$;输出层各神经元的阈值为 $b_{\text{o}}$;样本数据个数为 $k=1,2,\cdots,m$;激活函数为 $f(\cdot)$。

BP 算法具体实现步骤如下。

(1)网络初始化。给 $w_{\text{ih}}$、$w_{\text{ho}}$、$b_{\text{h}}$、$b_{\text{o}}$ 分别赋一个区间(-1,1)内的随机数,设定误差函数 $e=\frac{1}{2}\sum\limits_{o=1}^{q}(d_o(k)-\text{yo}_o(k))^2$,给定计算精度 $\varepsilon$ 和最大学习次数 $M$。

(2)随机选取第 $k$ 个输入样本 $x_k=(x_1(k),x_2(k),\cdots,x_n(k))$ 及对应的期望输出 $d_k=(d_1(k),d_2(k),\cdots,d_q(k))$。

(3)计算隐含层各神经元的输入 $\mathrm{hi}_h(k)$,并用 $\mathrm{hi}_h(k)$ 和激活函数 $f$ 计算隐含层各神经元的输出 $\mathrm{ho}_h(k)$。

(4)利用网络期望输出向量 $d_k=(d_1(k),d_2(k),\cdots,d_q(k))$,网络的实际输出 $\mathrm{yo}_o(k)$,计算误差函数对输出层的各神经元的偏导数 $\delta_o(k)$,有

$$\delta_o(k)=(d_o(k)-\mathrm{yo}_o(k))\cdot \mathrm{yo}_o(k)(1-\mathrm{yo}_o(k)) \tag{5-45}$$

(5)利用隐含层到输出层的连接权值 $w_{\mathrm{ho}}(k)$、输出层的偏导数 $\delta_o(k)$ 和隐含层的输出 $\mathrm{ho}_h(k)$,计算误差函数对隐含层各神经元的偏导数 $\delta_h(k)$,有

$$\delta_h(k)=\left[\sum_{o=1}^{q}\delta_o(k)w_{\mathrm{ho}}\right]\mathrm{ho}_h(k)(1-\mathrm{ho}_h(k)) \tag{5-46}$$

(6)利用输出层各神经元的偏导数 $\delta_o(k)$ 和隐含层各神经元的输出 $\mathrm{ho}_h(k)$ 来修正连接权值 $w_{\mathrm{ho}}(k)$ 和阈值 $b_{\mathrm{o}}(k)$,有

$$w_{\mathrm{ho}}^{N+1}(k)=w_{\mathrm{ho}}^{N}(k)+\eta\delta_o(k)\mathrm{ho}_h(k) \tag{5-47}$$

$$b_{\mathrm{o}}^{N+1}(k)=b_{\mathrm{o}}^{N}(k)+\eta\delta_o(k) \tag{5-48}$$

式中:$N$ 表示调整前,$N+1$ 表示调整后,$\eta$ 为学习率,在(0,1)取值。

(7)使用隐含层各神经元的偏导数 $\delta_h(k)$ 和输入层各神经元的输入 $x_{\mathrm{i}}(k)$ 来修正连接权和阈值,有

$$w_{\mathrm{ih}}^{N+1}=w_{\mathrm{ih}}^{N}+\eta\delta_h(k)x_{\mathrm{i}}(k) \tag{5-49}$$

$$b_{\mathrm{h}}^{N+1}(k)=b_{\mathrm{h}}^{N+1}(k)+\eta\delta_h(k) \tag{5-50}$$

(8)计算全局误差 $E$,有

$$E=\frac{1}{2m}\sum_{k=1}^{m}\sum_{o=1}^{q}(d_o(k)-\mathrm{yo}_o(k))^2 \tag{5-51}$$

(9)判断网络误差是否满足要求。如果 $E<\varepsilon$ 或学习次数大于设定的最大次数 $M$,则结束算法;否则,随机选取下一个学习样本及对应的期望输出,返回到步骤(3),进入下一轮学习过程。

实际使用中,还应该对已经训练好的网络进行测试,将一组与训练样本不完全相同的测试样本数据输入已经训练好的网络中,计算其得到的结果是否在规定的精度范围内。

标准 BP 算法是基于梯度下降法的学习算法,通过调整权值和阈值,使输出期望值和神经网络实际输出值的均方误差趋于最小,但是它只用到均方误差函数对权值和阈值的一阶导数(梯度)的信息,存在收敛速度缓慢、易陷入局部极小值等缺点。

### 5.4.3 案例分析

以某型装备的故障数据为样本集,统计得到与故障发生相关的8个特征数据,分为5种故障类型,共计2657组数据,见表5-10。基于分类算法,得到故障相关特征数据(自变量)与故障类型(因变量)之间的潜在关系。在此基础上,可根据历史故障数据,预测未来特定条件下某批次装备可能出现的故障类型,以此开展相应的备品备件、装备管理等相关工作。

表5-10 故障数据样本

| 干球温度/℃ | 湿球温度/℃ | 相对湿度/% | 服役时长/月 | 通电次数/次 | 通电时长/小时 | 值班次数/次 | 值班时长/月 | 故障类型 |
|---|---|---|---|---|---|---|---|---|
| 29.5 | 23.0 | 76 | 51 | 198 | 100.27 | 66 | 10.4 | 1 |
| 27.9 | 22.3 | 60 | 51 | 136 | 102.07 | 66 | 9.7 | 2 |
| 27.9 | 22.3 | 60 | 51 | 136 | 102.07 | 66 | 9.7 | 3 |
| 33.3 | 20.5 | 70 | 50 | 198 | 100.44 | 66 | 8.7 | 2 |
| 21.5 | 25.0 | 58 | 56 | 92 | 100.76 | 21 | 9.5 | 1 |
| 25.4 | 22.3 | 60 | 51 | 119 | 102.07 | 66 | 9.7 | 3 |
| 30.5 | 21.5 | 60 | 50 | 176 | 101.44 | 66 | 11.1 | 4 |
| 30.5 | 21.5 | 60 | 50 | 176 | 101.44 | 66 | 11.1 | 5 |
| 32.4 | 19.8 | 62 | 50 | 192 | 99.82 | 66 | 11.2 | 4 |
| … | … | … | … | … | … | … | … | … |

采用传统神经网络进行分析,设置为单隐含层,节点数为10,输出层为5,见图5-13。通过MATLAB编程得到的预测结果,预测准确率为64.1%,混淆矩阵见图5-14。选取其中10组数据,预测结果见表5-11。

表5-11 预测结果

| 真实结果 | 0 | 1 | 1 | 0 | 0 | 0 | 0 | 0 | 1 | 0 |
|---|---|---|---|---|---|---|---|---|---|---|
| 分类结果 | 1 | 1 | 0 | 0 | 1 | 0 | 1 | 0 | 1 | 0 |

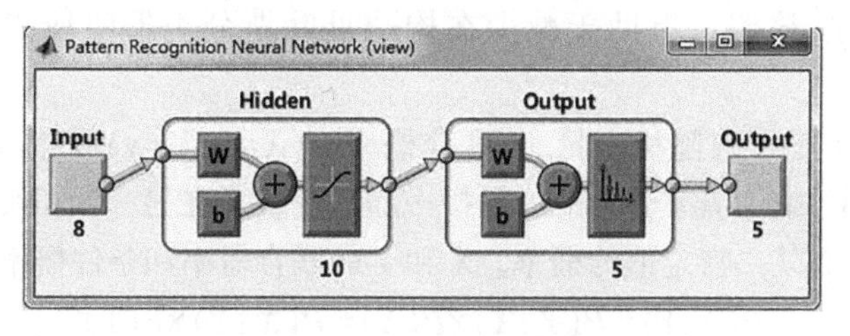


图5-13 神经网络设置

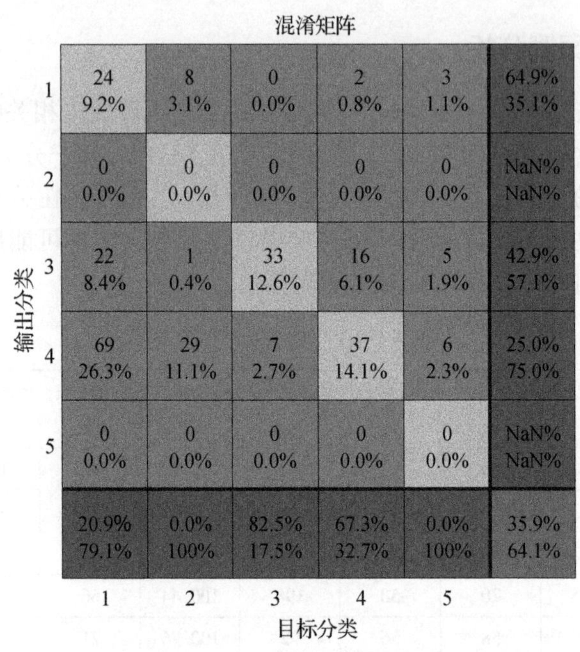


图 5-14　神经网络分类结果

# 5.5　朴素贝叶斯

## 5.5.1　贝叶斯定理

贝叶斯分类器是一个统计分类器,能够预测类别所属的概率。例如,某一个数据对象属于某个类别的概率。贝叶斯分类器是基于贝叶斯定理而构造出来的。对分类方法进行比较,有关研究结果表明:简单贝叶斯分类器(称为基本贝叶斯分类器)在分类性能上与决策树和神经网络都是可比的。在处理大规模数据库时,贝叶斯分类器已表现出较高的分类准确性和运算性能。

基本贝叶斯分类器假设一个指定类别中各属性的取值是相互独立的,即类别条件独立,该假设有助于减少在构造贝叶斯分类器时所需要进行的计算量。

假设 $X,Y$ 是一对随机变量,其联合概率 $P(X=x,Y=y)$ 是指 $X$ 取值 $x$ 且 $Y$ 取值 $y$ 的概率,条件概率 $P(Y|X)$ 是指一随机变量 $Y$ 在另一随机变量 $X$ 取值已知的条件下,取某一特定值的概率。$X$ 和 $Y$ 的联合概率和条件概率满足

$$P(X,Y)=P(Y|X)\times P(X)=P(X|Y)\times P(Y) \tag{5-52}$$

调整得到式(5-53),称为贝叶斯定理。

$$P(Y|X)=\frac{P(X|Y)\times P(Y)}{P(X)} \tag{5-53}$$

根据从训练数据中收集的信息,对 $X$ 和 $Y$ 的每一种组合进行学习,进而得到后验概率 $P(Y|X)$。通过找出使得后验概率 $P(Y'|X')$ 最大的类 $Y'$,则可完成对测试记录 $X'$ 的分类。准确估计类标号和属性值的每一种可能组合的后验概率非常困难,往往需要海量的训练数据集合。而利用贝叶斯定理,可以用先验概率 $P(Y)$、条件概率 $P(X|Y)$ 和证据 $P(X)$ 得到后验概率。

根据式(5-53)可以看出,在比较不同 $Y$ 的后验概率时,分母总是常数。在比较后验概率大小时,可以忽略分母,仅比较分子即可。

### 5.5.2 朴素贝叶斯分类基本步骤

朴素贝叶斯分类的基本步骤如下。

(1)设 $x=\{a_1,a_2,\cdots,a_m\}$ 为一个待分类项,而每个 $a$ 为 $x$ 的一个特征属性。

(2)有类别集合 $C=\{y_1,y_2,\cdots,y_n\}$。

(3)计算 $P(y_1|x),P(y_2|x),\cdots,P(y_n|x)$。

(4)如果 $P(y_k|x)=\max\{P(y_1|x),P(y_2|x),\cdots,P(y_n|x)\}$,则 $x\in y_k$。

其中关键是如何计算步骤(3)中的各个条件概率。计算过程如下。

(1)找到一个已知分类的待分类项集合,该集合称为训练样本集。

(2)统计得到在各类别下各个特征属性的条件概率估计,即

$$P(a_1|y_1),P(a_2|y_1),\cdots,P(a_m|y_1)$$
$$P(a_1|y_2),P(a_2|y_2),\cdots,P(a_m|y_2)$$
$$P(a_1|y_n),P(a_2|y_n),\cdots,P(a_m|y_n)$$

(3)如果各个特征属性是条件独立的,则根据贝叶斯定理有

$$P(y_i|x)=\frac{P(x|y_i)P(y_i)}{P(x)} \tag{5-54}$$

由于分母对于所有类别为常数,因此,只要将分子最大化皆可。同时,因为各特征属性是条件独立的,所以有

$$P(x|y_i)P(y_i)=P(a_1|y_i)P(a_2|y_i)\cdots P(a_m|y_i)P(y_i)=P(y_i)\prod_{j=1}P(a_j|y_i) \tag{5-55}$$

从理论上讲与其他分类器相比,贝叶斯分类器具有最小的错误率。但实际上由于其所依据的类别独立性假设和缺乏某些数据的准确概率分布,从而使得贝叶斯分类器预测准确率受到影响。贝叶斯分类器的另一个用途就是其可为那些没有利用贝叶斯定理的分类方法提供了理论依据。例如,在某些特定假设情况下,许多神经网络和曲线拟合算法的输出都同贝叶斯分类器一样,满足后验概率最大的要求。

### 5.5.3 案例分析

以5.2节中的质量水平数据作为分析对象，为简化计算流程，仅以展现朴素贝叶斯计算过程为目的，将测试电压分为高低中三档，即测试电压大于15V为高、低于10V为低、两者之间为中。数据见表5-12。待分类的数据为$X$=｛是否上电="是"，运行时长="短"，测试电压="高"｝。

表5-12 质量水平数据

| 序号 | 是否上电 | 运行时长 | 测试电压 | 质量水平 |
|---|---|---|---|---|
| 1 | 是 | 长 | 中 | 低 |
| 2 | 否 | 中 | 中 | 低 |
| 3 | 否 | 长 | 低 | 低 |
| 4 | 是 | 中 | 中 | 低 |
| 5 | 否 | 短 | 低 | 高 |
| 6 | 否 | 中 | 低 | 低 |
| 7 | 是 | 短 | 高 | 低 |
| 8 | 否 | 长 | 低 | 高 |
| 9 | 否 | 中 | 低 | 低 |
| 10 | 否 | 长 | 低 | 高 |

根据朴素贝叶斯计算步骤：

(1)计算$P(y_i)$，即每个类别的先验概率，有

$$P(\text{质量水平高})=3/10=0.3$$

$$P(\text{质量水平低})=7/10=0.7$$

(2)估计各个特征属性的条件概率$P(x|y_i)$，有

$$P(\text{上电}|\text{质量水平高})=0/3=0$$

$$P(\text{上电}|\text{质量水平低})=3/7=0.42857$$

$$P(\text{运行时长短}|\text{质量水平高})=1/3=0.33333$$

$$P(\text{运行时长短}|\text{质量水平低})=1/7=0.14286$$

$$P(\text{测试电压高}|\text{质量水平高})=0/3=0$$

$$P(\text{测试电压高}|\text{质量水平低})=1/7=0.14286$$

(3)根据式(5-55)，计算待分类$X$的分类属性，有

$$P(X|\text{质量水平高})=0\times0.33333\times0=0$$

$$P(X|\text{质量水平低})=0.42857\times0.14286\times0.14286=0.00875$$

综上，由于$P(X|\text{质量水平低})P(\text{质量水平低})>P(X|\text{质量水平高})P($质量

水平高),因此基本贝叶斯分类器得出结论:对于数据对象 $X$,其分类结果为质量水平"低"。

## 5.6　逻辑回归

### 5.6.1　基本原理

逻辑回归(logistic regression)是一种广义的线性回归分析模型,与多重线性回归分析有很多相同之处,二者模型形式基本相同,但逻辑回归主要用于对样本进行分类[42]。

线性回归是逻辑回归的基础,首先简单介绍线性回归相关内容。

#### 5.6.1.1　线性回归

线性回归是对自变量和因变量之间关系进行建模的回归分析,回归函数可表示为

$$h_\theta(x)=\boldsymbol{\theta}^{\mathrm{T}}x \tag{5-56}$$

假设每一组数据的误差项相互独立,且均服从均值为 0、方差为 $\sigma^2$ 的正态分布,即

$$h_\theta(x^{(i)})-y^{(i)}\sim N(0,\sigma^2),i=1,\cdots,m \tag{5-57}$$

式中:$m$ 为数据组数;$x^{(i)}$ 和 $y^{(i)}$ 为第 $i$ 组数据的自变量和因变量。

进而,可以得到似然函数,即

$$L((y|x;\theta)=\prod_{i=1}^{m}P(y^{(i)}|x^{(i)};\theta)=\prod_{i=1}^{m}N(h_\theta(x^{(i)})-y^{(i)};0,\sigma^2) \tag{5-58}$$

两边取对数,整理化简可得

$$\ln L((y|x;\theta)=c_1-c_2\sum_{i=1}^{m}(h_\theta(x^{(i)})-y^{(i)})^2,c_2>0 \tag{5-59}$$

定义损失函数为

$$J(\theta)=\frac{1}{2m}\sum_{i=1}^{m}(h_\theta(x^{(i)})-y^{(i)})^2 \tag{5-60}$$

要使似然函数最大,只需使损失函数最小。用损失函数的极小值代替最小值,只需对每一个 $\theta_j$ 求偏导数,有

$$\frac{\partial}{\partial\theta_j}J(\theta)=\frac{1}{m}\sum_{i=1}^{m}(h_\theta(x^{(i)})-y^{(i)})x_j^{(i)},j=0,\cdots,n \tag{5-61}$$

最后,使用梯度下降法迭代求解

$$\theta_j^{(k+1)}=\theta_j^{(k)}-\alpha\frac{\partial}{\partial\theta_j}J(\theta),j=0,\cdots,n \tag{5-62}$$

式中：$\alpha$为学习率，是一个大于0的常数。学习率应当慎重选择，学习率过大会导致算法不收敛，过小会导致收敛速度缓慢。通过梯度下降法即可得到$\theta$值，从而得到线性回归模型，将待预测自变量代入模型，则可得到预测结果。

#### 5.6.1.2 逻辑回归

当因变量只能在{0,1}中取值时，即实现二分类问题。因为极端数据的存在会使阈值的选择变得困难，所以线性回归模型不再适合。此时，可以使用逻辑回归对数据进行建模。回归函数满足

$$h_\theta(x)=\text{sigmoid}(\boldsymbol{\theta}^T x) \tag{5-63}$$

$$\text{sigmoid}(z)=\frac{1}{1+\exp(-z)} \tag{5-64}$$

假设

$$P(y^{(i)}=1|x^{(i)};\boldsymbol{\theta})=h_{\boldsymbol{\theta}}(x^{(i)})$$
$$P(y^{(i)}=0|x^{(i)};\boldsymbol{\theta})=1-h_{\boldsymbol{\theta}}(x^{(i)})$$

考虑到$y$取值的特殊性，上述假设等价于

$$P(y^{(i)}|x^{(i)};\boldsymbol{\theta})=(h_{\boldsymbol{\theta}}(x^{(i)}))^{y(i)}(1-h_{\boldsymbol{\theta}}(x^{(i)}))^{1-y(i)} \tag{5-65}$$

进而得到似然函数，即

$$L(y|x;\boldsymbol{\theta})=\prod_{i=1}^{m}P(y^{(i)}|x^{(i)};\boldsymbol{\theta}) \tag{5-66}$$

取对数化简得

$$\ln L(y|x;\boldsymbol{\theta})=\sum_{i=1}^{m}[(y^{(i)}\ln h_{\boldsymbol{\theta}}(x^{(i)}))+(1-y^{(i)})\ln(1-h_{\boldsymbol{\theta}}(x^{(i)}))] \tag{5-67}$$

定义损失函数为

$$J(\theta)=-\frac{1}{m}\sum_{i=1}^{m}[(y^{(i)}\ln h_{\boldsymbol{\theta}}(x^{(i)}))+(1-y^{(i)})\ln(1-h_{\boldsymbol{\theta}}(x^{(i)}))] \tag{5-68}$$

类似的，对每一个$\theta_j$求偏导数，可得

$$\frac{\partial}{\partial\boldsymbol{\theta}_j}J(\boldsymbol{\theta})=-\frac{1}{m}\sum_{i=1}^{m}\left(\frac{y^{(i)}}{h_{\boldsymbol{\theta}}(x^{(i)})}-\frac{1-y^{(i)}}{1-h_{\boldsymbol{\theta}}(x^{(i)})}\right)h_{\boldsymbol{\theta}}(x^{(i)})(1-h_{\boldsymbol{\theta}}(x^{(i)}))x_j^i \tag{5-69}$$

化简得

$$\frac{\partial}{\partial\boldsymbol{\theta}_j}J(\boldsymbol{\theta})=\frac{1}{m}\sum_{i=1}^{m}(h_{\boldsymbol{\theta}}(x^{(i)})-y^{(i)})x_j^i \tag{5-70}$$

最后，使用梯度下降法迭代求解

$$\boldsymbol{\theta}_j^{(k+1)}=\boldsymbol{\theta}_j^{(k)}-\alpha\frac{\partial}{\partial\boldsymbol{\theta}_j}J(\boldsymbol{\theta}),j=0,\cdots,n \tag{5-71}$$

求得$\boldsymbol{\theta}$后,即获得了逻辑回归模型,将需要预测的数值代入模型,在给定判定值的条件下,对分类问题进行解决。通常可将判定值设为0.5,若预测值大于0.5,则判定为1;若预测值小于0.5,则判定为0。

逻辑回归主要用于解决二分类问题,但对于$n$分类问题,可通过设置$n$个分类器,其中每个分类器仅区分某一个类别和剩下所有类别,并预测得到某个类别,最终分属某个类别最多的,即可预测得到的结果。

### 5.6.2　基本步骤

前文对线性回归及逻辑回归算法基本原理进行了介绍,本节介绍利用逻辑回归进行数据分类的基本步骤,具体如下。

(1)根据训练数据,建立逻辑回归模型。

(2)采用极大似然估计,构建逻辑回归损失函数。

(3)采用梯度下降法,迭代求解得到$\boldsymbol{\theta}$值,构建分类器。

(4)将待分类数据代入分类器,得到分类结果。

### 5.6.3　案例分析

以5.4.3节的装备故障数据为分析对象,基于逻辑回归算法,可得到故障相关特征数据(自变量)与故障类型(因变量)之间的潜在关系。在此基础上,可根据历史故障数据,预测未来特定条件下某批次装备可能出现的故障类型,以此开展相应的备品备件、装备管理等相关工作。

选取故障类型为1和2的故障样本数据,共计612组数据(其中,故障类型1有331组,故障类型2有281组)作为训练集合,本章采用MATLAB自有函数进行编程计算。

(1)采用glmfit函数求解函数$h_{\theta}(x) = \text{sigmoid}(\boldsymbol{\theta}^{\mathrm{T}}x)$的$\boldsymbol{\theta}$值,如表5-13所列。

表5-13　$\boldsymbol{\theta}$值

| $\theta_1$ | $\theta_2$ | $\theta_3$ | $\theta_4$ | $\theta_5$ | $\theta_6$ | $\theta_7$ | $\theta_8$ | $\theta_9$ |
|---|---|---|---|---|---|---|---|---|
| -144.0062 | 0.0312 | -0.0700 | -0.0335 | 0.0298 | 0.0169 | 1.4363 | -0.0080 | -0.1874 |

(2)采用glmval函数,结合上述计算结果可预测分类结果,采用5折交叉验证法(5-folds cross-validation)验证分类模型的准确性,通过分析得到分类准确率为76.8%。也就是说,基于逻辑回归建立的分类模型预测装备故障的准确率约为76.8%。为演示分析结果,随机选取10组数据作为待预测数据,将其代入上述公式中,预测结果见表5-14。

表 5-14　预测结果

| 真实结果 | 1 | 0 | 1 | 1 | 0 | 0 | 1 | 0 | 1 | 1 |
|---|---|---|---|---|---|---|---|---|---|---|
| 计算值 | 0.7107 | 0.2354 | 0.9469 | 0.2645 | 0.427 | 0.6444 | 0.8971 | 0.0448 | 0.5733 | 0.8064 |
| 分类结果 | 1 | 0 | 1 | 0 | 0 | 1 | 1 | 0 | 1 | 1 |

# 5.7　K 近邻

## 5.7.1　K 近邻简介

K 近邻(K-Nearest Neighbor,K-NN)是一种基本的、有监督学习的分类方法,于 1968 年由 Cover 和 Hart 提出,用于判断某个对象的类别。K 近邻的输入为对象特征向量,对应于特征空间上的点;输出为对象的类别。

用图形对 K 近邻算法进行说明,如图 5-15 所示。

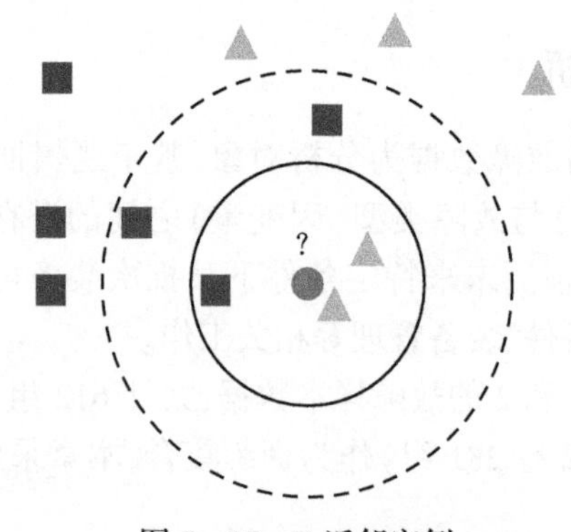


图 5-15　K 近邻实例

如图 5-15 所示,有两类不同的样本数据,分别用正方形和三角形表示。而中间的圆形所示的数据则是待分类的数据,即中间圆形数据是从属于哪一类(正方形或三角形)。要判别图 5-15 中圆形数据是属于哪一类数据,根据 K 近邻算法的思想,可根据周围邻居特征得到。从图 5-15 可以看出:

(1)如果 $k=3$,圆形数据的最近的 3 个邻居(欧氏距离)是 2 个小三角形和 1 个小正方形,少数从属于多数,则基于统计的方法,判定圆形数据的这个待分类点属于三角形。

(2)如果 $k=5$,圆形数据最近的 5 个邻居是 2 个三角形和 3 个正方形,依然按照少数从属于多数,则基于统计的方法,判定圆形数据这个待分类点属于正方形。

以上示例基本上体现了 K 近邻算法的三个基本要素:确定度量方式、选择 $k$ 值、分类决策规则(少数服从多数)。

## 5.7.2 算法原理

输入:训练数据集,即

$$T=\{(x_1,y_1),(x_2,y_2),\cdots,(x_N,y_N)\} \tag{5-72}$$

$(x_i,y_i)$为训练数据集中的一组训练数据,$i=1,2,\cdots,N$。$x_i \in R^N$ 为实例的特征向量;$y_i \in \{c_1,c_2,\cdots,c_R\}$为实例的类别。

输出:实例 $x$ 所属的类。

(1)根据给定的距离度量,在训练集 $T$ 中找出与 $x$ 最邻近的 $k$ 个点,涵盖这 $k$ 个点的 $x$ 的邻域记作 $N_k(x)$。

(2)在 $N_k(x)$ 中根据分类决策规则(如多数表决)决定 $x$ 的类别 $y$,有

$$y=\arg\max_{c_j} \sum_{x_i \in N_k(x)} I(y_i=c_j),i=1,2,\cdots,N;j=1,2,\cdots,k \tag{5-73}$$

式中:$I$ 为指示函数,即当 $y_i=c_j$ 时 $I$ 为 1,否则 $I$ 为 0。

K 近邻的特殊情况是 $k=1$ 的情形,称为最近邻算法。对于输入的对象(特征向量)$x$,最近邻算法将训练数据集中于 $x$ 最近邻点所属的类作为 $x$ 的类。

### 5.7.2.1 距离度量方式的确定

样本空间(特征空间)中两个对象的距离是其相似程度的量化反映。K 近邻模型的特征空间可被抽象为 $n$ 维的向量空间 $R$,现在两个对象之间的距离就可转化为两个向量之间的距离。在 K 近邻模型中,计算向量之间距离的公式列举如下。

(1)欧式距离可表示为

$$d(X,Y)=\sqrt{\sum_{i=1}^{n}(x_i-y_i)^2}$$

(2)曼哈顿距离可表示为

$$d(X,Y)=\sum_{i=1}^{n}|x_i-y_i|$$

(3)切比雪夫距离可表示为

$$d(X,Y)=\max_{1\leqslant i\leqslant n}(|x_i-y_i|)$$

(4)闵可夫斯基距离可表示为

$$d(X,Y)=\left(\sum_{i=1}^{n}|x_i-y_i|^p\right)^{\frac{1}{p}}$$

(5)马氏距离可表示为

$$d(X,Y)=\sqrt{(X-Y)^T\sum{}^{-1}(X-Y)}$$

(6)相关距离可表示为

$$D_{XY}=1-\rho_{XY}$$

(7)夹角余弦距离和 Tonimoto 系数可表示为

$$s(X,Y)=\frac{X \cdot Y}{|X||Y|} \quad (\text{夹角余弦距离})$$

$$T(X,Y)=\frac{X \cdot Y}{|X|^2+|Y|^2-X \cdot Y} \quad (\text{Tonimoto 系数})$$

#### 5.7.2.2 *k* 值的选择

$k$ 值的选择会对 K 近邻算法的结果产生巨大的影响。如果选择较小的 $k$ 值,则近似误差会减小,估计误差会增大,这意味着整体模型变得复杂,容易发生过拟合;如果选择较大的 $k$ 值,则会减少估计误差,近似误差会增大,$k$ 值的增大就意味着整体的模型变得简单。

在实际应用中,$k$ 值一般取一个比较小的数值,如采用交叉验证法(一部分样本做训练集,一部分做测试集)来选择最优的 $k$ 值。

#### 5.7.2.3 分类决策规则

分类决策规则主要有两种。

1. 多数表决

K 近邻法中的分类决策规则往往是多数表决,即由输入对象的 $k$ 个邻近中的多数类决定输入对象的类,即“少数服从多数”。

2. 误分类率

误分类率是对输入对象出现错误分类的概率。其数学表示如下。

对于给定的实例 $x$,其最近邻的 $k$ 个训练实例点构成集合 $N_k(x)$,如果涵盖 $N_k(x)$ 的区域的类别是 $c_j$,那么误分类率可表示为

$$\frac{1}{k}\sum_{x_i \in N_k(x)} I(y_i \neq c_j) = 1-\frac{1}{k}\sum_{x_i \in N_k(x)} I(y_i = c_j) \quad (5-74)$$

因为要使误分类率最小即经验风险最小,需要令 $\sum_{x_i \in N_k(x)} I(y_i = c_j)$ 最大,所以经验风险最小化等价于多数表决规则。

### 5.7.3 案例分析

以 5.3.5 节某型装备备品备件数据为分析对象,具体数据见表 5-8。K 近邻算法可采用 knnclassfy 函数进行训练和分类。具体格式为

Class =knnclassify(Sample, Training, Group,$k$, distance, rule)

其中:Sample 表示待分类数据,其列数(特征数)要与训练数据相同;Training 表示训练数据,行为数据个数,列为特征数;Group 表示训练数据所对应的类属性;$k$ 表示分类中最近邻的个数,默认值为 1;distance 表示计算数据间距离的方法,主要有 euclidean(欧几里得距离)、cityblock(曼哈顿距离)、cosine(余弦距离)、correlation(相关距离)、hanmming(海明距离);rule 表示确定类属性的规则,主

要有 nearest(最近 $k$ 个的最多数,默认值)、random(随机的最多数)、consensus(投票法)。

将表 5-8 中 R1~R8 训练特征数据矩阵及类别数据矩阵,即

$$
\text{Training}=\begin{bmatrix} 50 & 8.23 & 20 \\ 10000 & 2.75 & 170 \\ 300 & 1.38 & 850 \\ 200 & 0.53 & 10 \\ 1200 & 0.80 & 420 \\ 9000 & 1.29 & 50 \\ 950 & 1.34 & 90 \\ 1000 & 2.75 & 50 \end{bmatrix} \text{Group}=\begin{bmatrix} 1 \\ 2 \\ 3 \\ 1 \\ 3 \\ 2 \\ 4 \\ 4 \end{bmatrix}
$$

以表 5-9 中的 R9、R10 数据为待分类数据,即

$$
\text{Sample}=\begin{bmatrix} 600 & 15.40 & 90 \\ 190 & 4.30 & 50 \end{bmatrix}
$$

采用 knnclassify 函数,即可得到分类结果为

$$
\text{Class}=\begin{bmatrix} 4 \\ 1 \end{bmatrix}
$$

即 R9、R10 对应类别属性分别为 4、1,与采用支持向量机得到的预测结果一致。

## 5.8　本章小结

本章对分类判别中常用的决策树、支持向量机的主要方法及其原理进行了详细的阐述,并分别结合某装备测试数据和备件配置数据等内容进行了案例分析,以下对分类判别方法的优缺点进行系统总结。

(1)决策树具备天然的可解释性,树结构的理解不需要机器学习专家来解读,很容易转化成规则;运算速度相对比较快。但存在以下缺点:容易过拟合,导致实际预测的效果并不高;不适合处理高维数据,且对异常值过于敏感,很容易导致树的结构巨大变换;泛化能力太差,对于训练样本中未出现过的值几乎无法实施判别。

(2)支持向量机解决高维特征的分类问题和回归问题很有效,在特征维度大于样本数时依然有很好的效果;依托大量的核函数可以较为灵活地解决各种非线性分类回归问题;在样本量不是海量数据时,分类准确率高,泛化能力强。主要存在以下缺点:如果特征维度远远大于样本数,分类判别效果表现一般;在样本量非常大、核函数映射维度非常高时,计算量过大;非线性问题的核函数的选择没有通用标准;对缺失数据较为敏感。

(3)神经网络理论上可以通过训练得到任意函数形式,分类的准确度高,并行分布处理能力强,分布存储及学习能力强,对异常值有较强的鲁棒性和容错能力,能充分逼近复杂的非线性关系。主要存在以下缺点:神经网络需要大量的参数,如网络拓扑结构、权值和阈值的初始值;不能观察学习过程,输出结果难以解释,会影响结果的可信度和可接受程度;学习时间过长,甚至可能达不到学习目的。

(4)逻辑回归计算简单,速度快,适合分布式在线计算,资源占用小;可解释性强,可以清晰查看各个特征的权重;模型效果不错,可以作为分类算法基准使用;新数据输入,模型调整能力强;噪声鲁棒性好。主要存在以下缺点:适用场景有限,不能解决非线性问题和样本不均衡问题;准确率不高,无法应用到复杂数据;不能进行特征选择。

(5)K 近邻算法是一种消极学习方法,不需要建立模型,需要逐个计算样例与训练样本之间的相似度。主要存在以下缺点:对异常值比较敏感;需要采用适当的邻近性度量和数据预处理,否则可能做出错误的预测。

# 第6章　聚类分析

在装备全寿命周期管理过程中，会产生大量的研制、试验、使用、维护与修理等数据。通过对这些数据进行聚类分析，可为评价装备性能时的指标体系构建、装备不同技术状态的辨析、装备到期延寿的技术手段等装备全寿命周期管理提供决策支撑与参考依据。同时，还能深入挖掘装备数据内部存在的客观规律，可对研究对象做出比较全面、准确的评估，得出科学的分析结论。

本章将对传统聚类、模糊聚类、灰色聚类与谱聚类4类分析方法的基本概念进行详细介绍，对每类方法所包含的具体算法进行归纳，并结合装备试验、保障与训练中的具体案例进行分析。

## 6.1　传统聚类分析

从传统聚类算法提出以来，针对不同的问题，传统聚类算法已累计达上百种。针对不同的应用背景，算法的适合程度也不同。传统的聚类算法大体可以分为划分聚类算法、层次聚类算法、网格聚类算法、密度聚类算法和模型聚类算法等[43,46]。

### 6.1.1　传统聚类分析算法

#### 6.1.1.1　划分聚类算法

划分聚类方法提出最早，而且应用最为广泛，能够通过改进来解决大规模数据集的聚类分析问题。给定一个数据库，包含 $N_p$ 个数据对象和 $K$ 个即将生成的簇，划分聚类算法将对象分为 $K$ 个划分，其中，这里的每个划分均代表一个簇，并且 $K \leqslant N_p$，$K$ 需要人为指定。该算法一般从一个初始划分开始，然后通过重复的控制策略反复迭代，使某个准则函数最优化。因此，它可以被看作是一个优化问题。

划分聚类算法的迭代步骤如下。

（1）随机选择 $K$ 个聚类中心。

（2）对于每一个数据点 $z_p$，计算该点到每个中心 $m_k$ 的隶属函数 $u(m_k|z_p)$ 和权重 $w_{zp}$，根据一定的准则函数把每个数据点分配到相应的簇。

（3）重新计算每个簇的中心点。

(4)重复步骤(2)与步骤(3),直至满足

$$m_k=\frac{\sum_{\forall z_p}u(m_k|z_p)w_{zp}z_p}{\sum_{\forall z_p}u(m_k|z_p)w_{zp}} \tag{6-1}$$

式(6-1)中隶属函数是表示一个数据点 $z_p$ 隶属于簇 $k$ 的程度的函数。当隶属度为某一定值时,则为硬隶属函数;当隶属度在某一区间时,则为软隶属函数。硬聚类算法用硬的隶属函数,而模糊聚类算法使用软隶属函数。式中,$u(m_k|z_p)$ 是用来确定数据点 $z_p$ 属于簇 $k$ 中的程度的函数,它必须满足的条件为

$$u(m_k|z_p)\geqslant 0;p=1,\cdots,N_p;k=1,\cdots,K \tag{6-2}$$

$$\sum_{k=1}^{K}u(m_k|z_p)=1;p=1,\cdots,N_p \tag{6-3}$$

式中,权重 $w_{zp}$ 是用来确定数据点 $z_p$ 在下一次迭代中重新计算中心点时所占的比例,且 $w_{zp}>0$。不同的聚类算法对应的终止条件各不相同,如迭代次数、变化阈值与量化误差等。常见的划分聚类有以下几类。

(1)K-means 算法。

K-means 算法是最为经典的基于划分的聚类方法,该算法的基本思想是:以空间中 $k$ 个点为中心进行聚类,对最靠近这些点的对象进行归类。通过迭代的方法,逐次更新各聚类中心的值,直至得到最好的聚类结果,算法迭代的终止条件是中心点收敛。该算法的关键在于初始中心的选择和距离公式。K-means 算法需要优化的目标函数是

$$J_{\text{K-means}}=\sum_{k=1}^{K}\sum_{\forall z_p\in C_k}d^2(z_p,m_k) \tag{6-4}$$

其中隶属函数和权重 $w_{zp}$ 分别定义为

$$u(m_k|z_p)=\begin{cases}1,d^2(z_p,m_k)=\text{argmin}_k\{d^2(z_p,m_k)\}\\0,\qquad\qquad\text{其他}\end{cases} \tag{6-5}$$

$$w_{zp}=1 \tag{6-6}$$

该算法的隶属函数是硬隶属函数,而它的权重是一个恒定的常数,即每个数据点重要程度相同。

K-means 算法的最大优势在于处理大数据集的可伸缩性和高效性。该算法的缺点是不同的初值可能会导致不同的聚类结果,同时簇的数目必须人为地指定,不适合于发现非凸面形状的簇或者大小差别很大的簇。

(2)EM 算法。

EM 算法(expectation-maximization algorithm)是在概率模型中寻找参数最大似然估计或者最大后验估计,其中概率模型依赖于无法观测的隐藏变量。EM 算法经过两个步骤交替进行计算,其中:①计算期望(E),利用对隐藏变量

的现有估计值,计算其最大似然估计值;②最大化(M),最大化求得的最大似然估计值来计算参数的值。

EM 算法的目标函数如下:

$$J_{\mathrm{EM}}=-\sum_{p=1}^{N_p}\log\left(\sum_{k=1}^{K}p(z_p\mid m_k)p(m_k)\right)\tag{6-7}$$

式中:$p(z_p\mid m_k)$是高斯分布基于质心 $m_k$ 产生的 $z_p$ 概率,是 $m_k$ 先验概率。

EM 算法的隶属函数和权重分别为

$$u(m_k\mid z_p)=\frac{p(z_p\mid m_k)p(m_k)}{p(z_p)}\tag{6-8}$$

$$w_{zp}=1\tag{6-9}$$

由此可见,EM 算法隶属函数为软隶属函数,而且其权重为常数。

EM 算法对初始值的选取具有较强的依赖性,直接影响到收敛速度。同时,该算法存在收敛到局部最优的可能性。由于上述特点,EM 算法不适用于数据较多或数据维度较高的场合。

(3)KHM 算法。

KHM 算法(K - harmonic means algorithm)是基于中心的迭代过程,采用所有数据点到每个聚类中心的和平均值的和作为目标函数。KHM 算法的目标函数为

$$J_{\mathrm{KHM}}=\sum_{p=1}^{Np}\frac{K}{\sum_{k=1}^{K}\frac{1}{\|z_p-m_k\|_{\alpha}}}\tag{6-10}$$

式中:$\alpha$ 为模糊指数,是一个用户指定的参数,通常算法 $\alpha\geqslant 2$。

KHM 算法的隶属函数和权重分别为

$$u(m_k\mid z_p)=\frac{\|z_p-m_k\|^{-\alpha-2}}{\sum_{k=1}^{K}\|z_p-m_k\|^{-\alpha-2}}\tag{6-11}$$

$$w_{z_p}=\frac{\sum_{k=1}^{K}\|z_p-m_k\|^{-\alpha-2}}{\left(\sum_{k=1}^{K}\|z_p-m_k\|^{-\alpha}\right)^2}\tag{6-12}$$

与 EM 算法相比,KHM 算法对于初始值的选取依赖性不强,该算法把距离中心点远的数据点赋以高的权重,可让质心能够很好地覆盖整个数据集,因此 KHM 算法适合处理大数据集。

#### 6.1.1.2 层次聚类算法

层次聚类算法是通过将数据组织为若干组并形成一个相应的树来进行聚类分析。根据层次是自下向上还是自上而下形成,层次聚类算法可以分为凝聚

型的层次聚类算法和分裂型的层次聚类算法。

在凝聚型和分裂型的层次聚类算法基础上，又依据计算簇间的距离不同，分为下面的4类方法。

(1)单连接方法(single linkage)。

该方法通过两个不一样的簇之间任意两点之间的最近距离来对两者之间的相似度进行判断，即距离越近，两个簇相似度越大。度量距离可表示为

$$d_{\min}(c_i,c_j)=\min_{p\in c_i,p'\in c_j}|p-p'| \tag{6-13}$$

该方法适用于处理非椭圆类簇，但是对于噪声和孤立点特别敏感，当距离很远的两个类之中出现一个孤立点时，单连接方法很有可能把两类误合并为一类。

(2)全连接方法(comlpete linkage)。

该方法通过两个不一样的簇之间任意两点之间的最远距离来对两者之间的相似度进行判断。度量距离可表示为

$$d_{\max}(c_i,c_j)=\max_{p\in c_i,p'\in c_j}|p-p'| \tag{6-14}$$

该方法面对噪声和孤立点很不敏感，趋向于寻求某一些紧凑的分类。但是，有可能使比较大的簇破裂。

(3)组平均方法(group average linkage)。

该方法通过两簇间距离的平均值来对两者之间的相似度进行判断。度量距离可表示为

$$d_{\text{avg}}(c_i,c_j)=\sum_{p\in c_i}\sum_{p'\in c_j}|p-p'|/n_in_j \tag{6-15}$$

该方法倾向于合并差异小的两个类，聚类结果具有相对的鲁棒性。

(4)平均值方法(centroid linkage)。

该方法计算两簇平均值之间的差距来对两者之间的相似度进行判断。度量距离可表示为

$$d_{\text{mean}}(c_i,c_j)=|m_i-m_j| \tag{6-16}$$

式中：$c_i$，$c_j$ 为两个类；$m_i$，$m_j$ 分别为类 $c_i$ 和类 $c_j$ 的平均值。

层次聚类方法避免了组合优化问题的困难，不用选择初始点，且聚类过程较为简单，但是该方法存在复杂度较高与难以达到全局最优目标的缺点。划分聚类方法的优缺点跟层次聚类方法的优缺点刚刚相反，层次聚类算法的优点是划分聚类方法的缺点，反之亦然。

#### 6.1.1.3 网格聚类算法

网格聚类算法一般采用一个多分辨率的网格数据结构，将空间划分为有限的单元，形成一个网格结构，所有聚类操作都以网格为单位进行，其优点是处理速度快，处理时间独立于数据对象的数目，与数据库中记录个数无关，仅依赖于划分空间中每一维上的单元数目。代表性的算法有 CLIQUE、STING、Wave Cluster 等。

(1)CLIQUE 算法。

CLIQUE 算法是一个高维数据子空间自动聚类算法。CLIQUE 算法引入一个概念：$D_{k-1}$ 表示所有 $k-1$ 维密集单元，它就是 $k$ 维的候选密集单元集。该算法的核心思想是：给定一个多维数据点集，数据点在数据空间中的分布通常是不均匀的。CLIQUE 算法区分空间中的稀疏区域和密集区域，以发现数据集的全局分布模式。如果一个单元格包含的数据对象个数超过了某个阈值，则该单元是密集的，定义簇为相连的密集单元的最大集合。该算法主要包括 3 个步骤：①寻找密集单元格；②将连接的密集单元格合并；③根据最小聚类描述对每个簇进行精确描述。

该算法可以自动发现高维密集子空间，对输入不敏感，无须假设任何范围的数据分布。

(2)STING 算法。

STING 算法(statistical information grid based method)是一种基于网格的多分辨率聚类算法。该算法将空间区域划分为若干矩形单元，不同级别的分辨率存在不同级别的矩形单元格，这些单元格就形成了一个层次结构，每个高层的单元格被进一步划分为多个低层次的单元格。每个单元格的密度很容易从低层单元格计算得到，算法的参数包括计数、平均值、标准偏差、最小值、最大值以及该单元中属性值遵循的分布(distribution)类型。

(3)Wave cluster 算法。

Wave cluster 算法是一种多分辨率的聚类算法，其主要思想是通过在数据空间上强加一个网格结构来汇总数据，然后采用小波变换来变换原有特征空间，在变换后的空间中找到密集区域。

网格聚类算法的复杂度仅与网格划分的数量有关，有利于并行处理和提高效率。缺点是算法没有考虑子单元和其他相邻单元之间的关系，可能导致边界不精确。

#### 6.1.1.4　模型聚类算法

模型聚类算法试图将给定的数据和某些模型相匹配。该算法假设目标数据是由一系列潜在的概率分布所决定的，通过在空间中寻找密度分布函数等模型来实现聚类。模型聚类算法可分为统计学方法和神经网络方法两种。

(1)统计学方法。

概念聚类常采用该方法进行聚类分析，给出一些未标记的对象，进而产生对象的一个分类模式。概念聚类首先进行聚类，然后给出特征描述。概念聚类大多采用统计学的途径，使用概率度量来决定概念或聚类。

(2)神经网络方法。

该方法将每个簇描述成对应的聚类原型标本，这些标本不需要对应特定的数据实例或对象。当采用不同的度量距离时，新的对象可以分配给标本与其相似的簇，被分配给某个簇的对象属性可以根据该簇的标本属性进行预测。神经网络方法有竞争学习方法和自组织特征映射方法（SOM）等。

### 6.1.2 基于 K－means 聚类方法的装备能力指标分类应用

某型装备通用检测系统的维修性指标包括维修可达性（指标 1）、标准化与互换性（指标 2）、检测诊断的方便性与快速性（指标 3）、防差错措施与识别标记（指标 4）、人素工程（指标 5）等 5 个指标，通过邀请该装备领域的 6 名专家组成一个专家组，对上述 5 个指标进行打分，结果如表 6－1 所示。

表 6－1　维修性指标专家打分统计表

| 专家 | 指标 | | | | |
| --- | --- | --- | --- | --- | --- |
| | 1 | 2 | 3 | 4 | 5 |
| 1 | 85 | 73 | 75 | 74 | 65 |
| 2 | 82 | 80 | 76 | 75 | 77 |
| 3 | 80 | 81 | 79 | 77 | 78 |
| 4 | 78 | 78 | 76 | 74 | 82 |
| 5 | 79 | 82 | 77 | 75 | 81 |
| 6 | 80 | 86 | 82 | 80 | 75 |

通过对表 6－1 中的打分数据进行异常值处理与剔除，分析得出上述分数未出现异常值与无效分，同时还可得出各位专家打分结果的偏离度，结果如表 6－2 所示。

表 6－2　专家打分偏离度统计表

| 专家 | 1 | 2 | 3 | 4 | 5 | 6 |
| --- | --- | --- | --- | --- | --- | --- |
| 偏离度 | 5.4 | 0.87 | 1.2 | 2.73 | 1.93 | 3.33 |

从表 6－2 的结果可以看出，6 位专家的打分结果中，专家 1 的打分偏离度较大，专家 6 次之，其余 4 位专家打分较为集中。下面按照 6.1.1.1 节中介绍的方法对上述打分结果进行聚类分析，得出 6 位专家打分的欧氏距离结果如表 6－3 所示。

表 6－3　专家打分的欧氏距离统计表

| 专家 | 专家 | 欧氏距离 |
| --- | --- | --- |
| 3 | 5 | 4.36 |
| 2 | 7 | 4.36 |

（续）

| 专家 | 专家 | 欧氏距离 |
| --- | --- | --- |
| 4 | 8 | 4.47 |
| 6 | 9 | 7.21 |
| 1 | 10 | 14.28 |

从表 6-3 结果可以看出，第 1 次聚类时专家 3 打分值和专家 5 打分值距离最近，可将其合并为 1 个新类 7，再将这个新类与其他 4 个专家打分值再次进行聚类计算，此时新类 7 与专家 2 打分值的距离最近，将专家 2、专家 3 与专家 5 合并为一个新类 8，以此类推继续进行聚类计算，最终合成 1 个类。

从上述结果分析可以看出 6 位专家中，专家 2、专家 3、专家 4、专家 5 打分水平较为接近，可以视为打分结果能够表征该型导弹维修性水平。专家 6 偏离较远、专家 1 偏离最远，这也与表 6-2 中的偏离度结果相符。

## 6.2　灰色聚类分析

在装备试验与训练等现实工程问题中，试验与训练数据一般不提供类别标号，而且数据聚类大多数是基于不完全信息的小样本数据系统，因此利用不确定性理论与方法进行聚类分析，更符合客观实际，也能取得更好的分类效果。灰色聚类可分为灰关联聚类和灰色白化权函数聚类，其中灰关联聚类主要用于同类样本因素的归并，以使复杂系统简化[47,50]。

### 6.2.1　灰关联聚类

#### 6.2.1.1　灰色绝对关联度的定义

设系统行为序列 $X_i=\{x_i(1),x_i(2),\cdots,x_i(n)\}$，记折线 $X_i-x_i(1)$ 的表达式为

$$\{x_1(1)-x_i(1),x_1(2)-x_i(1),\cdots,x_1(n)-x_i(1)\} \tag{6-17}$$

令

$$s_i=\int_1^n (X_i-x_i(1))\,\mathrm{d}t \tag{6-18}$$

当 $X_i$ 变化时，则有：

（1）当 $X_i$ 为增长序列时，$s_i \geqslant 0$。

（2）当 $X_i$ 为衰减序列时，$s_i \leqslant 0$。

（3）当 $X_i$ 为振荡序列时，$s_i$ 符号不定。

设系统行为序列分别为

$$X_i=\{x_i(1),x_i(2),\cdots,x_i(n)\} \tag{6-19}$$

$$X_j=\{x_j(1),x_j(2),\cdots,x_j(n)\} \tag{6-20}$$

始点零化序列分别为

$$\begin{aligned}X_i^0&=\{x_i^0(1),x_i^0(2),\cdots,x_i^0(n)\}\\&=\{x_i(1)-x_i(1),x_i(2)-x_i(1),\cdots,x_i(n)-x_i(1)\}\end{aligned} \tag{6-21}$$

$$\begin{aligned}X_j^0&=\{x_j^0(1),x_j^0(2),\cdots,x_j^0(n)\}\\&=\{x_j(1)-x_j(1),x_j(2)-x_j(1),\cdots,x_j(n)-x_j(1)\}\end{aligned} \tag{6-22}$$

令

$$s_i-s_j=\int_1^n(X_i^0-X_j^0)\,\mathrm{d}t \tag{6-23}$$

当 $X_i^0$ 与 $X_j^0$ 关系变化时，则有：

(1)当 $X_i^0$ 恒在 $X_j^0$ 上方时，$s_i-s_j\geqslant 0$。

(2)当 $X_i^0$ 恒在 $X_j^0$ 下方时，$s_i-s_j\leqslant 0$。

(3)当 $X_i^0$ 与 $X_j^0$ 相交时，$s_i-s_j$ 符号不定。

设序列 $X_0$ 与 $X_i$ 长度相同，$X_0$ 与 $X_i$ 的灰色绝对关联度可表示为

$$\varepsilon_0=\frac{1+|s_i|+|s_0|}{1+|s_i|+|s_0|+|s_i-s_0|} \tag{6-24}$$

这里仅给出长度相同序列的灰色绝对关联度的定义，对于长度不同的序列，可删去较长序列的过长数据或补齐序列的不足数据，使之化成长度相同的序列。

#### 6.2.1.2 灰关联聚类原理

设有 $n$ 个聚类对象，每个聚类对象有 $m$ 个特征数据，得到特征数据序列为

$$\begin{cases}X_1=\{x_1(1),x_1(2),\cdots,x_1(n)\}\\X_2=\{x_2(1),x_2(2),\cdots,x_2(n)\}\\\cdots\\X_m=\{x_m(1),x_m(2),\cdots,x_m(n)\}\end{cases} \tag{6-25}$$

对于所有的 $i\leqslant j(i,j=1,2,3,\cdots,m)$，计算出 $X_i$ 与 $X_j$ 的灰色绝对关联度 $\varepsilon_{ij}$，得到特征变量关联矩阵为

$$\boldsymbol{A}=\begin{bmatrix}\varepsilon_{11}&\varepsilon_{12}&\cdots&\cdots&\cdots&\varepsilon_{1m}\\&\varepsilon_{22}&\cdots&\cdots&\cdots&\varepsilon_{2m}\\&&\ddots&&&\vdots\\&&&\varepsilon_{ij}&&\vdots\\&&&&\ddots&\vdots\\&&&&&\varepsilon_{mm}\end{bmatrix} \tag{6-26}$$

式中：$\varepsilon_{ij}=r(i=j=1,2,\cdots,m)$。取定临界值 $r\in[0,1]$，一般要求 $r>0.5$，若 $\varepsilon_{ij}\geqslant r(i\neq j)$ 则认为 $X_i$ 与 $X_j$ 为同类特征。特征变量 $X_1,X_2,\cdots,X_m$ 在临界值下的分类称为特征变量的 $r$ 灰关联聚类。

临界值 $r$ 可根据实际问题的需要确定，$r$ 越接近于 1，聚类越细，每一组聚类中的变量相对越少；$r$ 越小，聚类越粗，这时每一组聚类中的变量相对越多。

**6.2.1.3　灰关联聚类的可靠性**

对于灰关联聚类，聚类结果的可靠性表现在灰关联度 $\varepsilon_{ij}\geqslant r(i\neq j)$ 的接近程度上。若灰关联度彼此十分接近，就会使聚类结果的可靠性降低；反之，灰关联度的数值差异越大，聚类结果的可靠性越高。

假设 $\varepsilon_{ij}\geqslant r(i\neq j)$ 聚类时某类的聚类对象有 $s$ 个，对其进行重新编号而得到 $\varepsilon_1',\varepsilon_2',\cdots,\varepsilon_s'$，进行归一化处理，即

$$\varepsilon_i=\frac{\varepsilon_i'}{\sum_{j=1}^{s}\varepsilon_j},i=1,2,3,\cdots,s \tag{6-27}$$

处理后得到灰关联聚类向量 $\boldsymbol{\varepsilon}=(\varepsilon_1,\varepsilon_2,\cdots,\varepsilon_s)$，则灰关联聚类向量的熵可表示为

$$I(\boldsymbol{\varepsilon})=-\sum_{i=1}^{s}\varepsilon_i\ln\varepsilon_i \tag{6-28}$$

式(6-28)中的熵值 $I(\boldsymbol{\varepsilon})$ 可以作为灰关联聚类向量内灰关联度接近程度的一种度量，灰关联度越接近，$I(\boldsymbol{\varepsilon})$ 的值就越大。当灰关联聚类向量内灰关联度 $\varepsilon_1=\varepsilon_2=\cdots=\varepsilon_s$ 时，$I(\varepsilon)$ 就取得最大值 $\ln s$。这时聚类结果的漂移性较大，聚类的可靠性最差。

对于 $\varepsilon_{ij}\geqslant r(i\neq j)$ 聚类时的类别 $k$，类内的聚类对象有 $s$ 个，则该类别灰关联聚类的可靠性可表示为

$$P_i=1-\frac{I(\varepsilon_k)}{\ln s} \tag{6-29}$$

显然，当 $I(\varepsilon_k)=0$ 时，该类别聚类结果漂移性最小，结论可靠性最高；当 $I(\varepsilon_k)\to 0$ 时，该类别聚类结果的漂移性较小，结论较为可靠；当 $I(\varepsilon_k)\to\ln s$ 时，该类别聚类结果的漂移性较大，结论可靠性较差；当 $I(\varepsilon_k)=\ln s$ 时，该类别聚类结果的漂移性最大，此时聚类结果可靠性最低。

假设针对 $\varepsilon_{ij}\geqslant r(i\neq j)$ 进行聚类时共有 $n$ 个聚类类别，则某次灰关联聚类的可靠性可表示为

$$P=\sqrt[n]{\prod_{i=1}^{n}P_i} \tag{6-30}$$

综上所述，可以得到试验数据的灰关联聚类流程如图 6-1 所示。

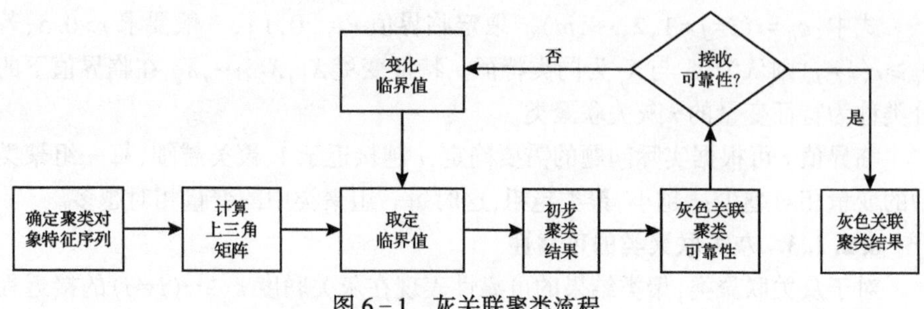


图 6-1　灰关联聚类流程

## 6.2.2　灰色面积变权聚类

### 6.2.2.1　灰色面积变权聚类原理

设有 $N$ 个聚类对象和 $M$ 个聚类指标，$d_{ij}$ 为第 $i$ 个聚类对象对于第 $j$ 个聚类指标的样本，则可得到聚类样本矩阵 $\boldsymbol{D}=(d_{ij})_{N\times M}$。

设第 $j$ 个聚类指标 $k$ 灰类白化权函数 $f_{jk}(\cdot)$ 为图 6-2 所示的典型白化权函数，则称 $x_{jk}(1),x_{jk}(2),x_{jk}(3),x_{jk}(4)$ 为 $f_{jk}(\cdot)$ 的转折点。典型白化权函数记为 $f_{jk}(x_{jk}(1),x_{jk}(2),x_{jk}(3),x_{jk}(4))$。

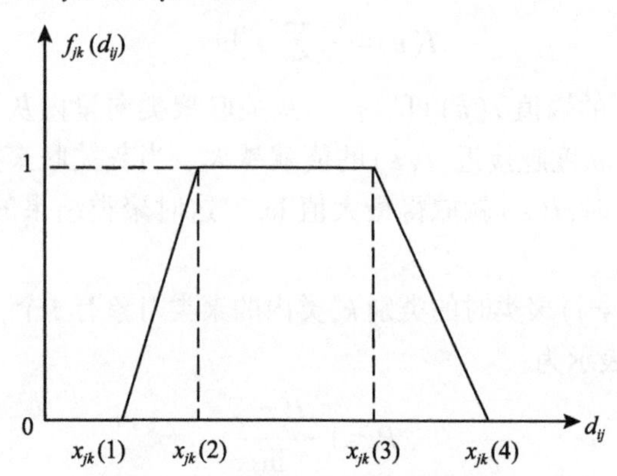


图 6-2　典型白化权函数示意图

对于图 6-2 所示的典型白化权函数，其数学表达式为

$$f_{jk}(\cdot)=\begin{cases}0, & d_{ij}\notin[x_{jk}(1),x_{jk}(4)]\\ \dfrac{d_{ij}-x_{jk}(1)}{x_{jk}(2)-x_{jk}(1)}, & d_{ij}\notin[x_{jk}(1),x_{jk}(2)]\\ 1, & d_{ij}\notin[x_{jk}(2),x_{jk}(3)]\\ \dfrac{x_{jk}(4)-d_{ij}}{x_{jk}(4)-x_{jk}(3)}, & d_{ij}\notin[x_{jk}(3),x_{jk}(4)]\end{cases}\tag{6-31}$$

图6－2中，若白化权函数$f_{jk}(\cdot)$无转折点$x_{jk}(1)$、$x_{jk}(2)$，则白化权函数是下类白化权函数；若转折点$x_{jk}(2)$、$x_{jk}(3)$重合，则白化权函数是中类白化权函数；若无转折点$x_{jk}(3)$、$x_{jk}(4)$，则白化权函数是上类白化权函数。

第$j$个聚类指标$k$灰类的白化权函数$f_{jk}(\cdot)$的覆盖面积与转折点的综合作用为第$j$个聚类指标$k$灰类临界值$\lambda_{jk}$。对于图6－2所示的白化权函数$f_{jk}(\cdot)$，有

$$\begin{aligned}\lambda_{jk}&=\frac{1}{2}(x_{jk}(4)+x_{jk}(3)-x_{jk}(1)-x_{jk}(2))\cdot\frac{1}{2}(x_{jk}(2)+x_{jk}(3))\\&=\frac{1}{4}(x_{jk}(4)+x_{jk}(3)-x_{jk}(1)-x_{jk}(2))\cdot(x_{jk}(2)+x_{jk}(3))\end{aligned}\tag{6-32}$$

若转折点$x_{jk}(2)$，$x_{jk}(3)$重合，则有

$$\lambda_{jk}=\frac{1}{2}(x_{jk}(4)-x_{jk}(1))\cdot x_{jk}(2)\tag{6-33}$$

设$\lambda_{jk}$为第$j$个聚类指标$k$灰类临界值，则第$j$个聚类指标$k$灰类的面积权为

$$\eta_{jk}=\frac{\lambda_{jk}}{\sum_{j=1}^{m}\lambda_{jk}}\tag{6-34}$$

令$F$为映射，有$S$个聚类灰类。$\mathrm{OP}f_{jk}(d_{ij})$为样本$d_{ij}$用第$j(1\leqslant i\leqslant N,1\leqslant j\leqslant M)$个聚类指标的$k(1\leqslant k\leqslant S)$灰类量所作的运算，$f_{jk}$为第$j$个聚类指标的$k$灰类的白化权函数，若有

$$F:\mathrm{OP}f_{jk}(d_{ij})\to\sigma_{ik}\in[0,1],\sigma_i=(\sigma_{i1},\sigma_{i2},\cdots,\sigma_{iS})\tag{6-35}$$

则称$F$为灰色聚类，其中$\sigma_{ik}$为灰色聚类的权。

设$f_{jk}(d_{ij})$为第$j$个聚类指标对于$k$灰类的白化权函数，$\eta_{jk}$为第$j$个聚类指标$k$灰类的权，$\sigma_{ik}$为灰色聚类权，$\boldsymbol{\sigma}_i$为$\sigma_{ik}$的向量，若有

$$\begin{aligned}\boldsymbol{\sigma}_i&=(\sigma_{i1},\sigma_{i2},\cdots,\sigma_{iS})\\&=\left(\sum_{j=1}^{M}f_{j1}(d_{ij})\cdot\eta_{j1},\sum_{j=1}^{M}f_{j2}(d_{ij})\cdot\eta_{j2},\cdots,\sum_{j=1}^{M}f_{jS}(d_{ij})\cdot\eta_{jS}\right)\end{aligned}\tag{6-36}$$

则称样本$d_{ij}$为$\boldsymbol{\sigma}_i$的灰色聚类。设$\max\limits_{1\leqslant k\leqslant s}\{\sigma_{ik}\}=\sigma_{ik^*}$，则称被聚类单元属于灰类$k^*$。

类似于灰关联聚类问题可靠性的分析，灰色面积变权聚类结果的可靠性表现在诸聚类系数$\sigma_{ik}$的接近程度上，各聚类系数的数值差异越大，聚类结果的可靠性越高；反之，若各分量取值越趋接近，聚类结果的可靠性就越差。

上述聚类对象 $i$ 经过归一化处理后的聚类向量表示为

$$\boldsymbol{\sigma}_i=(\sigma_{i1},\sigma_{i2},\cdots,\sigma_{iS}) \tag{6-37}$$

则灰色变权聚类向量 $\boldsymbol{\sigma}_i$ 的熵可表示为

$$I(\boldsymbol{\sigma}_i)=-\sum_{k=1}^{s}\sigma_{ik}\text{In}\sigma_{ik} \tag{6-38}$$

式中：$\boldsymbol{\sigma}_i$ 的各分量的取值越趋于平衡，$I(\boldsymbol{\sigma}_i)$ 的值越大。

当 $I(\sigma_i)=0$ 时，待聚类对象 $i$ 的灰色变权聚类结果漂移性最小，聚类结论可靠性最高。当 $I(\sigma_i)\to 0$ 时，灰色变权聚类结果的漂移性较小，聚类结论较为可靠。当 $I(\sigma_i)\to \text{In}s$ 时，灰色变权聚类结果的漂移性较大，聚类结论可靠性较差。当 $I(\sigma_i)=\text{In}s$ 时，灰色变权聚类结果的漂移性最大，此时聚类结论可靠性最低。

对于待聚类对象 $i$，该对象灰色变权聚类的可靠性可表示为

$$P_i=1-\frac{I(\boldsymbol{\sigma}_i)}{s} \tag{6-39}$$

设有 $n$ 个待聚类目标使用灰色聚类方法进行聚类分析，则某次灰色聚类的可靠性可表示为

$$P=\sqrt[n]{\prod_{i=1}^{n}P_i}=\sqrt[n]{\prod_{i=1}^{n}\left(1-\frac{I(\sigma_i)}{s}\right)} \tag{6-40}$$

#### 6.2.2.2 灰色面积变权聚类流程

灰色面积变权聚类适用于指标的意义、量纲皆相同的情形。当聚类指标的意义、量纲不同且不同指标的观测值在数量上悬殊较大时，则不宜直接采用该聚类指标，需对初始数据先进行无量纲化和归一化等处理。

另外，当灰色变权聚类的可靠性较低时，必须对所给的灰类进行调整，通过相应的白化权函数的调整以提高聚类结论的可靠性。灰色面积变权聚类流程如图 6-3 所示。

如图 6-3 所示，灰色面积变权聚类步骤如下：

(1)根据被聚类对象的指标值，确定聚类样本矩阵 $\boldsymbol{D}=(d_{ij})_{w\times m}$。

(2)根据装备实际聚类问题背景，确定若干个聚类灰类。

(3)给出第 $j$ 个聚类指标 $k$ 灰类的白化权函数 $f_{jk}(\cdot)$ 及面积临界值 $\lambda_{jk}$。

(4)计算第 $j$ 个聚类指标 $k$ 灰类的面积权 $\eta_{jk}$。

(5)根据白化权函数 $f_{jk}(\cdot)$、聚类权 $\eta_{jk}$ 以及样本值 $d_{ij}$，计算灰色面积变权聚类系数 $\sigma_{ik}$。

(6)对聚类系数 $\sigma_{ik}$ 进行归一化处理，建立聚类对象 $i$ 的单位化聚类系数向量 $\boldsymbol{\sigma}_i=(\sigma_{i1},\sigma_{i2},\cdots,\sigma_{iS})$，计算其聚类可靠性。

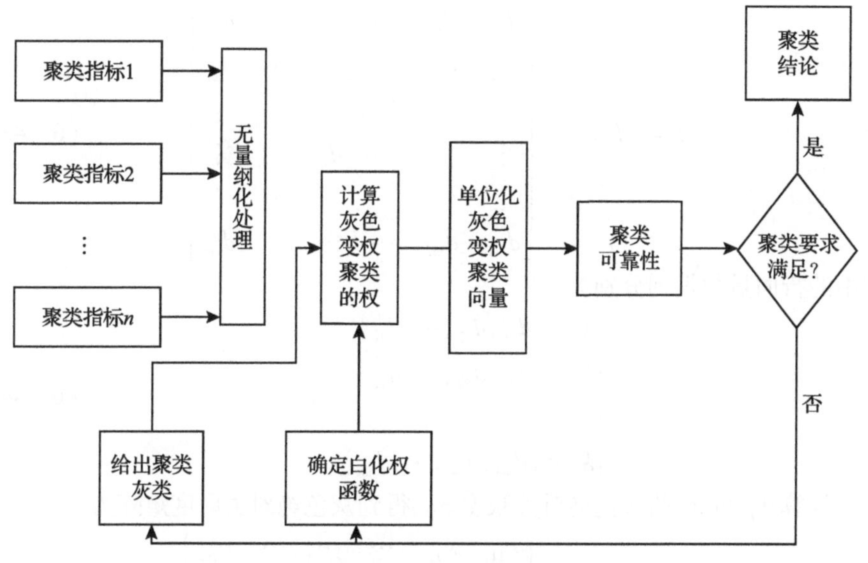


图 6-3　灰色面积变权聚类流程

(7)若聚类可靠性符合实际问题要求,则由聚类系数向量得到 $\max\limits_{1\leqslant k\leqslant s}\{\sigma_{ik}\}=\sigma_{ik^*}$,判定被聚类对象 $i$ 属于灰类 $k^*$,否则返回步骤(2)或步骤(3)。

### 6.2.3　灰关联熵权聚类

装备试验过程中,当试验数据的意义、量纲不同且不同指标的观测值在数量上悬殊较大时,则不宜采用 6.2.2 节所述的灰色变权聚类方法,宜采用灰色定权聚类方法。该方法对各聚类指标预先赋以权重,因此,该权重应该和聚类对象自身的样本数据有关。

#### 6.2.3.1　灰关联熵权聚类原理

设 $d_{ij}$ 为被聚类对象 $i$ 关于指标 $j$ 的试验观测值,$f_{jk}(d_{ij})$ 为指标 $j$ 关于灰类 $k$ 的白化权函数,若指标 $j$ 关于灰类 $k$ 的权 $\eta_{jk}$ 与 $k$ 无关,即 $\eta_{jk}=\eta_j$,则被聚类对象 $i$ 属于灰类 $k$ 的灰色定权聚类系数为

$$\sigma_{ik}=\sum_{i=1}^{m}f_{jk}(d_{ij})\cdot\eta_{jk}\tag{6-41}$$

特别地,若所有指标的相对重要性一致,权重相等,即 $\eta_j=1/m$,则被聚类对象 $i$ 属于灰类 $k$ 得到灰色等权聚类系数为

$$\sigma_{ik}=\sum_{i=1}^{m}f_{jk}(d_{ij})\cdot\eta_{jk}=\frac{1}{m}\sum_{i=1}^{m}f_{jk}(d_{ij})\tag{6-42}$$

将聚类对象样本数据转换成行向量为指标数据的样本矩阵,有

$$\boldsymbol{D}=(d_{ij})_{m\times n}=\begin{bmatrix} d_{11} & d_{12} & \cdots & \cdots & \cdots & d_{1n} \\ d_{21} & d_{22} & \cdots & \cdots & \cdots & d_{2n} \\ \vdots & & \ddots & & & \vdots \\ \vdots & & & d_{ij} & & \vdots \\ \vdots & & & & \ddots & \vdots \\ d_{m1} & d_{m2} & \cdots & \cdots & \cdots & d_{mn} \end{bmatrix} \tag{6-43}$$

其中的行向量数据列分别为

$$\begin{cases} X_1=\{d_{11},d_{12},\cdots,d_{1n}\} \\ X_2=\{d_{21},d_{22},\cdots,d_{2n}\} \\ \cdots \\ X_m=\{d_{m1},d_{m2},\cdots,d_{mn}\} \end{cases} \tag{6-44}$$

计算 $X_h$ 与 $X_l$ 的灰色绝对关联度 $\varepsilon_{hl}$,得到灰色绝对关联度矩阵为

$$\boldsymbol{A}=(\varepsilon_{ij})_{m\times m}=\begin{bmatrix} \varepsilon_{11} & \varepsilon_{12} & \cdots & \cdots & \cdots & \varepsilon_{1m} \\ \vdots & \varepsilon_{22} & \cdots & \cdots & \cdots & \varepsilon_{2m} \\ \vdots & & \ddots & & & \vdots \\ \vdots & & & \varepsilon_{ij} & & \vdots \\ \vdots & & & & \ddots & \vdots \\ \varepsilon_{m1} & \varepsilon_{m2} & \cdots & \cdots & \cdots & \varepsilon_{mm} \end{bmatrix} \tag{6-45}$$

可以求得指标 $j$ 的灰色绝对关联熵为

$$I_j=-\sum_{i=1}^{m}\varepsilon_{ji}\text{In}\varepsilon_{ji} \tag{6-46}$$

从而可以求得指标 $j$ 的灰关联熵权为

$$\eta_j=\frac{I_j}{\sum_{i=1}^{m}I_i} \tag{6-47}$$

灰关联熵权聚类结果的可靠性分析方法与6.2.2节所述的灰色面积变权聚类可靠性分析的方法类似,在此不作赘述。

#### 6.2.3.2 灰关联熵权聚类流程

当灰关联熵权聚类的可靠性较低时,必须通过调整白化权函数来提高聚类结论的可靠性。灰关联熵权聚类的流程如图6-4所示:

从图6-4中可以看出,灰关联熵权聚类的具体步骤如下:

(1)根据被聚类对象的指标值,确定聚类样本矩阵 $\boldsymbol{D}=(d_{ij})_{n\times m}$。

(2)将聚类对象样本数据转换成行向量为指标数据的样本矩阵 $\boldsymbol{D}=(d_{ij})_{m\times n}$。

(3)根据行向量指标数据列求灰色绝对关联度矩阵,计算每个指标的灰关联熵,从而确定每个指标的灰关联熵权。

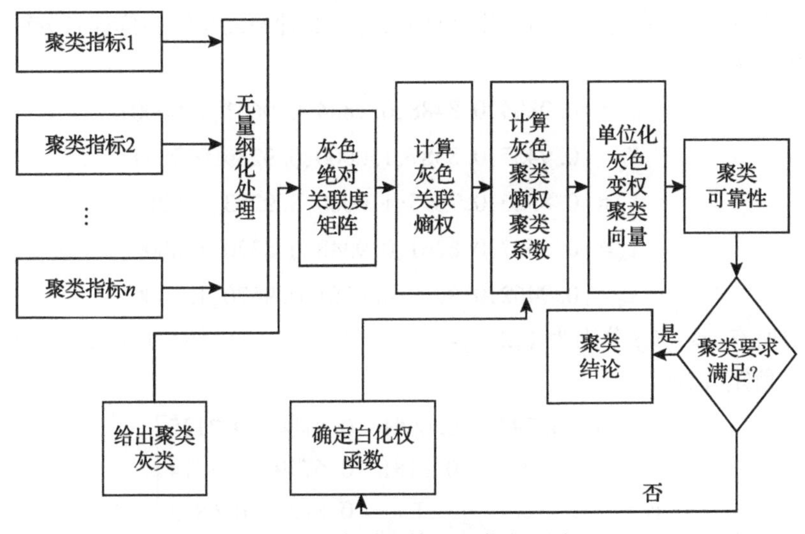


图6-4　灰关联熵权聚类流程图

(4)根据电子装备试验中实际聚类问题背景,确定若干个聚类灰类,并给出第$j$个聚类指标$k$灰类的白化权函数$f_{jk}(\cdot)$。

(5)根据白化权函数$f_{jk}(\cdot)$、灰关联熵权$\eta_j$以及样本值$d_{ij}$,计算灰关联熵权系数$\sigma_{ik}$。

(6)对聚类系数$\sigma_{ik}$进行归一化处理,建立聚类对象$i$的单位化聚类系数向量$\sigma_i=(\sigma_{i1},\sigma_{i2},\cdots,\sigma_{iS})$,计算其聚类可靠性。

(7)若聚类可靠性符合实际问题要求,则由聚类系数向量得到$\max\limits_{1\leqslant k\leqslant s}\{\sigma_{ik}\}=\sigma_{ik^*}$,判定被聚类对象$i$属于灰类$k^*$,否则返回步骤(4)。

### 6.2.4　灰色聚类评估应用

本节基于灰关联聚类方法对5种装备通用检测系统的维修性最终打分结果进行归类问题研究。具体维修性指标选取情况详见6.1.2节。5种装备维修性指标打分结果如表6-4所列。

表6-4　检测系统维修性打分结果

| 装备 | 指标1 | 指标2 | 指标3 | 指标4 | 指标5 |
|---|---|---|---|---|---|
| Ⅰ | 85 | 73 | 85 | 83 | 86 |
| Ⅱ | 87 | 79 | 92 | 85 | 91 |
| Ⅲ | 81 | 75 | 89 | 88 | 89 |
| Ⅳ | 79 | 76 | 86 | 77 | 92 |
| Ⅴ | 88 | 81 | 91 | 89 | 93 |

将表6-4中数据经过归一化处理后,得到5种检测系统维修性打分结果的特征数据为

$$X_1=\{0.9884,0.8488,0.9884,0.9651,1.0000\}$$
$$X_2=\{0.9457,0.8587,1.0000,0.9239,0.9891\}$$
$$X_3=\{0.8526,0.7895,1.0000,0.9263,0.9368\}$$
$$X_4=\{0.8587,0.8261,0.9348,0.8370,1.0000\}$$
$$X_5=\{0.9462,0.8710,0.9785,0.9570,1.0000\}$$

对所有 $i\leqslant j$($i,j$ 分别为1,2,3,4,5),计算出 $X_i$ 与 $X_j$ 的灰色绝对关联度,得到上三角矩阵为

$$\psi=\begin{bmatrix}1 & 0.7971 & 0.6651 & 0.8184 & 0.7135\\ & 1 & 0.8181 & 0.6779 & 0.8274\\ & & 1 & 0.8221 & 0.6839\\ & & & 1 & 0.8441\\ & & & & 1\end{bmatrix}$$

若令 $\gamma=0.83$,挑出大于0.83的 $\varepsilon_{ij}$,则有

$$\varepsilon_{4,5}=0.8441$$

可以知道,按照上述5个检测系统维修性打分结果,检测系统Ⅳ和检测系统Ⅴ在同一类中,检测系统Ⅰ、检测系统Ⅱ和检测系统Ⅲ自成一类。根据这个结果,在类似的具体任务装备选择中,检测系统Ⅳ和检测系统Ⅴ可以等效使用。

此时有聚类类别可靠性为

$$P_1=1-\frac{-0.8441\ln 0.8441}{\ln 2}=0.7935$$

$$P_2=1$$

则有聚类可靠性为

$$P=\sqrt{P_1\times P_2}=0.8908$$

若令 $\gamma=0.825$,挑出大于0.825的 $\varepsilon_{ij}$,则有

$$\varepsilon_{2,5}=0.8274,\varepsilon_{4,5}=0.8441$$

于是按照上述5个检测系统维修性打分结果,检测系统Ⅱ和检测系统Ⅴ在同一类中,检测系统Ⅳ和检测系统Ⅴ在同一类中。此时根据这个结果,在类似的具体任务装备选择中,检测系统Ⅱ、检测系统Ⅳ和检测系统Ⅴ可以分别等效使用。

此时有聚类类别可靠性为

$$P_1=1-\frac{-0.8274\ln 0.8274}{\ln 2}=0.7701$$

$$P_2=1-\frac{-0.8274\ln 0.8274+0.8441\ln 0.8441}{\ln 2}=0.5631$$

则有聚类可靠性为

$$P=\sqrt{P_1\times P_2}=0.6585$$

从上述的分析结果可以看出，当临界值选取越高时，聚类粒度更细，同时得出的聚类可靠性也越高。

## 6.3　谱聚类分析

谱聚类算法是一种基于图论的聚类算法，该算法可构造一个无向加权图，将每个数据对应于图中的一个节点，数据间相似度对应于图中的边权值，然后将该无向加权图划分为多个子图，使得子图内部节点相似而子图间节点相异，从而达到聚类的目的。谱聚类算法能对任意形状的数据集进行聚类，并且算法复杂度与数据维数无关，能够避免数据维数过高而导致的维数灾难，相对传统聚类算法具有明显优势。

### 6.3.1　谱聚类图的构造

定义无向加权图 $G=(V,E)$，其中，$V=\{v_1,v_2,\cdots,v_n\}$ 为 $G$ 的节点集，$E=\{e_1,e_2,\cdots,e_m\}$ 为边集。对于给定的样本点 $\boldsymbol{x}_i(i=1,2,\cdots,n)$，$\boldsymbol{x}_i$ 对应于图 $G$ 的节点 $v_i$，对连接 $v_i$ 和 $v_j$ 的边赋予权值 $\boldsymbol{w}_{ij}$，用于度量两节点的相似度，则称 $\boldsymbol{W}=\{w_{ij}\}$ 为相似度矩阵。相似度矩阵的构造方法主要包括全连通法、$\varepsilon$-邻域法和$k$-近邻法。

(1)全连通法是将任意两个数据点间用边相连，并将所有的边权值都设为两数据点之间的相似度，度量数据点间相似度的函数本身需要体现两数据点的邻居性。常用的相似度函数为

$$w_{ij}=\exp\left(-\frac{\|\boldsymbol{x}_i-\boldsymbol{x}_j\|^2}{2\sigma^2}\right)$$

式中，参数 $\sigma$ 为核带宽，它控制了邻域的宽度。核带宽 $\sigma$ 的选取对最终聚类结果有重要影响，人工选取不当的核带宽会导致聚类效果不佳，通常采用自适应调节核带宽，即

$$w_{ij}=\exp\left(-\frac{\|\boldsymbol{x}_i-\boldsymbol{x}_j\|^2}{2\sigma_i\sigma_j}\right)$$

$$\sigma_j=\|\boldsymbol{x}_i-\boldsymbol{x}_{ip}\|$$

式中：$\boldsymbol{x}_{ip}$ 为 $\boldsymbol{x}_i$ 的第 $p$ 个近邻点。

(2)$\varepsilon$-邻域法构造的相似度矩阵是将所有数据点间两两距离小于 $\varepsilon$ 的数据点连接起来，这种方法只考虑了一种尺度 $\varepsilon$，两点间的相似度并未充分反映出

来，其通常建立的是无边权值的图。

(3) $k$-近邻法在数据 $\boldsymbol{x}_j$ 是 $\boldsymbol{x}_i$ 的前 $k$ 个近邻点时，连接 $v_j$ 到 $v_i$，由此方法构建的是有向图，对应的相似矩阵不是对称的。有两种方法可以使相似矩阵为对称矩阵：第一种方法是完全忽略该图中边的方向，当 $\boldsymbol{x}_j$ 是 $\boldsymbol{x}_i$ 的 $k$ 近邻或者 $\boldsymbol{x}_i$ 是 $\boldsymbol{x}_j$ 的 $k$ 近邻时，将 $v_i$ 和 $v_j$ 连接起来；第二种方法是数据点 $\boldsymbol{x}_j$ 是 $\boldsymbol{x}_i$ 的 $k$ 近邻且 $\boldsymbol{x}_i$ 是 $\boldsymbol{x}_j$ 的 $k$ 近邻才将两点相连接。这两种方法建立的图的边权值都为两连接点间的相似度。

### 6.3.2 谱聚类原理

建立谱聚类图以后，便将聚类问题转化为对谱聚类图的最优划分问题，即将谱聚类图划分为 $k$ 个子图，使不同子图间的相似度最小，同一子图内节点的相似度最大，划分准则的选取将直接影响最终的聚类结果。常用的划分准则有最小割准则、比例割准则和规范割准则。

子图 $A$ 和 $B$ 的割定义为

$$\mathrm{cut}(A,B)=\sum_{v_i\in A,v_j\in B} w_{ij}$$

将图 $G$ 划分多个子图 $V=\bigcup_{i=1}^{k}A_i$ 时，割定义为

$$\mathrm{cut}(A_1,A_2,\cdots,A_k)=\sum_{i=1}^{k}\mathrm{cut}(A_i,\overline{A}_i)$$

式中：$\overline{A}_i$ 为 $A_i$ 补集。

最小割准则是通过求解图 $G$ 的分化，使割最小，目标函数为

$$\min\ \mathrm{cut}(A_1,A_2,\cdots,A_k)=\min\sum_{i=1}^{k}\mathrm{cut}(A_i,\overline{A}_i)$$

最小割准则只考虑了外部连接而没有考虑类内节点数量，划分结果容易产生歪斜现象。

比例割准则的目标函数为

$$\min\ \mathrm{Rcut}(A_1,A_2,\cdots,A_k)=\min\sum_{i=1}^{k}\frac{\mathrm{cut}(A_i,\overline{A}_i)}{|A_i|}$$

式中：$|A_i|$ 为 $A_i$ 中的节点数。

规范割准则的目标函数为

$$\min\ \mathrm{Ncut}(A_1,A_2,\cdots,A_k)=\min\sum_{i=1}^{k}\frac{\mathrm{cut}(A_i,\overline{A}_i)}{\mathrm{vol}(A_i)}$$

$$\mathrm{vol}(A_i)=\sum_{v_j\in A_i}$$

式中：$d_j$ 为节点 $v_j$ 的度，定义为

$$d_j = \sum_{i=1}^{n} = w_{ji}$$

最小比例割和规范割的求解问题为NP问题,一般依托于拉普拉斯矩阵的相关性质进行近似求解,下面首先给出拉普拉斯矩阵的定义及性质。

拉普拉斯矩阵定义为:

$$\boldsymbol{L} = \boldsymbol{D} - \boldsymbol{W}$$

式中:$\boldsymbol{D} = \mathrm{diag}(d_1, d_2, \cdots, d_n)$。

拉普拉斯矩阵$\boldsymbol{L}$具有如下性质:

(1)对任意向量$\boldsymbol{f} = (f_1, f_2, \cdots, f_n)^{\mathrm{T}}$,有

$$\boldsymbol{f}^{\mathrm{T}} \boldsymbol{L} \boldsymbol{f} = \frac{1}{2} \sum_{i,j=1}^{n} w_{ij} (f_i - f_j)^2$$

(2)$\boldsymbol{L}$是对称的,并且是半正定的。

(3)$\boldsymbol{L}$的最小特征值为0,且所对应的特征向量为$\mathbf{1}$。

(4)$\boldsymbol{L}$有$n$个非负的实数特征值:$0 = \lambda_1 \leqslant \lambda_2 \leqslant \cdots \leqslant \lambda_n$。

对于最小比例割问题的求解,定义$k$个指示向量$\boldsymbol{h}_i (i = 1, 2, \cdots, k)$,有

$$\boldsymbol{h}_i = (h_{i1}, h_{i2}, \cdots, h_{in})^{\mathrm{T}}$$

$$h_{ij} = \begin{cases} \dfrac{1}{\sqrt{|A_i|}}, & v_j \in A_i \\ 0, & v_j \notin A_i \end{cases} \tag{6-48}$$

根据拉普拉斯矩阵的性质(1),有

$$\begin{aligned} \boldsymbol{h}_i^{\mathrm{T}} \boldsymbol{L} \boldsymbol{h}_i &= \frac{1}{2} \sum_{p,q=1}^{n} w_{pq} (h_{ip} - h_{iq})^2 \\ &= \frac{\mathrm{cut}(A_i, \overline{A}_i)}{|A_i|} \end{aligned}$$

令$\boldsymbol{H} = (\boldsymbol{h}_1, \boldsymbol{h}_2, \cdots, \boldsymbol{h}_k)$,则有

$$\mathrm{Rcut}(A_1, A_2, \cdots, A_k) = \mathrm{tr}(\boldsymbol{H}^{\mathrm{T}} \boldsymbol{L} \boldsymbol{H})$$

由指示向量定义式(6-48)易知,$\boldsymbol{H}^{\mathrm{T}} \boldsymbol{H} = \boldsymbol{I}$,于是,最小比例割问题等价为如下优化问题,即

$$\begin{gathered} \min_{A_1, A_2, \cdots, A_k} \mathrm{tr}(\boldsymbol{H}^{\mathrm{T}} \boldsymbol{L} \boldsymbol{H}) \\ \mathrm{s.t.}\ \boldsymbol{H}^{\mathrm{T}} \boldsymbol{H} = \boldsymbol{I} \end{gathered} \tag{6-49}$$

上述优化问题仍为NP问题,考虑将$\boldsymbol{h}_i$的离散解松弛到连续实数集,得到原问题的近似解,即将优化问题式(6-49)转化为

$$\begin{gathered} \min_{\boldsymbol{H} \in \mathbf{R}^{n \times k}} \mathrm{tr}(\boldsymbol{H}^{\mathrm{T}} \boldsymbol{L} \boldsymbol{H}) \\ \mathrm{s.t.}\ \boldsymbol{H}^{\mathrm{T}} \boldsymbol{H} = \boldsymbol{I} \end{gathered} \tag{6-50}$$

设 $\boldsymbol{L}$ 的前 $k$ 个最小特征值 $\lambda_1 \leqslant \lambda_2 \leqslant \cdots \leqslant \lambda_k$ 对应的特征向量为 $\boldsymbol{l}_1, \boldsymbol{l}_2, \cdots, \boldsymbol{l}_k$，即 $\boldsymbol{L}\boldsymbol{l}_i = \lambda_1 \boldsymbol{l}_1 (i=1,2,\cdots,k)$。根据瑞利原理，优化问题式(6－50)的解为 $\boldsymbol{H}=(\boldsymbol{l}_1, \boldsymbol{l}_2, \cdots, \boldsymbol{l}_k)$。获得 $\boldsymbol{H}$ 矩阵后，将 $\boldsymbol{H}$ 的每一行向量当作数据点采用 K－means 算法进行聚类，将获得的类标签作为对应原始数据点的类标签，从而实现原始数据的分类。

对于最小规范割问题的求解，同样需要定义指示向量 $\boldsymbol{h}_i (i=1,2,\cdots,k)$，$\boldsymbol{h}_i = (h_{i1}, h_{i2}, \cdots, h_{in})^{\mathrm{T}}$，$h_{ij}$ 定义为

$$h_{ij} = \begin{cases} \dfrac{1}{\sqrt{\mathrm{vol}(A_i)}}, & v_j \in A_i \\ 0, & v_j \notin A_i \end{cases}$$

对于规范割，同样有

$$\mathrm{Ncut}(A_1, A_2, \cdots, A_k) = \mathrm{tr}(\boldsymbol{H}^{\mathrm{T}} \boldsymbol{L} \boldsymbol{H})$$

但 $\boldsymbol{H}$ 满足 $\boldsymbol{H}^{\mathrm{T}} \boldsymbol{D} \boldsymbol{H} = \boldsymbol{I}$，于是，最小规范割问题近似为如下优化问题，即

$$\begin{gathered} \min_{\boldsymbol{H} \in \boldsymbol{R}^{n \times k}} \mathrm{tr}(\boldsymbol{H}^{\mathrm{T}} \boldsymbol{L} \boldsymbol{H}) \\ \mathrm{s.t.}\ \boldsymbol{H}^{\mathrm{T}} \boldsymbol{D} \boldsymbol{H} = \boldsymbol{I} \end{gathered} \tag{6-51}$$

与优化问题式(6－50)类似，优化问题式(6－51)的最优解 $\boldsymbol{H}$ 是由正则化的拉普拉斯矩阵 $\tilde{\boldsymbol{L}} = \boldsymbol{D}^{-1} \boldsymbol{L}$ 的前 $k$ 个最小特征值对应的特征向量组成，获得 $\boldsymbol{H}$ 矩阵后，同样对 $\boldsymbol{H}$ 的行向量采用 K－means 算法进行聚类，实现原始数据点的分类。

### 6.3.3 遥测振动信号的谱聚类

对某型号导弹飞行试验的遥测振动信号数据进行谱聚类分析，诊断故障信号。首先提取 12 发导弹遥测振动信号在频域、时域、时频域、小波域和能量域上的 72 个特征，获得 153 个特征数据，如表 6－5 所列。

表 6－5　遥测振动信号的特征数据

| 数据序号 | 频率偏峰度 | 频率裕度 | 频率中心 | 频率标准差 | 频率均值 | 频率谱峭度 | … |
|---|---|---|---|---|---|---|---|
| 1 | 0.61303 | −1.63214 | −0.43198 | −0.14574 | −1.20794 | −0.08178 | … |
| 2 | 0.58982 | −1.64342 | −0.41930 | −0.11230 | −1.14187 | −0.03589 | … |
| 3 | 0.58448 | −1.64699 | −0.41685 | −0.09446 | −1.17333 | −0.04353 | … |
| 4 | 0.58779 | −1.64574 | −0.41832 | −0.09923 | −1.16633 | −0.04489 | … |
| 5 | 0.61876 | −1.62796 | −0.43277 | −0.13865 | −1.18713 | −0.07512 | … |
| ⋮ | ⋮ | ⋮ | ⋮ | ⋮ | ⋮ | ⋮ | ⋮ |
| 153 | 0.21273 | −1.71739 | −0.41942 | −0.11681 | −1.13467 | −0.08486 | … |

采用 $k$-近邻法生成谱聚类图，近邻数取为15，利用高斯核带宽自适应选取方法确定相似度函数的核带宽，前三维特征的谱聚类图如图6-5所示。设置聚类数 $k=4$，利用基于最小比例割准则的谱聚类方法对特征数据进行聚类，得到的聚类结果（前三维特征）如图6-6所示。可见，谱聚类法将遥测振动信号划分为4类，聚类效果较好，其中1类为正常信号，3类为故障信号，与信号的实际故障情况符合性较好。

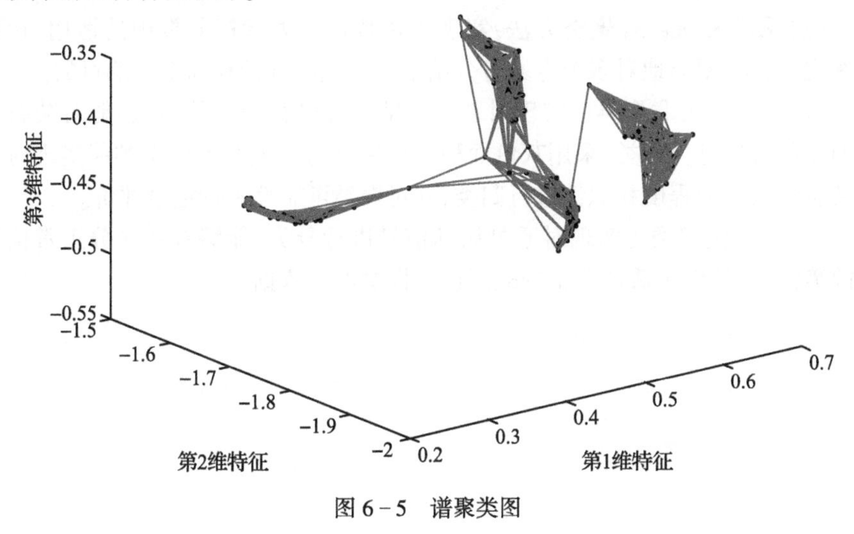


图6-5 谱聚类图

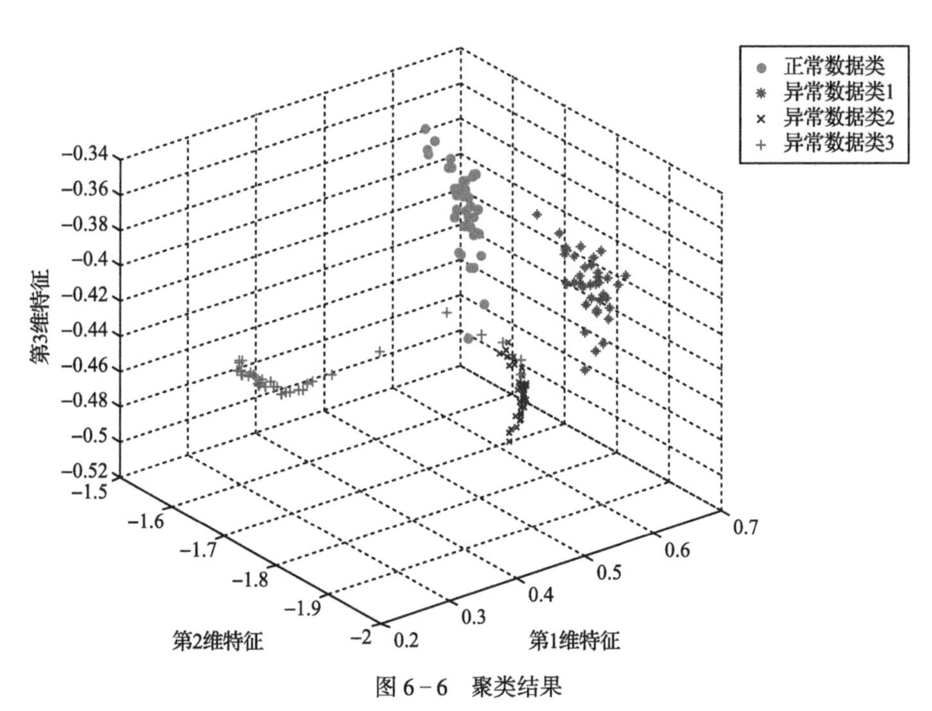


图6-6 聚类结果

## 6.4 本章小结

本章对传统聚类方法、灰色聚类方法和谱聚类的原理进行了灰色聚类方法的原理进行了详细阐述，并利用装备实际使用数据对上述方法进行了案例分析，主要研究内容如下：

(1)采用 K-means 聚类方法，实现了在装备能力指标分类中的运用，达到了客观、公正、便捷地对多个专家打分结果进行偏离度计算和聚类的目的。

(2)采用灰关联聚类可实现对装备评估指标进行归类约减，还能对装备某方面使用效果进行归类，采用灰色面积变权聚类与灰关联熵权聚类能实现对多类装备作战模拟程度相似性进行归类，并对聚类可靠性进行定量评价。

(3)采用谱聚类可实现对遥测振动信号进行分类，能够有效区分正常信号和故障信号，从而为武器装备的故障诊断提供参考依据。

# 第7章　预测分析

预测学是在人类社会生产力和科学技术日益发展的基础上应运而生的,属于交叉学科,与其他学科有着密切的联系。预测分析法大约有130种,一般可分为定性预测法、数学模型法、模拟模型法三大类。在实际预测分析工作中,既可以根据实际情况选择合适恰当的方法,也可以同时运用诸种方法,以相互印证预测的结果[51]。

预测分析是一种统计或数据挖掘解决方案,在结构化和非结构化数据中使用以确定未来结果的算法和技术。目前,预测分析已广泛应用于各行各业,例如:帮助电信运营商更深入地了解客户;帮助制造业高效维护运营并更好地控制成本;帮助制造商最大限度地减少非计划性维护的停机时间,真正消除不必要的维护;利用先进的分析技术营造安全的公共环境。预测分析的实质是根据事物的过去和现在估计未来,根据已知预测未知,减少对未来事物认识的不确定性。

本章主要介绍预测分析的数学模型法,包括回归分析、灰色建模预测及高斯回归过程;重点介绍这些方法的基本概念、方法步骤和常见的算法,并给出相应的应用示例。

## 7.1　回归分析

### 7.1.1　一元线性回归

1. 一元线性回归模型

一元线性回归的数据结构式为

$$y_i=b_0+b_1x_i+\varepsilon_i, i=1,2,\cdots,N \tag{7-1}$$

式中:$x_i$ 为一般变量,为非随机变量,其值是可以精确测量和严格控制的;$b_0,b_1$ 为未知参数,是需要估计的参数;$\varepsilon_i$ 为随机误差,通常假定它们是一组相互独立、并服从于均值为0、方差为 $\sigma^2$ 的正态分布,即 $\varepsilon_i \sim N(0,\sigma^2)$。

由数据 $(x_i,y_i)$,可以获得 $b_0$ 和 $b_1$ 的估计 $\hat{b}_0$ 与 $\hat{b}_1$。$y$ 关于 $x$ 的经验回归函数为

$$\hat{y}=\hat{b}_0+\hat{b}_1x \tag{7-2}$$

式(7－2)简称为回归方程,其图形为回归直线。给定 $x=x_0$ 后,回归值也称作拟合值或者预测值为

$$\hat{y}=\hat{b}_0+\hat{b}_1x_1 \tag{7-3}$$

建立回归方程的目的就是利用数据$(x_i,y_i)$求得 $b_0$ 和 $b_1$。

2. 回归系数最小二乘估计

应用最小二乘法求解回归系数,就是在残余误差平方和最小的条件下求解回归系数 $b_0$ 和 $b_1$。令

$$\boldsymbol{Y}=\begin{pmatrix} y_1\\ y_2\\ \vdots\\ y_N \end{pmatrix}\quad \boldsymbol{X}=\begin{pmatrix} 1 & x_1\\ 1 & x_2\\ \vdots & \vdots\\ 1 & x_N \end{pmatrix}\quad \boldsymbol{b}=\begin{pmatrix} b_0\\ b_1 \end{pmatrix}\quad \boldsymbol{V}=\begin{pmatrix} \boldsymbol{v}_1\\ \boldsymbol{v}_2\\ \vdots\\ \boldsymbol{v}_N \end{pmatrix}$$

则残差 $\boldsymbol{V}$ 可表示为

$$\boldsymbol{V}=\boldsymbol{Y}-\boldsymbol{X}\boldsymbol{b} \tag{7-4}$$

回归系数是在矩阵 $\boldsymbol{V}^{\mathrm{T}}\boldsymbol{V}$ 最小值的情况下的值,根据最小二乘原理,回归系数的解为

$$\hat{\boldsymbol{b}}=(\boldsymbol{X}^{\mathrm{T}}\boldsymbol{X})^{-1}\boldsymbol{X}^{\mathrm{T}}\boldsymbol{Y} \tag{7-5}$$

3. 回归方程显著性检验

变量 $y$ 的总变异可以分解为两个部分:一部分 $y$ 受自变量 $x$ 的影响而引起的变异;另一部分是因偶然因素及未控制因素影响而引起的变异,可以用方差来比较两者的变异程度,考察两者的 $F$ 比值判断 $x$ 与 $y$ 之间的线性关系密切程度。

数据 $y$ 的总的偏差平方和 $S_{\mathrm{T}}$ 及自由度 $f_{\mathrm{T}}$ 为

$$S_{\mathrm{T}}=\sum_{i=1}^{N}(y_i-\bar{y})^2 \tag{7-6}$$

$$f_{\mathrm{T}}=N-1 \tag{7-7}$$

$S_{\mathrm{T}}$ 可分解为两部分:一部分为回归平方和 $S_{\mathrm{R}}$,反映了变量 $x$ 对变量 $y$ 变异的作用程度;另一部分为残差平方和 $S_{\mathrm{E}}$,反映了其他因素作用对变量 $y$ 变异的作用程度。$S_{\mathrm{R}}$ 和 $S_{\mathrm{E}}$ 可分别表示为

$$S_{\mathrm{R}}=\sum_{i=1}^{N}(\hat{y}_i-\bar{y})^2 \tag{7-8}$$

$$f_{\mathrm{R}}=1 \tag{7-9}$$

$$S_{\mathrm{E}}=\sum_{i=1}^{N}(y_i-\hat{y}_i)^2 \tag{7-10}$$

$$f_{\mathrm{E}}=N-2 \tag{7-11}$$

$S_{\mathrm{T}}$ 与 $S_{\mathrm{R}}$、$S_{\mathrm{E}}$ 之间的关系为

$$S_T = S_R + S_E$$

$$f_T = f_R + f_E$$

回归方程的显著性通常采用 F 检验法,统计量 $F$ 为

$$F = \frac{S_R/f_R}{S_E/f_E} = \frac{S_R}{S_E/(N-2)} \tag{7-12}$$

上述 $F$ 值服从于 $F(1,N-2)$ 的分布,给定显著性水平 $\alpha$,若

$$F \geqslant F_{1-\alpha}(1,N-2) \tag{7-13}$$

则认为所得回归方程是显著的。

4. 预测

利用回归方程,求取给定自变量 $x_0$ 的取值区间,即在一定显著性水平 $\alpha$ 下,使 $y_0$ 落在区间($\hat{y}_0-\delta<y_0<\hat{y}_0+\delta$)的为 $1-\alpha$。$\delta$ 可表示为

$$\delta = \delta(x_0) = t_{1-\alpha/2}(N-2)\hat{\sigma}\sqrt{1+\frac{1}{N}+\frac{(x_0-\bar{x})^2}{l_{xx}}} \tag{7-14}$$

$$l_{xx} = \sum_{i=1}^{n}(x_i - \bar{x})^2$$

式中:$\hat{\sigma}$ 为残余标准差,可表示为

$$\hat{\sigma} = \sqrt{\frac{S_E}{N-2}} \tag{7-15}$$

$\hat{\sigma}$ 越小,则回归直线的精度越高。

### 7.1.2　一元非线性回归

在实际问题中,有时两个变量之间的内在关系不是线性关系,而是某种曲线关系。对于曲线关系,首先通过变量的适当变换,把非线性模型转换为线性模型;然后应用回归分析的方法确定最佳的回归系数;最后把线性模型反变换还原为曲线模型。

1. 回归曲线函数选取

(1)直接判断法。

根据专业知识或者以往经验确定两个变量之间的回归模型。

(2)观察法。

将观测数据作散点图,判断两个变量之间可能的函数关系。

(3)直线检验法。

设选定的回归曲线写为

$$Z_1 = A + BZ_2 \tag{7-16}$$

式中:$Z_1$ 和 $Z_2$ 为只含一个变量($x$ 或 $y$)的函数。如果将 $y=ae^{bx}$ 写成式(7-16)的形式,则在等式左右两边取对数,有

$$\lg y=\lg a+(b\lg \mathrm{e})x$$

式中:$\lg y$ 相当于 $Z_1$;$x$ 相当于 $Z_2$;$\lg a$ 相当于 $A$;$b\lg \mathrm{e}$ 相当于 $B$。以 $Z_1$ 和 $Z_2$ 为变量画图,若所得图形为一条直线,则说明选定的回归曲线类型是合适的。

利用一元线性回归的方法,可求出 $Z_1=A+BZ_2$ 中的系数 $A$ 和 $B$。注意,$A$ 和 $B$ 的求取并不是在 $\sum_{i=1}^{N}(y_i-\hat{y}_i)^2$ 最小情况下求取,而是在 $y$ 的变换值下求取的,因此所求的回归曲线并不一定是最佳拟合曲线,需要使用不同类型的函数进行计算,比较后选择最优者。通过 $A$ 和 $B$,可求出原始曲线回归方程中参数,将线性回归方程还原为原始的曲线回归方程。

2. 回归方程效果

求解曲线回归方程的目的是要使所选曲线与观测数据拟合得较好。通常采用如下两个指标。

(1)决定系数 $R^2$ 可表示为

$$R^2=1-\frac{\sum_{i=1}^{N}(y_i-\hat{y}_i)^2}{\sum_{i=1}^{N}(y_i-\hat{y}_i)^2+\sum_{i=1}^{N}(\hat{y}_i-\bar{y})^2}=1-\frac{S_{\mathrm{E}}}{S_{\mathrm{T}}} \tag{7-17}$$

$R^2$ 越大,说明残差越小,回归曲线拟合得越好。

(2)残余标准差 $\sigma$ 可表示为

$$\hat{\sigma}=\sqrt{\frac{\sum_{i=1}^{N}(y_i-\hat{y}_i)^2}{N-2}}=\sqrt{\frac{S_{\mathrm{E}}}{N-2}} \tag{7-18}$$

式中:$\hat{\sigma}$ 为观测点 $y_i$ 与由曲线给回归出的回归值 $\hat{y}_i$ 间的平均偏离程度的度量,$\hat{\sigma}$ 越小,回归曲线拟合得越好。

### 7.1.3 多元线性回归

在实际工程实践及科学试验中,往往需要研究多个变量间回归曲线方程的表示。

1. 多元线性回归模型

根据试验,得到 $N$ 组实验观测数据,即

$$(y_i,x_{i1},\cdots,x_{iM}),i=1,2,\cdots,N$$

该组数据有如下结构形式,即

$$y_i=b_j+b_jx_{i1}+\cdots+b_jx_{iM}+\varepsilon_i,i=1,2,\cdots,N;j=0,1,2,\cdots,M \tag{7-19}$$

式中:$b_j(j=0,1,\cdots,M)$ 为 $M+1$ 个待估参数;$x_k$ 为 $M$ 个可以精确测量或控制的一般变量;$\varepsilon_i$ 为 $N$ 个相互独立且服从同一正态分布 $N(0,\sigma^2)$ 的随机变量。所求

回归方程为

$$\hat{y}=\hat{b}_0+\hat{b}_1x_1+\cdots+\hat{b}_Mx_M \tag{7-20}$$

令

$$\boldsymbol{Y}=\begin{pmatrix} y_1 \\ y_2 \\ \vdots \\ y_N \end{pmatrix},\boldsymbol{X}=\begin{pmatrix} 1 & x_{11} & \cdots & x_{1M} \\ 1 & x_{21} & \cdots & x_{2M} \\ \vdots & \vdots & \vdots & \vdots \\ 1 & x_{N1} & \cdots & x_{NM} \end{pmatrix},\boldsymbol{b}=\begin{pmatrix} b_0 \\ b_1 \\ \vdots \\ b_M \end{pmatrix}$$

运用最小二乘法，求得参数 $\boldsymbol{b}$ 的估计为

$$\hat{\boldsymbol{b}}=(\boldsymbol{X}^{\mathrm{T}}\boldsymbol{X})^{-1}\boldsymbol{X}^{\mathrm{T}}\boldsymbol{Y} \tag{7-21}$$

2. 回归方程的显著性和精度

与一元线性回归分析类似，建立回归方程后，应对其显著性进行检验。

(1)偏差平方和与自由度的分解。

总的偏差平方和及其自由度为

$$S_{\mathrm{T}}=\sum_{i=1}^{N}(y_i-\bar{y})^2 \tag{7-22}$$

$$f_{\mathrm{T}}=N-1 \tag{7-23}$$

回归平方和及其自由度为

$$S_{\mathrm{R}}=\sum_{i=1}^{N}(\hat{y}_i-\bar{y})^2 \tag{7-24}$$

$$f_{\mathrm{R}}=M \tag{7-25}$$

剩余平方和及其自由度为

$$S_{\mathrm{E}}=\sum_{i=1}^{N}(y_i-\hat{y}_i)^2 \tag{7-26}$$

$$f_{\mathrm{E}}=N-M-1 \tag{7-27}$$

(2)$F$ 检验可表示为

$$F=\frac{S_{\mathrm{R}}/f_{\mathrm{R}}}{S_{\mathrm{E}}/f_{\mathrm{E}}}=\frac{S_{\mathrm{R}}/M}{S_{\mathrm{E}}/(N-M-1)} \tag{7-28}$$

和一元回归一样，当 $F\geqslant F_{\alpha}(M,N-M-1)$ 时，则认为回归方程在 $\alpha$ 水平上是显著的。多元回归的残余标准差为

$$\hat{\sigma}=\sqrt{\frac{S_{\mathrm{E}}}{N-M-1}} \tag{7-29}$$

(3)回归方程中变量系数的显著性检验。

当回归方程显著性时，说明所有自变量对应变量的综合作用相对于误差是显著的，但是不同自变量作用的显著性无法判断，因此需要对各个变量的回归系数进行显著性检验，即

$$P_i = S_R - S_R^i \tag{7-30}$$

式中：$S_R$ 为 $M$ 个变量 $x_1,x_2,\cdots,x_M$ 所引起的回归平方和；$S_R^i$ 为去除 $x_i$ 后 $M-1$ 个变量 $x_1,\cdots,x_{i-1},x_{i+1},\cdots,x_M$ 所引起的回归平方和；$P_i$ 为偏回归平方和，可以衡量每个自变量 $x_i$ 在回归中所起作用的大小。用 $F_i$ 做检验统计量，即

$$F_i = \frac{P_i/1}{S_E/(N-M-1)} \tag{7-31}$$

给定置信度 $\alpha$，当 $F_i \geqslant F_\alpha(1,N-M-1)$ 时，认为变量 $x_i$ 对 $y$ 的影响在 $\alpha$ 水平上显著。当 $F_i \leqslant F_\alpha(1,N-M-1)$ 时，说明此变量作用不显著，可以将该变量剔除。剔除该变量后，需重新建立 $M-1$ 个新的回归方程。

## 7.1.4 案例分析

### 7.1.4.1 基于一元线性回归的飞行数据拟合分析

在靶场试验中，目标精度处理需要利用测量值和真值，其中真值的精度要高于测量值。通常对真值精度的考查无法用其他数据进行计算，因此在做精度处理时，一般会选用 GPS 数据作为真值。利用回归分析的方法来考查 GPS 的精度。图 7-1 为某靶机在某次飞行试验中的速度距离图，横坐标为速度，纵坐标为距离。

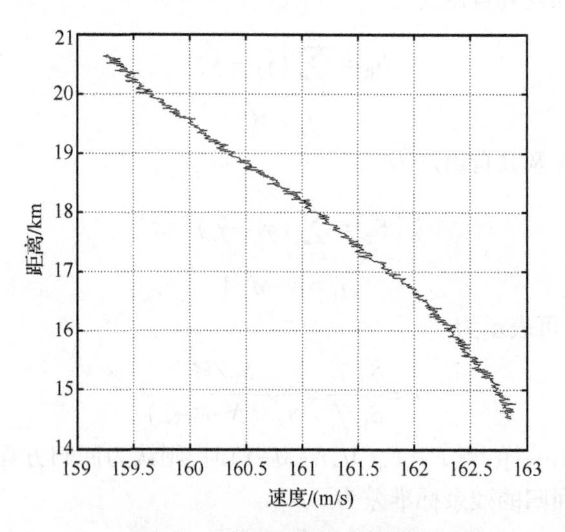


图 7-1 靶机飞行速度距离图

从图 7-1 可知，速度 $v$ 与距离 $s$ 之间似呈线性关系，不妨假设两者满足的回归方程为

$$\hat{s} = \hat{b}_0 + \hat{b}_1 v$$

运用最小二乘法，求得的 $\hat{b}_0$ 与 $\hat{b}_1$ 为

$$\hat{b}_0 = 272159 \quad \hat{b}_1 = -1578$$

因此,所求回归方程为

$$\hat{s}=272159-1578v$$

对该回归方程进行显著性检验,检验结果为

$$S_T=1.2484\times10^9\quad f_T=397$$

$$S_R=1.2334\times10^9\quad f_R=1$$

$$S_E=1.5034\times10^7\quad f_E=396$$

$$F=(S_R/1)/(S_E/396)=3.28487\times10^4>F_{1-0.01}(1,396)=6.6993$$

给定置信度 0.01,$F$ 值远大于 $F_{1-0.01}(1,396)$,说明回归方程高度显著。所得回归拟合图像如图 7－2 所示。

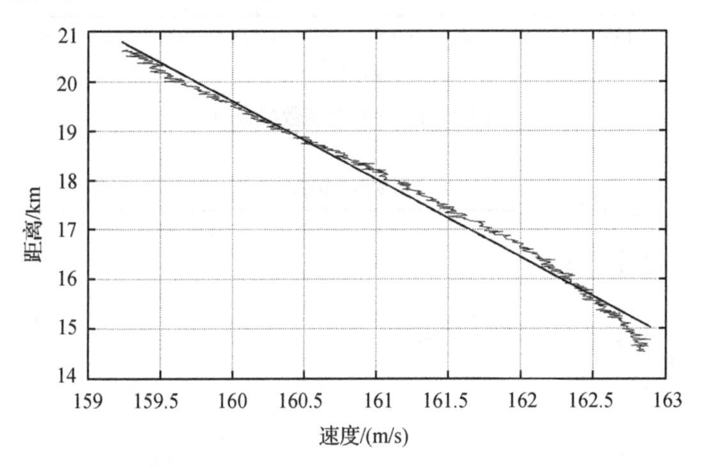


图 7－2　靶机飞行速度距离回归拟合图

图 7－2 中,直线为回归后的距离直线,可以看出,回归直线较好地拟合了速度距离散点图。经过计算,残余标准差为 $\hat{\sigma}=194.85\text{m}$。

#### 7.1.4.2　基于一元非线性回归的飞行数据拟合分析

针对上节案例,本节运用三种曲线进行非线性回归分析,三种曲线拟合得到的回归方程具体如下。

如图 7－3 所示,双曲线函数回归方程及拟合图像为

$$\frac{1}{\hat{y}}=8.8594\times10^4+\frac{-0.1336}{x}$$

如图 7－4 所示,指数函数回归方程及拟合图像为

$$\hat{y}=3.4641\times10^{10}\times e^{-0.0899x}$$

如图 7－5 所示,对数函数回归方程及拟合图像为

$$\hat{y}=1.3102\times10^6-2.5429\times\ln x$$

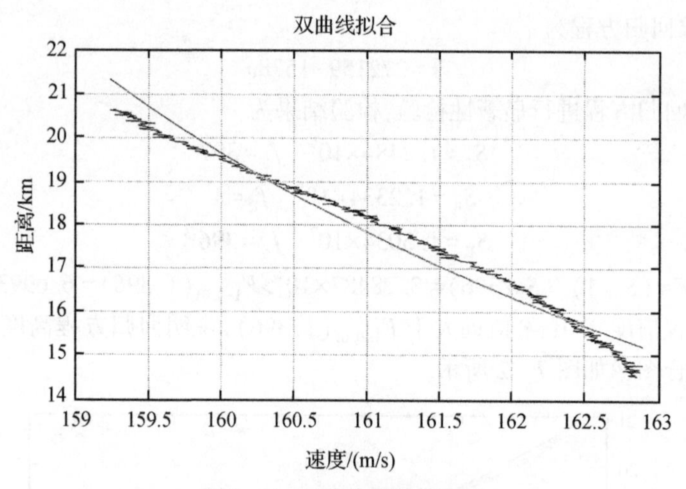


图 7-3　双曲线函数拟合图

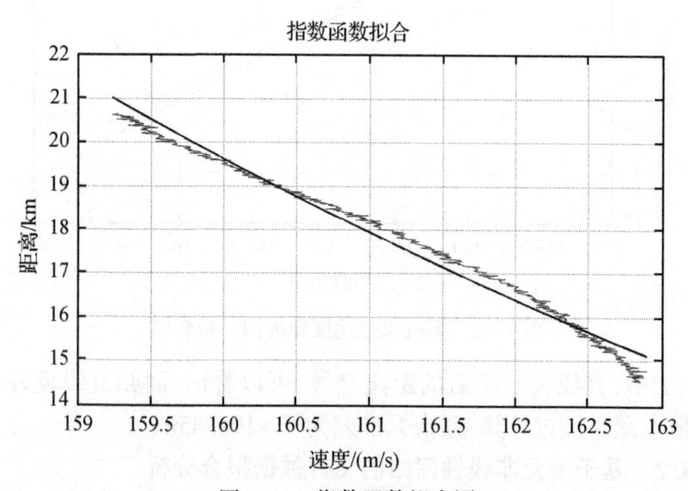


图 7-4　指数函数拟合图

三种曲线拟合的效果如表 7-1 所列。

表 7-1　曲线拟合结果

| 拟合标准 \ 回归曲线 | 双曲线函数 | 指数函数 | 对数函数 |
|---|---|---|---|
| 均方值 | 340.4622 | 257.2603 | 198.8467 |
| 判别系数 | 0.9652 | 0.9792 | 0.9872 |

从表 7-1 可以看出,对数函数的均方值最小,判别系数较大,因此对数函数的曲线拟合效果最好。

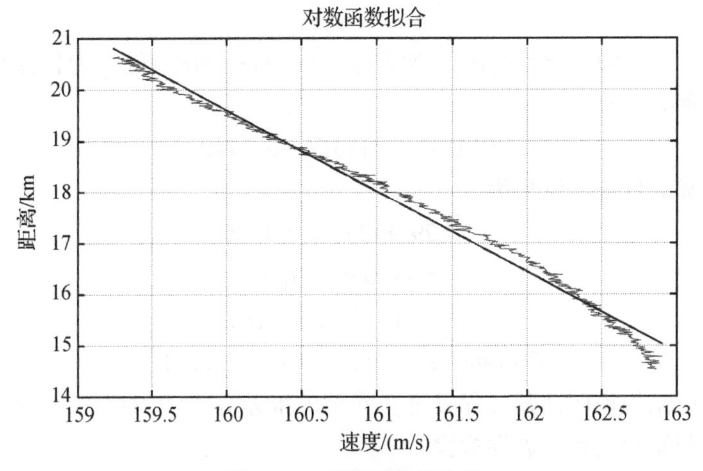


图 7－5 对数函数拟合图

#### 7.1.4.3 基于多元线性回归的雷达数据归一化分析

在某型雷达试验中，目标从雷达侧方进入，雷达对目标进行边转边跟踪操作。通过事后数据分析，方位一次差数据可能与目标进入距离、目标与雷达法线夹角存在一定关系。为了得出上述关系，本节采用多元线性回归方法对雷达数据进行分析。数据分析之前，由于三者的量程差别较大，因此需对数据进行归一化处理，归一化的公式为

$$y_i = \frac{x_i - \min x_i}{\max x_i - \min x_i} \tag{7-32}$$

式中：$x$ 为原始数据；$y$ 为归一化后的数据。归一化后的数据如图 7－6 所示。

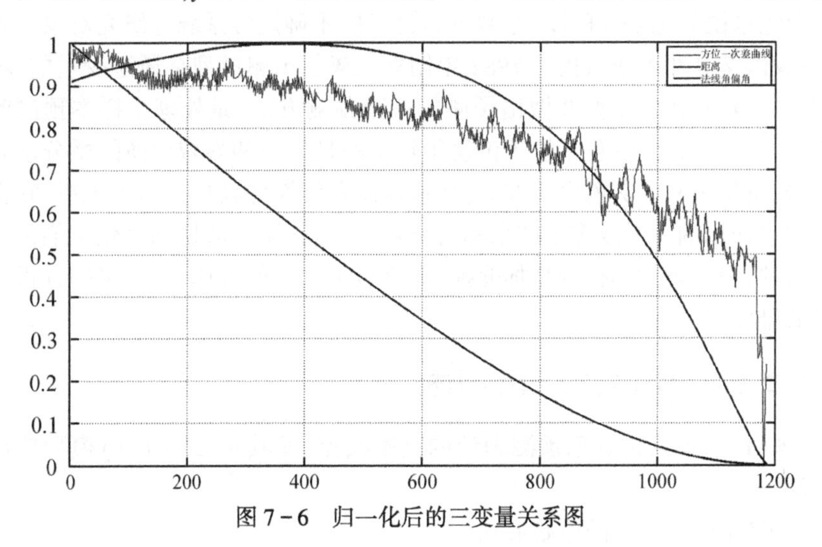


图 7－6 归一化后的三变量关系图

假设多元线性回归方程为

$$\hat{y}=\hat{b}_0+\hat{b}_1x_1+\hat{b}_1x_2$$

式中：$\hat{b}_1$、$\hat{b}_2$ 均为归一化后的值；$\hat{y}$ 为方位一次差；$x_1$ 为距离；$x_2$ 为目标与法线夹角。求得回归方程为

$$\hat{y}=0.4141+0.1931x_1+0.3740x_2$$

回归方程显著性分析结果为

$$S_{\mathrm{T}}=29.1403 \quad f_{\mathrm{T}}=1186$$

$$S_{\mathrm{R}}=27.0050 \quad f_{\mathrm{R}}=2$$

$$S_{\mathrm{E}}=2.1353 \quad f_{\mathrm{E}}=1184$$

$$F=7486>F_{1-0.01}(2,1184)=4.6231$$

显著性分析结果说明回归方程显著。残余标准差 $\hat{\sigma}$ 为 0.0425。下面对回归方程中的回归系数进行显著性检验。

将距离变量 $x_1$ 去除，对方位一次差和目标与法线夹角进行回归分析，求得的偏回归平方和为

$$P_1=2.0085, F_1=1.386\times10^4>F_{1-0.01}(1,1184)=6.6563$$

将目标与法线夹角变量 $x_2$ 去除，对方位一次差和距离进行回归分析，求得的偏回归平方和为

$$P_2=5.8626, F_2=1.1723\times10^4>F_{1-0.01}(1,1184)=6.6563$$

说明两变量 $x_1$ 和 $x_2$ 的回归系数显著，所得到的回归方程不变。

## 7.2 灰色 GM(1,1) 建模与预测

灰色系统理论是一门以“小数据，贫信息”不确定性系统为研究对象的新学说，由我国学者邓聚龙教授于 1982 年创立。灰色预测模型是通过少量的、不完全的信息，建立数学模型并做出预测的一种预测方法，是处理小样本预测问题的有效工具。目前，灰色系统理论使用较多的是累加和累减变换的微分动态建模方法，也称为 GM 灰色模型方法，其基础称为灰色“模块”。通俗地讲，它把受众多因素作用的一个或多个结果称为灰色数据列，原始数据列变化可能是杂乱非平稳的，但是将它们作灰累加变换，则会显示一定的规律，为后续的分析与建模降低难度[52]。

### 7.2.1 GM（1,1）模型概述

GM(1,1)模型是灰色预测理论的基本模型，尤其是 GM(1,1)模型应用十分广泛。

1. GM(1,1)模型的原始形式

设原始数据列为 $X^{(0)}=(x^{(0)}(1),x^{(0)}(2),\cdots,x^{(0)}(n))$，其 1-AGO 序列为

$$X^{(1)}=(x^{(1)}(1),x^{(1)}(2),\cdots,x^{(1)}(n)) \tag{7-33}$$

$$X^{(1)}(k)=\sum_{i=1}^{k}X^{(0)}(i)\quad k=1,2,\cdots,n \tag{7-34}$$

则 GM(1,1)模型的原始形式为

$$X^{(0)}(k)+ax^{(1)}(k)=b \tag{7-35}$$

2. GM(1,1)模型的基本形式

设 $X^{(0)}$,$X^{(1)}$ 的含义如上述定义,$X^{(1)}$ 的紧邻均值生成序列为

$$Z^{(1)}=(z^{(1)}(1),z^{(1)}(2),\cdots,z^{(1)}(n)) \tag{7-36}$$

$$z^{(1)}(k)=\frac{1}{2}(x^{(1)}(k)+x^{(1)}(k-1)),k=2,3,\cdots,n \tag{7-37}$$

则 GM(1,1)的基本形式为

$$x^{(0)}(k)+az^{(1)}(k)=b \tag{7-38}$$

GM(1,1)模型实质上是一种生成模型,其建模思路是将无规律的原始数据进行累加生成,使其变成有规律的数据再建立模型,建模得到的数据不是原始数据,需经过累减还原生成原始数据预测值。GM(1,1)模型有 3 种基本形式,包括原始差分模型、均值模型及均值差分模型。

(1)GM(1,1)原始差分模型。

设序列 $X^{(0)}=(x^{(0)}(1),x^{(0)}(2),\cdots,x^{(0)}(n))$,$X^{(1)}=(x^{(1)}(1),x^{(1)}(2),\cdots,x^{(1)}(n))$为 $X^{(0)}$ 的 1 - AGO 序列,则 GM(1,1)模型的原始形式为

$$x^{(0)}(k)+ax^{(1)}(k)=b \tag{7-39}$$

GM(1,1)模型中的参数向量 $\hat{\boldsymbol{a}}=[a,b]^{\mathrm{T}}$ 可以运用最小二乘法估计,有

$$\hat{\boldsymbol{a}}=(\boldsymbol{B}^{\mathrm{T}}\boldsymbol{B})^{-1}\boldsymbol{B}^{\mathrm{T}}\boldsymbol{Y} \tag{7-40}$$

$$\boldsymbol{Y}=\begin{bmatrix}x^{(0)}(2)\\x^{(0)}(3)\\\vdots\\x^{(0)}(n)\end{bmatrix},\boldsymbol{B}=\begin{bmatrix}-x^{(1)}(2) & 1\\-x^{(1)}(3) & 1\\\vdots & \vdots\\-x^{(1)}(n) & 1\end{bmatrix} \tag{7-41}$$

直接以原始差分方程式(7-39)的解作为时间响应式所得的模型称为 GM(1,1)模型的原始差分模型。由于原始差分模型误差较大,因此该模型一般较少使用。

(2)均值 GM(1,1)模型。

$X^{(0)}$、$X^{(1)}$ 如 GM(1,1)模型中原始数列的定义,且有 $Z^{(1)}=\left(z^{(1)}(2),z^{(1)}(3),\cdots,z^{(1)}(n)\right)$,其中 $z^{(1)}(k)=\frac{1}{2}\left(x^{(1)}(k)+x^{(1)}(k-1)\right)$,$k=2,3,\cdots,n$。GM(1,1)模型的均值形式为

$$x^{(0)}(k)+az^{(1)}(k)=b \tag{7-42}$$

参数向量 $\hat{\boldsymbol{a}}=[a,b]^{\mathrm{T}}$ 可以运用式(7-40)进行估计,其中需要将 $\boldsymbol{B}$ 进行变

化,有

$$\boldsymbol{B}=\begin{bmatrix}-z^{(1)}(2) & 1\\ -z^{(1)}(3) & 1\\ \vdots & \vdots\\ -z^{(1)}(n) & 1\end{bmatrix} \tag{7-43}$$

则 GM(1,1)模型均值形式的白化微分方程为

$$\frac{\mathrm{d}x^{(1)}}{\mathrm{d}t}+ax^{(1)}=b \tag{7-44}$$

式(7-44)也称为影子方程。

将 $\hat{\boldsymbol{a}}$ 代入微分方程式,解出时间函数为

$$\hat{x}^{(1)}(t)=\left(x^{(1)}(t_0)-\frac{b}{a}\right)\mathrm{e}^{-a(t-t_0)}+\frac{b}{a} \tag{7-45}$$

将预测累加值还原为预测值,即

$$\hat{x}^{(0)}(t)=\hat{x}^{(1)}(t)-\hat{x}^{(1)}(t-1) \tag{7-46}$$

均值 GM(1,1)模型是目前影响最大,应用最为广泛的形式,称为 EGM。

(3)均值差分 GM(1,1)模型。

基于 GM(1,1)模型的均值形式估计模型参数 $\hat{\boldsymbol{a}}=[a,b]^{\mathrm{T}}$,直接以均值差分方程式(7-39)的解作为时间响应式所得模型称为均值差分 GM(1,1)模型。

### 7.2.2 GM(1,1)模型参数估计

设 $X^{(0)}=\{x^{(0)}(1),x^{(0)}(2),\cdots,x^{(0)}(n)\}$ 为 GM(1,1)建模序列,则可得到 GM(1,1)模型为

$$x^{(0)}(k)+az^{(1)}(k)=b \tag{7-47}$$

$$\begin{cases}X^{(1)}=(x^{(1)}(1),x^{(1)}(2),\cdots,x^{(1)}(n))\\ x^{(1)}(k)=\sum\limits_{i=1}^{k}x^{(0)}(i)\\ z^{(1)}(k)=\dfrac{1}{2}(x^{(1)}(k)+x^{(1)}(k-1))\\ Z^{(1)}=(z^{(1)}(2),\cdots,z^{(1)}(n))\end{cases} \tag{7-48}$$

式中:待估计参数 $a$ 为 GM(1,1)的发展系数;待估计参数 $b$ 为 GM(1,1)的灰作用量;$z^{(1)}$ 为 $x^{(1)}$ 的紧邻均值生成序列;$x^{(1)}$ 为 $x^{(0)}$ 的 1-AGO 生成序列。

设 $\hat{\boldsymbol{a}}=(a,b)^{\mathrm{T}}$ 为参数列,且

$$\boldsymbol{Y}=\begin{bmatrix}x^{(0)}(2)\\ x^{(0)}(3)\\ \vdots\\ x^{(0)}(n)\end{bmatrix},\boldsymbol{b}=\begin{bmatrix}-z^{(1)}(2) & 1\\ -z^{(1)}(3) & 1\\ \vdots & \vdots\\ -z^{(1)}(n) & 1\end{bmatrix} \tag{7-49}$$

则灰色微分基本模型的最小二乘估计参数列为

$$\hat{\boldsymbol{a}}=(\boldsymbol{B}^{\mathrm{T}}\boldsymbol{B})^{-1}\boldsymbol{B}^{\mathrm{T}}\boldsymbol{Y} \tag{7-50}$$

又由于 $\hat{\boldsymbol{a}}=(a,b)^{\mathrm{T}}$,则有 GM(1,1)模型 $x^{(0)}(k)+az^{(1)}(k)=b$ 的时间响应序列为

$$\hat{x}^{(1)}(k+1)=\left(x^{(0)}(1)-\frac{b}{a}\right)\cdot \mathrm{e}^{-ak}+\frac{b}{a} \quad k=1,2,\cdots,n-1 \tag{7-51}$$

还原值为

$$\begin{aligned}\hat{x}^{(0)}(k+1)&=\hat{x}^{(1)}(k+1)-\hat{x}^{(1)}(k)\\&=(1-\mathrm{e}^{a})\left(x^{(0)}(1)-\frac{b}{a}\right)\mathrm{e}^{-ak} \quad k=1,2,\cdots,n-1\end{aligned} \tag{7-52}$$

### 7.2.3　GM(1,1)模型的拟合精度

设原始数据列 $X^{(0)}=(x^{(0)}(1),x^{(0)}(2),\cdots,x^{(0)}(n))$ 和相应的预测模型模拟序列 $\hat{X}^{(0)}=(\hat{x}^{(0)}(1),\hat{x}^{(0)}(2),\cdots,\hat{x}^{(0)}(n))$,其残差序列为

$$\begin{aligned}\boldsymbol{\varepsilon}^{(0)}&=(\boldsymbol{\varepsilon}^{(0)}(1),\boldsymbol{\varepsilon}^{(0)}(2),\cdots,\boldsymbol{\varepsilon}^{(0)}(n))\\&=(x^{(0)}(1)-\hat{x}^{(0)}(1),x^{(0)}(2)-\hat{x}^{(0)}(2),\cdots,x^{(0)}(n)-\hat{x}^{(0)}(n))\end{aligned} \tag{7-53}$$

相对误差序列为

$$\boldsymbol{\Delta}=(\Delta_1,\Delta_2,\cdots,\Delta_n)=\left(\left|\frac{\boldsymbol{\varepsilon}(1)}{x^{(0)}(1)}\right|,\left|\frac{\boldsymbol{\varepsilon}(2)}{x^{(0)}(2)}\right|,\cdots,\left|\frac{\boldsymbol{\varepsilon}(n)}{x^{(0)}(n)}\right|\right) \tag{7-54}$$

则对于 $k\leqslant n$,$k$ 点模拟相对误差为

$$\Delta_k=\left|\frac{\boldsymbol{\varepsilon}(k)}{x^{(0)}(k)}\right| \tag{7-55}$$

平均相对误差为

$$\bar{\Delta}=\frac{1}{n}\sum_{k=1}^{n}\Delta_k \tag{7-56}$$

平均相对精度或建模精度为 $1-\bar{\Delta}$,$k$ 点模拟精度为 $1-\Delta_k$ $(k=1,2,\cdots,n)$。给定相对误差 $\alpha$,当 $\bar{\Delta}<\alpha$ 且 $\Delta_k$ $(k=1,2,\cdots,n)$成立时,称模型为残差合格模型。

上述给出了预测模型的检验方法,通过对残差的考察来判断模型的精度。很显然,平均相对误差 $\bar{\Delta}$ 和模拟误差越小越好。

### 7.2.4　基于 GM(1,1)的目标 GPS 航路模拟预测

选取某一目标航路真值数据 GPS 文件中的目标距离数据列为模拟对象,进

行模型验证及精度分析。随机选取目标距离序列中的一个采样点，在此选取数据列序号为500、对应距离值为27154.067的点为模拟参考点，依此分别向前取10个点、20个点、50个点用于建模使用数据。

将数据分别代入式(7-40)，解出 $\hat{\boldsymbol{a}}=(a,b)^{\mathrm{T}}$。将$(a,b)$代入微分方程式，解出时间函数为

$$\hat{x}^{(1)}(t)=\left(x^{(1)}(t_0)-\frac{b}{a}\right)\mathrm{e}^{-a(t-t_0)}+\frac{b}{a} \tag{7-57}$$

将预测累加值还原为预测值，即

$$\hat{x}^{(0)}(t)=\hat{x}^{(1)}(t)-\hat{x}^{(1)}(t-1) \tag{7-58}$$

用均值GM(1,1)模型预测该模拟参考点后续的目标距离值，在此设定向后预测100个点。预测结果及精度如图7-7和图7-8所示。

图7-8是沿用图7-7的结束点，更改起始点，将建模数据从10个增加到50个的预测效果。从图7-8中可以看出，平均相对精度低于选用10个点建模的精度。

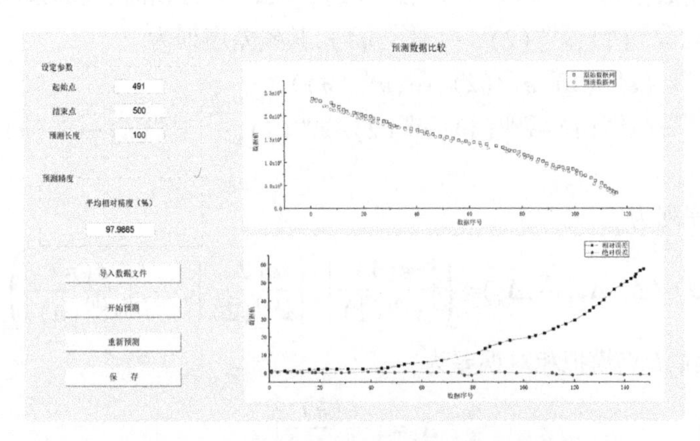


图7-7 选取10个数据点进行模拟的结果

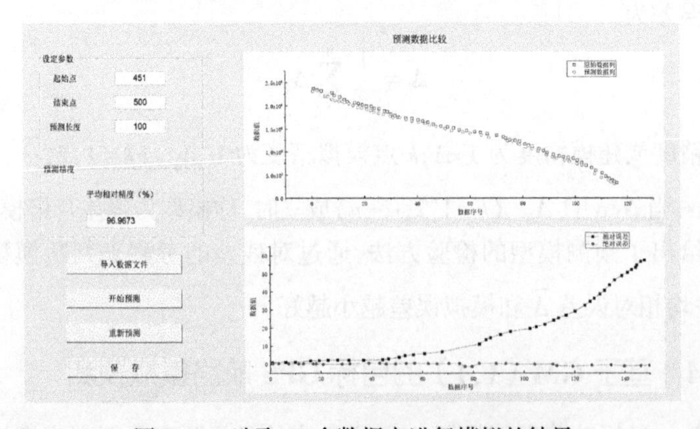


图7-8 选取50个数据点进行模拟的结果

因为试验时,目标由远及近,目标距离从大逐渐减小,所以图 7-9 应从右往左看,横坐标表示目标距离量,纵坐标表示预测的绝对精度。图 7-9 中,27154.067 为 $x^{(0)}(n)$,27400 至 $x^{(0)}(n)$ 此段数据为已知信息,用于建模预测模拟参考点后续的目标距离值。实际上全航路数据均为已知,为验证建模精度,将预测值与实际值作代数差,则得到建模的绝对精度。从图 7-9 中可以看出,用于建模的数据量越多,预测精度反而越差。具体数据见表 7-2。

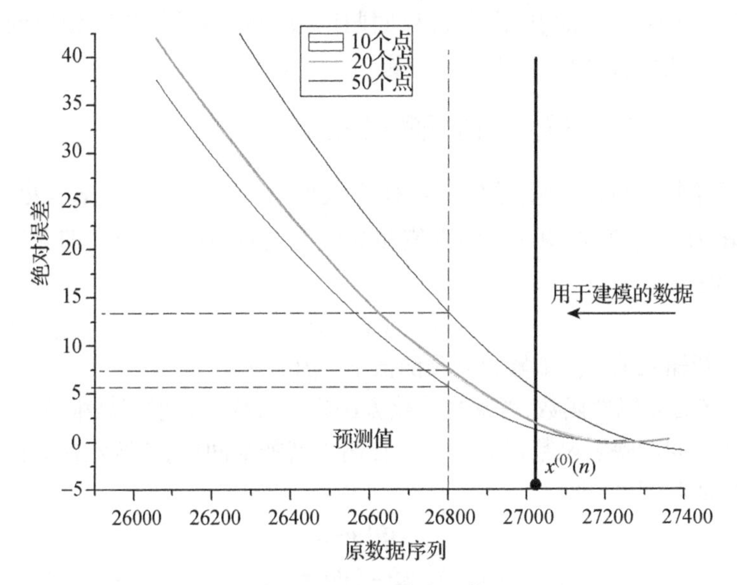


图 7-9 预测精度比较

表 7-2 GM(1.1)模型分析结果表

| | A(X) | B(Y) | C(Y) | D(Y) |
|---|---|---|---|---|
| Long Name | 原数据序列 | 预测数据序 | 绝对误差 | 相对误差(百 |
| Units | | | | |
| Comments | | | | |
| Sparklines | | | | |
| 9 | 27165.042 | 27165.084 | 0.042 | 0 |
| 10 | 27154.067 | 27154.149 | 0.082 | 0 |
| 11 | 27143.087 | 27143.219 | 0.132 | 0 |
| 12 | 27132.107 | 27132.293 | 0.186 | 1E-3 |
| 13 | 27121.118 | 27121.372 | 0.254 | 1E-3 |
| 14 | 27110.122 | 27110.455 | 0.333 | 1E-3 |
| 15 | 27099.128 | 27099.542 | 0.414 | 0.002 |
| 16 | 27088.128 | 27088.634 | 0.506 | 0.002 |
| 17 | 27077.125 | 27077.73 | 0.605 | 0.002 |
| 18 | 27066.118 | 27066.831 | 0.713 | 0.003 |
| 19 | 27055.102 | 27055.936 | 0.833 | 0.003 |
| 20 | 27044.093 | 27045.045 | 0.952 | 0.004 |
| 21 | 27033.071 | 27034.159 | 1.087 | 0.004 |
| 22 | 27022.047 | 27023.277 | 1.23 | 0.005 |
| 23 | 27011.018 | 27012.399 | 1.382 | 0.005 |
| 24 | 26999.988 | 27001.526 | 1.538 | 0.006 |
| 25 | 26988.957 | 26990.657 | 1.701 | 0.006 |
| 26 | 26977.914 | 26979.793 | 1.879 | 0.007 |
| 27 | 26966.873 | 26968.933 | 2.06 | 0.008 |
| 28 | 26955.832 | 26958.077 | 2.245 | 0.008 |
| 29 | 26944.783 | 26947.226 | 2.444 | 0.009 |
| 30 | 26933.731 | 26936.379 | 2.648 | 0.01 |
| 31 | 26922.676 | 26925.537 | 2.86 | 0.011 |
| 32 | 26911.618 | 26914.699 | 3.08 | 0.011 |
| 33 | 26900.56 | 26903.865 | 3.305 | 0.012 |
| 34 | 26889.495 | 26893.035 | 3.54 | 0.013 |
| 35 | 26878.427 | 26882.21 | 3.783 | 0.014 |
| 36 | 26867.36 | 26871.389 | 4.029 | 0.015 |
| 37 | 26856.293 | 26860.573 | 4.28 | 0.016 |
| 38 | 26845.213 | 26849.761 | 4.548 | 0.017 |
| 39 | 26834.14 | 26838.953 | 4.814 | 0.018 |
| 40 | 26823.057 | 26828.15 | 5.093 | 0.019 |

| | A(X) | B(Y) | C(Y) | D(Y) |
|---|---|---|---|---|
| Long Name | 原数据序列 | 预测数据序 | 绝对误差 | 相对误差(百 |
| Units | | | | |
| Comments | | | | |
| Sparklines | | | | |
| 19 | 27165.042 | 27165.271 | 0.23 | 1E-3 |
| 20 | 27154.067 | 27154.382 | 0.314 | 1E-3 |
| 21 | 27143.087 | 27143.496 | 0.409 | 0.002 |
| 22 | 27132.107 | 27132.615 | 0.508 | 0.002 |
| 23 | 27121.118 | 27121.738 | 0.621 | 0.002 |
| 24 | 27110.122 | 27110.866 | 0.744 | 0.003 |
| 25 | 27099.128 | 27099.998 | 0.87 | 0.003 |
| 26 | 27088.128 | 27089.134 | 1.006 | 0.004 |
| 27 | 27077.125 | 27078.275 | 1.15 | 0.004 |
| 28 | 27066.118 | 27067.42 | 1.302 | 0.005 |
| 29 | 27055.102 | 27056.569 | 1.467 | 0.005 |
| 30 | 27044.093 | 27045.723 | 1.63 | 0.006 |
| 31 | 27033.071 | 27034.881 | 1.81 | 0.007 |
| 32 | 27022.047 | 27024.044 | 1.997 | 0.007 |
| 33 | 27011.018 | 27013.211 | 2.193 | 0.008 |
| 34 | 26999.988 | 27002.382 | 2.394 | 0.009 |
| 35 | 26988.957 | 26991.557 | 2.6 | 0.01 |
| 36 | 26977.914 | 26980.737 | 2.823 | 0.01 |
| 37 | 26966.873 | 26969.921 | 3.048 | 0.011 |
| 38 | 26955.832 | 26959.11 | 3.277 | 0.012 |
| 39 | 26944.783 | 26948.302 | 3.52 | 0.013 |
| 40 | 26933.731 | 26937.5 | 3.769 | 0.014 |
| 41 | 26922.676 | 26926.701 | 4.025 | 0.015 |
| 42 | 26911.618 | 26915.907 | 4.289 | 0.016 |
| 43 | 26900.56 | 26905.117 | 4.557 | 0.017 |
| 44 | 26889.495 | 26894.332 | 4.836 | 0.018 |
| 45 | 26878.427 | 26883.55 | 5.123 | 0.019 |
| 46 | 26867.36 | 26872.773 | 5.413 | 0.02 |
| 47 | 26856.293 | 26862.001 | 5.708 | 0.021 |
| 48 | 26845.213 | 26851.233 | 6.02 | 0.022 |
| 49 | 26834.14 | 26840.469 | 6.329 | 0.024 |
| 50 | 26823.057 | 26829.709 | 6.652 | 0.025 |

| | A(X) | B(Y) | C(Y) | D(Y) |
|---|---|---|---|---|
| Long Name | 原数据序列 | 预测数据序 | 绝对误差 | 相对误差(百 |
| Units | | | | |
| Comments | | | | |
| Sparklines | | | | |
| 49 | 27165.042 | 27166.815 | 1.774 | 0.007 |
| 50 | 27154.067 | 27156.066 | 1.999 | 0.007 |
| 51 | 27143.087 | 27145.321 | 2.233 | 0.008 |
| 52 | 27132.107 | 27134.58 | 2.473 | 0.009 |
| 53 | 27121.118 | 27123.843 | 2.726 | 0.01 |
| 54 | 27110.122 | 27113.111 | 2.989 | 0.011 |
| 55 | 27099.128 | 27102.383 | 3.255 | 0.012 |
| 56 | 27088.128 | 27091.659 | 3.531 | 0.013 |
| 57 | 27077.125 | 27080.939 | 3.814 | 0.014 |
| 58 | 27066.118 | 27070.224 | 4.106 | 0.015 |
| 59 | 27055.102 | 27059.513 | 4.41 | 0.016 |
| 60 | 27044.093 | 27048.806 | 4.712 | 0.017 |
| 61 | 27033.071 | 27038.103 | 5.031 | 0.019 |
| 62 | 27022.047 | 27027.404 | 5.358 | 0.02 |
| 63 | 27011.018 | 27016.71 | 5.693 | 0.021 |
| 64 | 26999.988 | 27006.02 | 6.032 | 0.022 |
| 65 | 26988.957 | 26995.334 | 6.378 | 0.024 |
| 66 | 26977.914 | 26984.653 | 6.739 | 0.025 |
| 67 | 26966.873 | 26973.976 | 7.102 | 0.026 |
| 68 | 26955.832 | 26963.302 | 7.47 | 0.028 |
| 69 | 26944.783 | 26952.634 | 7.851 | 0.029 |
| 70 | 26933.731 | 26941.969 | 8.238 | 0.031 |
| 71 | 26922.676 | 26931.308 | 8.632 | 0.032 |
| 72 | 26911.618 | 26920.652 | 9.034 | 0.034 |
| 73 | 26900.56 | 26910 | 9.44 | 0.035 |
| 74 | 26889.495 | 26899.353 | 9.857 | 0.037 |
| 75 | 26878.427 | 26888.709 | 10.282 | 0.038 |
| 76 | 26867.36 | 26878.07 | 10.709 | 0.04 |
| 77 | 26856.293 | 26867.434 | 11.141 | 0.041 |
| 78 | 26845.213 | 26856.804 | 11.591 | 0.043 |
| 79 | 26834.14 | 26846.177 | 12.037 | 0.045 |
| 80 | 26823.057 | 26835.554 | 12.497 | 0.047 |

## 7.3 高斯过程回归的预测方法

高斯过程回归是一种基于贝叶斯框架的核回归方法,不仅拥有贝叶斯灵活的归纳推理能力,而且具有人工神经网络、支持向量机等机器学习方法的自组织、自适应、自学习以及强非线性拟合能力,可以同时给出期望预报值和其不确定性区间。鉴于上述优点,高斯过程回归已成为机器学习研究领域的研究热点,被应用于解决各种复杂的预测问题。

### 7.3.1 高斯过程回归的预测模型

考虑经典的回归问题:给定一组样本数据$\{\boldsymbol{x}_i, y_i\}_{i=1}^{n}$,其中,$\boldsymbol{x}_i \in \boldsymbol{R}^m$为输入值,$y_i \in \boldsymbol{R}$为输出值,希望学习输入值和输出值之间的函数关系,即学习一个函数$f(\boldsymbol{x})$,使得

$$y_i = f(\boldsymbol{x}_i) + \varepsilon_i \tag{7-59}$$

对于一个新输入值$\boldsymbol{x}_*$,能够得到预测值$y_* = f(\boldsymbol{x}_*)$。

如果$f$为非线性函数,考虑采用核方法将学习样本映射到高维特征空间,将高维特征空间的映射函数记为$\phi(\boldsymbol{x})$,在高维特征空间内,非线性回归问题可转化为线性回归问题,即

$$\boldsymbol{f} = \boldsymbol{\Phi}^{\mathrm{T}}\boldsymbol{w} + \boldsymbol{b}$$

其中,$\boldsymbol{f} = (f(\boldsymbol{x}_1), f(\boldsymbol{x}_2), \cdots, f(\boldsymbol{x}_n))^{\mathrm{T}}$,$\boldsymbol{\Phi} = (\phi(\boldsymbol{x}_1), \phi(\boldsymbol{x}_2), \cdots, \phi(\boldsymbol{x}_n))^{\mathrm{T}}$,$\boldsymbol{w} = (w_1, w_2, \cdots, w_n)^{\mathrm{T}}$,$\boldsymbol{b} = (b_1, b_2, \cdots, b_n)^{\mathrm{T}}$。对数据$\boldsymbol{y} = (y_1, y_2, \cdots, y_n)^{\mathrm{T}}$作预处理时,可将$\boldsymbol{y}$减去其均值,从而$\boldsymbol{b} = \boldsymbol{0}$。令$\boldsymbol{\varepsilon} = (\varepsilon_1, \varepsilon_2, \cdots, \varepsilon_n)^{\mathrm{T}}$,则式(7-59)可表示为

$$\boldsymbol{y} = \boldsymbol{\Phi}^{\mathrm{T}}\boldsymbol{w} + \boldsymbol{\varepsilon}$$

假设$\boldsymbol{w}$有先验分布$\boldsymbol{w} \sim N(0, \boldsymbol{I})$,并且$\boldsymbol{\varepsilon} \sim N(0, \sigma^2\boldsymbol{I})$,在给定$\boldsymbol{X} = (\boldsymbol{x}_1, \boldsymbol{x}_2, \cdots, \boldsymbol{x}_n)$条件下,$\boldsymbol{y}$服从高斯分布,考虑到$\boldsymbol{y}$为无限长的随机过程,称为高斯过程,其均值和协方差矩阵为

$$\begin{aligned} E(\boldsymbol{y}) &= E(\boldsymbol{\Phi}^{\mathrm{T}}\boldsymbol{w}) \\ &= \boldsymbol{0} \end{aligned}$$

$$\begin{aligned} \mathrm{var}(\boldsymbol{y}) &= E(\boldsymbol{\Phi}^{\mathrm{T}}\boldsymbol{w}\boldsymbol{w}^{\mathrm{T}}\boldsymbol{\Phi}) + E(\boldsymbol{\varepsilon}\boldsymbol{\varepsilon}^{\mathrm{T}}) \\ &= \boldsymbol{\Phi}^{\mathrm{T}}\boldsymbol{\Phi} + \sigma^2\boldsymbol{I} \end{aligned}$$

令$\boldsymbol{K} = \boldsymbol{\Phi}^{\mathrm{T}}\boldsymbol{\Phi}$,则其第$i$行第$j$列的元素为$K_{ij} = \boldsymbol{\phi}(\boldsymbol{x}_i)^{\mathrm{T}}\boldsymbol{\phi}(\boldsymbol{x}_j) = \langle\boldsymbol{\phi}(\boldsymbol{x}_i), \boldsymbol{\phi}(\boldsymbol{x}_j)\rangle$,其中:$\langle\boldsymbol{\phi}(\boldsymbol{x}_i), \boldsymbol{\phi}(\boldsymbol{x}_j)\rangle$表示$\boldsymbol{\phi}(\boldsymbol{x}_i)$与$\boldsymbol{\phi}(\boldsymbol{x}_j)$的内积;令$k(\boldsymbol{x}_i, \boldsymbol{x}_j) = K_{ij}$,则$k(\boldsymbol{x}_i, \boldsymbol{x}_j)$为核函数。于是给定$\boldsymbol{X}$条件下$\boldsymbol{y}$的条件概率密度函数为

$$p(\boldsymbol{y}|\boldsymbol{X}) = N(\boldsymbol{0}, \boldsymbol{K} + \sigma^2\boldsymbol{I}) \tag{7-60}$$

式(7－60)为高斯过程回归模型。

对于由输入值 $\boldsymbol{x}_*$ 获得预测值 $y_*=f(\boldsymbol{x}_*)$ 问题,考虑利用 $y_*$ 的概率分布对 $y_*$ 作出估计。事实上,给定 $\boldsymbol{X}$ 条件下,$\boldsymbol{y}$ 和 $y_*$ 的联合条件概率密度函数为

$$p(\boldsymbol{y},y_*|\boldsymbol{X})=N\left(\boldsymbol{0},\begin{pmatrix}\boldsymbol{K}+\sigma^2\boldsymbol{I} & \boldsymbol{k}(\boldsymbol{X},\boldsymbol{x}_*)\\ \boldsymbol{k}(\boldsymbol{X},\boldsymbol{x}_*)^{\mathrm{T}} & k(\boldsymbol{x}_*,\boldsymbol{x}_*)\end{pmatrix}\right) \tag{7-61}$$

其中,$\boldsymbol{k}(\boldsymbol{X},\boldsymbol{x}_*)=(k(\boldsymbol{x}_1,\boldsymbol{x}_*),k(\boldsymbol{x}_2,\boldsymbol{x}_*),\cdots,k(\boldsymbol{x}_n,\boldsymbol{x}_*))^{\mathrm{T}}$。根据高斯分布的性质,由式(7－61)可得

$$p(y_*|\boldsymbol{X},\boldsymbol{y})=N(\boldsymbol{y}^{\mathrm{T}}(\boldsymbol{K}+\sigma^2\boldsymbol{I})^{-1}\boldsymbol{k}(\boldsymbol{X},\boldsymbol{x}_*)k(\boldsymbol{x}_*,\boldsymbol{x}_*)-\boldsymbol{k}(\boldsymbol{X},\boldsymbol{x}_*)^{\mathrm{T}}(\boldsymbol{K}+\sigma^2\boldsymbol{I})^{-1}\boldsymbol{k}(\boldsymbol{X},\boldsymbol{x}_*))$$

因此可得到预测值 $y_*$ 的均值估计为

$$\hat{y}_*=\boldsymbol{y}^{\mathrm{T}}(\boldsymbol{K}+\sigma^2\boldsymbol{I})^{-1}\boldsymbol{k}(\boldsymbol{X},\boldsymbol{x}_*)$$

以及 $\hat{y}_*$ 的协方差为

$$\mathrm{var}(\hat{y}_*)=k(\boldsymbol{x}_*,\boldsymbol{x}_*)-\boldsymbol{k}(\boldsymbol{X},\boldsymbol{x}_*)^{\mathrm{T}}(\boldsymbol{K}+\sigma^2\boldsymbol{I})^{-1}\boldsymbol{k}(\boldsymbol{X},\boldsymbol{x}_*)$$

### 7.3.2　核函数的训练

核函数对于高斯过程预测方法的性能有重要影响,常用的核函数包括平方指数核函数、周期核函数、线性核函数、二次有理数核函数等,下面给出具体的函数形式。

(1)平方指数核函数表示为

$$k(\boldsymbol{x}_i,\boldsymbol{x}_j)=a^2\exp\left(-\frac{\|\boldsymbol{x}_i-\boldsymbol{x}_j\|^2}{2l^2}\right)$$

平方指数核函数可以描述数据的局部变化特征,其超参数为 $\boldsymbol{\theta}=(a,l)$。

(2)周期核函数表示为

$$k(\boldsymbol{x}_i,\boldsymbol{x}_j)=a^2\exp\left(-\frac{2\sin(\pi\|\boldsymbol{x}_i-\boldsymbol{x}_j\|/p)}{l^2}\right)$$

周期核函数可以用来描述数据周期性变化特征,其超参数为 $\boldsymbol{\theta}=(a,l,p)$。

(3)线性核函数表示为

$$k(\boldsymbol{x}_i-\boldsymbol{x}_j)=\boldsymbol{x}_i^{\mathrm{T}}\boldsymbol{A}\boldsymbol{x}_j$$

其中,$\boldsymbol{A}=\mathrm{diag}(a_1,a_2,\cdots,a_m)$。线性核函数可以用来描述数据的长期变化趋势,其超参数为 $\boldsymbol{\theta}=(a_1,a_2,\cdots,a_m)$。

(4)二次有理数核函数表示为

$$k(\boldsymbol{x}_i,\boldsymbol{x}_j)=a^2\left(1+\frac{\|\boldsymbol{x}_i-\boldsymbol{x}_j\|^2}{2bl^2}\right)$$

二次有理数核函数可以用于描述数据的不规则变动,其超参数为 $\boldsymbol{\theta}=(a,b,l)$。

两个核函数相加或相乘后依然是核函数。实际应用中,如果数据具有多种的变化特性,可对基本核函数进行相加或相乘,组合成新的核函数,以适应数据的变化特性。例如,如果数据具有局部周期性,可将平方指数核函数与周期核函数相乘作为核函数,如果数据具有局部变化和不规则变化特性,可将平方指数核函数与二次有理数核函数相加作为核函数。

基于高斯过程回归的预测方法需要利用样本数据$\{\boldsymbol{x}_i, y_i\}_{i=1}^n$对核函数进行训练,等价为利用样本数据获得核函数超参数的最优估计,从而实现对未知函数$f(\boldsymbol{x})$的最优拟合。可采用极大似然估计法估计核函数的超参数$\boldsymbol{\theta}=(\theta_1, \theta_2, \cdots, \theta_m)$和$\boldsymbol{\sigma}$。参数$\boldsymbol{\theta}$和$\boldsymbol{\sigma}$的似然函数为

$$\begin{aligned}L(\boldsymbol{\theta},\boldsymbol{\sigma}) &= \ln p(\boldsymbol{y}|\boldsymbol{X}) \\ &= -\frac{1}{2}\boldsymbol{y}^{\mathrm{T}}(\boldsymbol{K}+\sigma^2\boldsymbol{I})^{-1}\boldsymbol{y}-\frac{1}{2}\ln|\boldsymbol{K}+\sigma^2\boldsymbol{I}|-\frac{n}{2}\ln 2\pi\end{aligned} \tag{7-62}$$

则参数$\boldsymbol{\theta}$和$\boldsymbol{\sigma}$的极大似然估计为

$$(\hat{\boldsymbol{\theta}},\hat{\boldsymbol{\sigma}}) = \arg\max_{\boldsymbol{\theta},\boldsymbol{\sigma}} L(\boldsymbol{\theta},\boldsymbol{\sigma}) \tag{7-63}$$

一般可采用梯度下降法迭代求解优化问题式(7-63),梯度下降法的迭代公式为

$$(\hat{\boldsymbol{\theta}}^{(i+1)},\hat{\boldsymbol{\sigma}}^{(i+1)}) = (\hat{\boldsymbol{\theta}}^{(i)},\hat{\boldsymbol{\sigma}}^{(i)}) + \lambda\left(\frac{\partial L(\hat{\boldsymbol{\theta}}^{(i)},\hat{\boldsymbol{\sigma}}^{(i)})}{\partial\boldsymbol{\theta}},\frac{\partial L(\hat{\boldsymbol{\theta}}^{(i)},\hat{\boldsymbol{\sigma}}^{(i)})}{\partial\boldsymbol{\sigma}}\right) \tag{7-64}$$

其中,$\boldsymbol{\lambda}$为学习率。

迭代公式(7-64)中需计算似然函数关于参数$\boldsymbol{\theta}$和$\boldsymbol{\sigma}$的梯度,根据矩阵求导法则,有

$$\frac{\partial\boldsymbol{K}^{-1}}{\partial\theta} = -\boldsymbol{K}^{-1}\frac{\partial\boldsymbol{K}}{\partial\theta}\boldsymbol{K}^{-1} \tag{7-65}$$

$$\frac{\partial\ln|\boldsymbol{K}|}{\partial\theta} = \mathrm{tr}\left(\boldsymbol{K}^{-1}\frac{\partial\boldsymbol{K}}{\partial\theta}\right) \tag{7-66}$$

于是,根据式(7-62)、式(7-65)和式(7-66)可得

$$\frac{\partial L(\boldsymbol{\theta},\boldsymbol{\sigma})}{\partial\theta_i} = \frac{1}{2}\mathrm{tr}\left((\boldsymbol{K}+\sigma^2\boldsymbol{I})^{-1}\boldsymbol{y}\boldsymbol{y}^{\mathrm{T}}(\boldsymbol{K}+\sigma^2\boldsymbol{I})^{-1}-(\boldsymbol{K}+\sigma^2\boldsymbol{I})^{-1}\right)\frac{\partial\boldsymbol{K}}{\partial\theta_i}$$

$$\frac{\partial L(\boldsymbol{\theta},\boldsymbol{\sigma})}{\partial\sigma_i} = \mathrm{tr}\left((\boldsymbol{K}+\sigma^2\boldsymbol{I})^{-1}\boldsymbol{y}\boldsymbol{y}^{\mathrm{T}}(\boldsymbol{K}+\sigma^2\boldsymbol{I})^{-1}-(\boldsymbol{K}+\sigma^2\boldsymbol{I})^{-1}\right)\boldsymbol{\sigma}$$

### 7.3.3 基于高斯过程回归的时间序列预测

对于时间序列$y_i$ $(i=1,2,\cdots)$,已知前$\boldsymbol{n}$数据$y_i$ $(i=1,2,\cdots,n)$,可采用更新训练策略对$y_n$以后的数据$y_i$ $(i=n+1,n+2,\cdots)$作预测。

首先构造初始训练样本集$\{\boldsymbol{x}_i, y_i\}_{i=p+1}^n$,其中$\boldsymbol{x}_i=(y_{i-p}, y_{i-2}, \cdots, y_{i-1})$,$p$为回

归阶数,利用初始训练样本集训练核函数,得到核函数超参数的估计,将 $\boldsymbol{x}_{n+1}=(y_{n-p+1},y_{n-p+2},\cdots,y_n)$ 输入到高斯过程预测模型中,得到 $y_{n+1}$ 的估计 $\hat{y}_{n+1}$ 及其协方差 $\mathrm{var}(\hat{y}_{n+1})$。然后重新构造训练样本集 $\{\boldsymbol{x}_i,y_i\}_{i=p+2}^{n}$,该样本集是在初始训练样本集 $\{\boldsymbol{x}_i,y_i\}_{i=p+1}^{n}$ 的基础上舍弃与 $y_{n+2}$ 时间相隔最大的样本 $\{\boldsymbol{x}_{p+1},y_{p+1}\}$,加入新样本 $\{\boldsymbol{x}_{n+1},y_{n+1}\}$,其中 $y_{n+1}$ 取为新获得的预测值 $\hat{y}_{n+1}$,利用更新的训练样本集 $\{\boldsymbol{x}_i,y_i\}_{i=p+2}^{n}$ 重新训练核函数,将 $\boldsymbol{x}_{n+2}=(y_{n-p+2},y_{n-1},\cdots,y_n,\hat{y}_{n+1})$ 输入到高斯过程预测模型中,得到 $y_{n+2}$ 的估计 $\hat{y}_{n+2}$ 及其协方差 $\mathrm{var}(\hat{y}_{n+2})$,依次类推,得到 $y_{n+3}$,$y_{n+4}$,…的估计 $\hat{y}_{n+3}$,$\hat{y}_{n+4}$,…及协方差 $\mathrm{var}(\hat{y}_{n+3})$,$\mathrm{var}(\hat{y}_{n+4})$,…。

### 7.3.4 案例分析

下面给出一个利用高斯过程回归预测方法预测飞行器飞行轨迹的案例,选取某飞行器飞行试验 400 个点的 GPS 轨迹数据,将前 300 个点作为训练样本,后 100 个点作为测试样本,检验高斯过程回归预测方法的预测性能。考虑到轨迹具有长期变化趋势,将核函数取为线性核函数,回归阶数取为 $p=10$,由图 7-10 可以看出,预测轨迹接近于真实轨迹,预测效果较好,定义预测均方根误差为

$$\mathrm{RMSE}=\sqrt{\frac{\sum_{i=n+1}^{N}(\hat{y}_i-y_i)^2}{N-n-1}}$$

高斯过程回归预测方法在 $X$、$Y$、$Z$ 三个方向上的预测均方根误差分别为 6.38m、10.53m 和 10.08m。

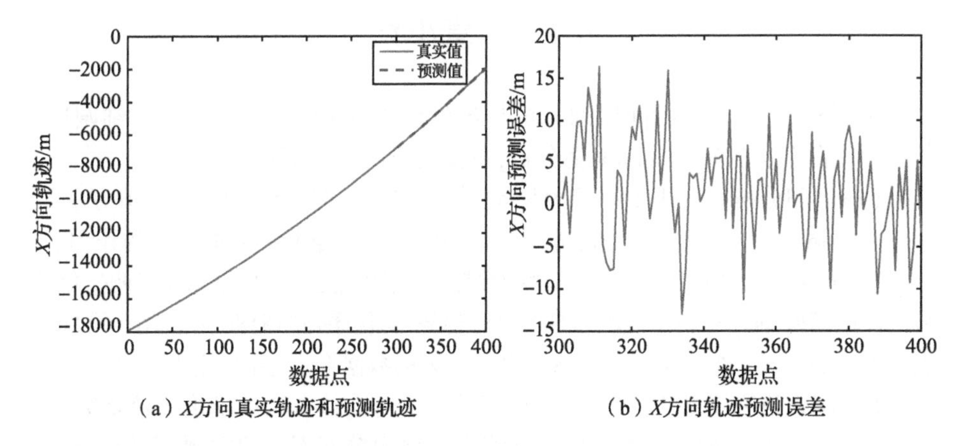


(a) X方向真实轨迹和预测轨迹　(b) X方向轨迹预测误差

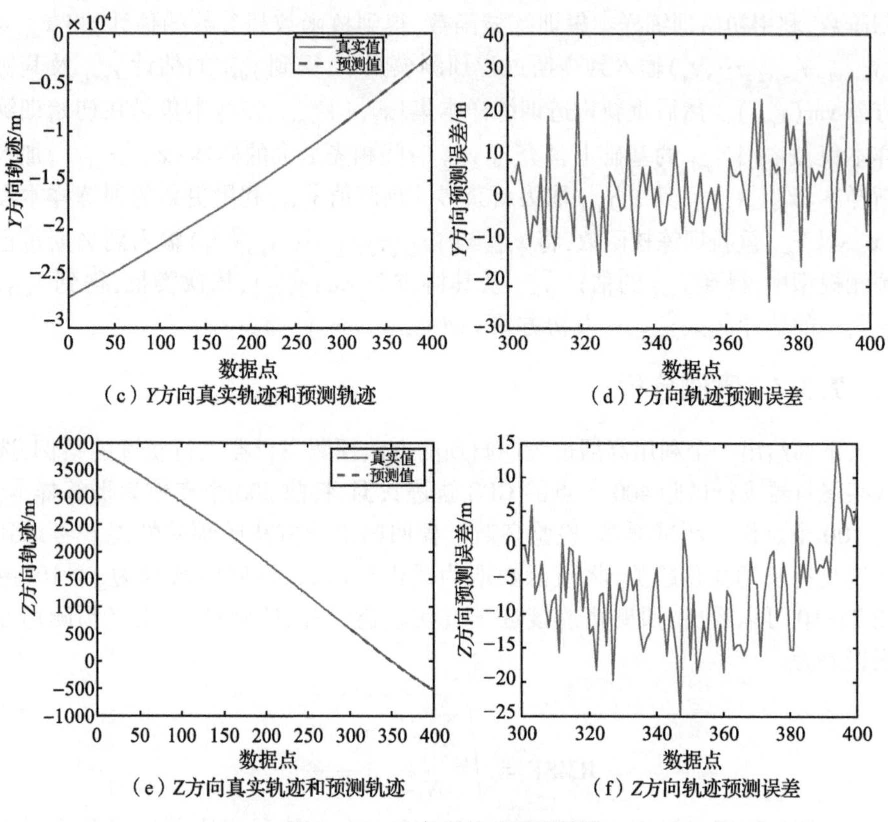


（c）Y方向真实轨迹和预测轨迹　（d）Y方向轨迹预测误差

（e）Z方向真实轨迹和预测轨迹　（f）Z方向轨迹预测误差

图 7-10　飞行器轨迹预测结果

## 7.4　本章小结

本章对回归分析、时间序列分析与灰色预测模型的原理进行了详细阐述，并结合实际数据进行了实际案例分析，主要研究内容如下：

(1)回归分析主要用于寻求因变量同自变量之间的数学关系式，该方法可用于靶场试验数据的拟合分析，进而对试验结果的评定起到数据支撑的作用。

(2)GM(1,1)模型实质上是一个指数形式的模型，是一个用于描述单调变化趋势的简单模型，能够较好地反映序列的总体趋势，弱化序列的随机性，适用于可用数据量极少的情况。在实际建模中，原始数据序列的数据不一定全部用来建模。

(3)深入研究了基于高斯过程回归的预测方法，该方法由于采用核函数，克服了基于线性模型的传统时间序列预测方法预测精度不高的问题，在外推预测的精度上具有一定的优越性，将基于高斯过程回归的预测方法应用于飞行器飞行试验的轨迹预测。结果表明：该方法能够给出准确可靠的轨迹预测结果，具有预测精度高、参数自适应获取的优势。

# 第8章　试验数据管理与服务

装备试验鉴定过程会产生大量的试验数据,分散存储在各类试验业务信息系统中,造成数据“孤岛”,产生数据不一致、格式不统一等问题,为试验数据的横向关联分析、纵向对比分析以及深度挖掘分析带来诸多不便。通过建立统一存储、集中管控的试验数据管理平台,使数据挖掘分析所需的各类数据能够找得到、用得上,可有效提高数据发现和使用率,进而支撑试验数据的综合分析和挖掘应用,辅助试验指挥和决策等工作的开展。

本章从装备试验数据管理与服务角度出发,简要介绍试验数据的分类特点、组织管理和数据系统建设原则,详细描述试验数据规划和试验数据模型构建方法,并给出“试验数据综合管理与服务系统”设计与实现的典型案例作为参考。

## 8.1　试验数据管理与服务相关知识

### 8.1.1　试验数据的生命周期

试验数据可按产生的先后顺序及加工的深度划分为零次数据、一次数据、二次数据。零次数据由试验数据源产生,含有大量的原始测量数据;一次数据是零次数据经数据处理过程后产生中间数据,供分析评定使用;二次数据是一次数据经分析评定得出的试验结果数据,是试验鉴定活动的结晶,一般连同一次数据共同反馈给试验的各种用户和服务对象。试验数据的生命周期可以划分为数据描述、数据获取、数据处理和数据应用4个阶段,每个阶段又包含多个具体的数据活动,如图8-1所示。

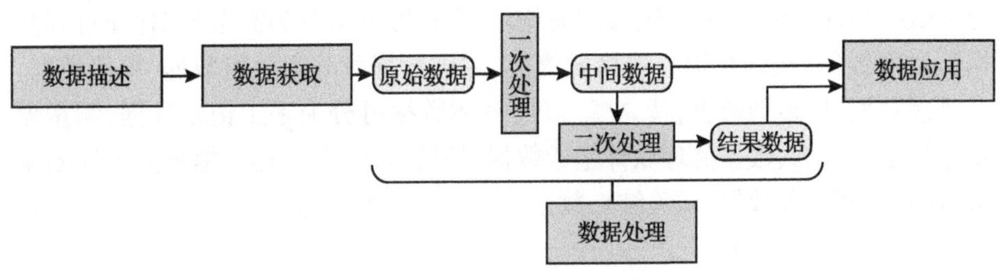


图8-1　试验数据生命周期各阶段关系图

(1)数据描述。根据试验需求或特殊的研究目的,对数据应用进行深入研究,制定出相应的数据标准,或基于成熟的数据标准,先完成数据的定义,再通过具体的分析过程完成数据结构设计。

(2)数据获取。试验数据获取是试验实践过程中的难度较大的一个重要环节。根据试验需求,对所需数据的种类和数量提出较为具体的要求,并针对不同的试验数据源,选择具体的数据获取方法。

(3)数据处理。试验数据处理是数据获取后的再加工过程,同时又是试验结果分析与评定的基础。按照不同的使用要求,对在装备试验中所获得的大量试验数据进行归纳、整理、组织、分类、统计以及绘制图表等。对在试验中测量、录取的各种原始数据进行加工和数学运算的过程,通常称为一次处理。根据试验结果分析与评定的需要,对一次处理的结果进行加工整理、数学计算、统计分析等活动,通常称为二次处理。

(4)数据应用。数据应用是数据深加工过程,是数据价值的具体体现。数据应用阶段的活动按照具体的技术特征可细分为数据挖掘、信息检索、数据集成和数据可视化等活动,这些活动实际上就是数据应用过程中所使用的不同技术手段。

### 8.1.2 试验数据的分类

数据分类是理解、管理和利用数据的前提,是具有共同特征数据的分组。了解不同数据类别间的关系和依赖性,有助于指导数据质量和管理方面的工作。在装备试验鉴定领域,从数据管理和统管的角度,试验数据可分为主体数据、元数据、主数据和参考数据。其中,主体数据是试验数据的核心,元数据、主数据和参考数据服务于主体数据。

(1)主体数据。试验数据的研究范围为试验与鉴定活动过程中,由试验系统外部输入或内部产生的、服务于试验相关工作的所有数据。主体数据是试验数据的核心,由于试验数据工作的复杂性,主体数据表现出“多维度”的特点,即可以从多种维度进行分类。例如,按项目维度,主体数据可分为资料档案数据、测试数据、观测数据、目标特性数据、环境物理场数据、模型与仿真数据和计量标校数据等;按形态维度,主体数据可分为静态数据(非过程数据)、动态数据(过程数据);按格式维度,主体数据可分为数组数据、单值数据、二进制数据、描述型数据;按来源维度,主体数据可分为手工记录数据、测量设备直接生成数据、数据处理软件生成数据;按阶段维度,主体数据可分为原始采集数据、中间过程数据、试验结果数据。不同维度的主体数据在采集方式、数据模式上有很大的区别。

(2)元数据。元数据是描述试验数据的数据。元数据标记、描述或刻画试验数据，是对信息资源或试验数据的结构化描述。元数据描述信息资源或试验数据的内容、覆盖范围、质量、管理方式、数据所有者、数据提供方式等信息。

(3)主数据。主数据用于描述参与装备试验与鉴定活动的人员、地点和事物，如被试品、参试人员、参试装备、测控站址等。主数据是装备试验与鉴定活动中被反复引用的关键数据，需要在试验与鉴定活动中保持高度的一致性。

(4)参考数据。参考数据是由试验信息系统、应用软件、数据库、流程、报告及试验数据等进行参考的数值集合或分类表。参考数据可定义为某个特定字段的有效值列表，如密级的有效数值列表可定义为{0=绝密，1=机密，2=秘密，3=内部，4=公开}。参考数据是增加数据可读性、可维护性以及后续应用的重要数据。

图 8-2 说明了各种数据类别之间的关系。创建主数据记录会引用参考数据；创建试验数据记录会引用主数据，有时也需要引用参考数据；元数据有助于更好地理解其他类别的数据。由于参考数据会严重影响主数据和试验数据的质量，对于互操作性非常重要，因此对参考数据进行严格的管理和标准化，可以显著提高试验数据的共享能力。主数据质量会影响试验数据，元数据质量会影响所有类别的数据。

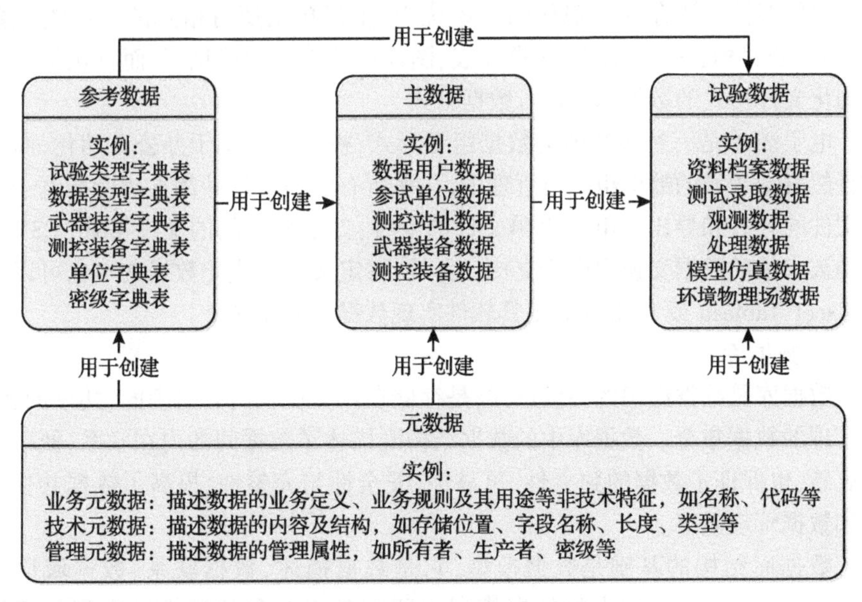


图 8-2　数据类别之间的关系

### 8.1.3　数据组织与管理

数据管理是指利用计算机硬件和软件技术对数据进行有效地收集、存储、处理和应用的过程,其目的在于充分有效地发挥数据的作用。随着计算机技术的发展,数据管理经历了人工管理、文件系统、数据库系统三个阶段。在针对复杂数据的数据挖掘过程中,还涉及面向应用的数据管理,管理的对象是在数据生命周期所涉及的应用过程中描述构成应用系统构件属性的元数据,这些应用系统构件属性包括流程、文件、档案、数据元(项)、代码、规则、脚本、模型、指标、物理表、抽取转换清理装载(ETL)、运行状态等。

数据组织是指按一定的方式和规则对数据进行归并、存储、处理的过程,是实现数据有效管理的关键。从逻辑上看,数据组织具有层层相联的层次体系:位、字符、数据元、记录、文件、数据库。其中,记录是逻辑上相关的数据元组合;文件是逻辑上相关的记录集合;数据库是为计算机系统资源共享的全部数据的集合。与数据挖掘有关的常用数据组织和管理形式具体如下。

1. 文件存储

数据组织和管理的最简单形式就是文件,它是一种高度灵活的数据存储形式,允许使用者非常自由地进行数据处理而不受过多的约束。然而,以文件作为数据存储形式,可能会出现数据冗余、数据不一致、数据访问繁琐、数据约束添加困难和数据安全性不高等问题。

文件存储广泛存在于现代信息系统中,不仅包括所有格式的非结构化数据,如办公文档、文本、图片、各类报表、图像和音频视频信息等,而且包括具有结构化文件格式的数据,如 XML 数据格式。

电子表单是一种多功能的数据组织形式,被广泛应用于办公自动化、商业和自然科学领域的数据组织与管理中,几乎所有的办公软件都支持标准电子表单文件的导入和导出。电子表单文件的变种,如逗号分隔的文件格式(CSV),已经被大量的数据交换程序所支持。另外,自定义的格式化数据文本也可以通过 Excel、Tableau 或 Python 等工具软件实现数据导入和导出。

2. 数据库

数据库是数据组织的高级形式,是存储在计算设备内有组织的、共享的、统一管理的数据集合。数据库中的数据结构既描述了数据间的内在联系,便于数据更新,也保证了数据的独立性、可靠性、安全性与完整性,提高了数据共享程度和数据管理效率。

数据库结构的基础是数据模型,它是数据描述、数据联系、数据域以及一致性约束的集合,现有的数据模型主要有基于对象的逻辑模型和基于记录的逻辑模型。基于对象的逻辑模型中,最著名的是实体关系模型(E-R模型),它可以根据现实世界中实体及实体间的关系对数据进行抽象建模;基于记录的逻辑模型中,最常见的是关系模型,它是用二维表的形式表示实体和实体间联系的数学模型,关系型数据库就是建立在关系模型基础上的数据库。

目前,关系型数据库是一种非常成熟稳定的数据库管理系统,已经被许多领域作为数据存储管理的基础,主流的关系型数据库有 Oracle、MySQL 等。标准查询语言(SQL)是关系型数据库的结构化查询语言,提供了对关系型数据库中的表记录进行查询和操纵的功能。

随着大数据时代的到来,相对于传统的结构化数据来说,数据量急剧膨胀的文本、图像、音频、视频以及数字传感器记录数据等非结构化数据成为数据组织和管理的主要对象。上述非结构化数据难以直接归入传统的关系型数据库,从而使面向结构化数据的关系型数据库的局限性越来越明显。同时,Web 2.0 应用不断发展,传统的关系型数据库也无法满足 Web 2.0 的需求。

许多新兴的 NoSQL 数据库,如 MongoDB、Apache HBase,很好地弥补了传统数据库系统的局限性。NoSQL 数据库是一种不同于传统关系型数据库的数据库管理系统的统称,它所采用的数据模型并非传统关系型数据库的关系模型,而是类似键/值、列族、文档等非关系模型。NoSQL 数据库具有灵活的水平扩展性,可以支持海量数据存储,能够满足对数据的高并发读写、高效存储和访问,以及数据库的高扩展性和高可用性等需求。在数据分析方面,NoSQL 数据库能为大型数据集的在线分析提供更快、更简单、更专门的服务。具有代表性的 NoSQL 数据库有 HBase、Redis、Neo4j、MongoDB 等。由于 NoSQL 数据库采用非关系型数据模型,不具备高度结构化查询特性,查询效率尤其是复杂查询方面不如关系型数据库,而且不支持原子性、一致性、隔离性和持久性(ACID)特性。

近几年,NewSQL 数据库逐渐得到广泛应用。NewSQL 数据库是对各种新的可扩展、高性能数据库的简称,不仅具有 NoSQL 数据库对海量数据的存储管理能力,还保持了传统数据库支持 ACID 和 SQL 的特性。代表性的 NewSQL 数据库有 Spanner、VoltDB 等。

3. 数据仓库

数据仓库是指"面向主题的、集成的、与时间相关的、主要用于存储的数据集合,支持管理部门的决策过程",其目的是构建面向分析的集成化数据环境,为分析人员提供决策支持。区别于其他类型的数据存储系统,数据仓库通常有特定的应用方向,并且能够集成多个异构数据源的数据。同时,数据仓库中的数据还具有时变性、非易失性等特点。数据仓库的数据来源于外部,开放给外部应用,其基本架构是数据流入/流出过程,该过程可分为三层——数据源、数据存储和数据应用,其流水线简称为 ETL,如图 8-3 所示。

数据仓库相当于利于决策者理解和分析的综合数据资源库,与传统数据库相比具有如下特点:

(1)数据仓库通常围绕某个应用目标、应用领域或使用者所感兴趣的内容

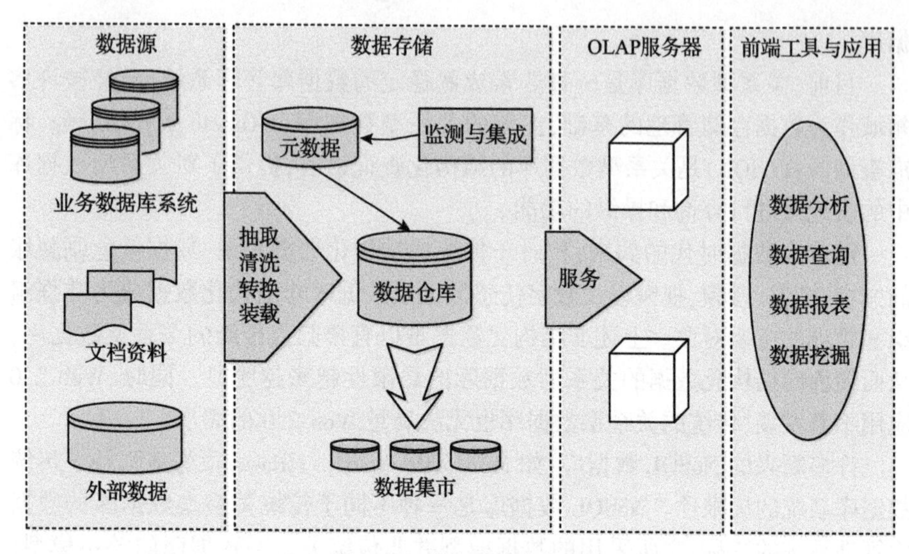


图 8-3　数据仓库架构图

约定,包含了一些相关的、由外部产生的数据。

(2)数据仓库可以不断更新和增长,这意味着数据可以被源源不断地积累起来,从而允许用户分析数据的变化趋势、模式和相互关系。

(3)数据仓库为复杂的决策支持查询进行了大量优化。数据仓库的不同目标和数据模型也同时引发了不同于传统数据库的技术、方法论和方法的研究。

(4)数据仓库能有效地处理结构化数据和非结构化数据,并且还能够提供两种数据的整合功能。

### 8.1.4　试验数据系统的建设原则

装备试验数据的特点,决定了试验数据建设是个复杂、艰巨的系统性工程。总结实践经验,可将试验数据系统建设原则概括为“先医后药、软主硬从”。

“先医后药”,是指要高度重视数据规划工作。数据价值的发挥,建立在具体而细致的数据治理基础之上,但必须清醒地认识到,数据是治理的对象,不是治理的目标,治理的目标一定是“服务用户”。用户具有多元性,用户需求又有着一定的层次性。同时,数据有着极强的关联性,需要验证、支持和追溯,其结果是这些满足不同用户多层次需求的数据,不再是数据本身,而是牵动全单位的数据体系。数据建设需要站在宏观视角和全局高度,从单位全面业务工作着手,按照一定的方法论,开展深入细致的数据规划,全面梳理“用户、需求、业务、功能、数据模型、数据以及数据采集、存储、管理、应用之间的关系”。如同中医施治,先有医生主导的“望、闻、问、切”充分诊断过程(数据规划过程),再给出药方(具体建设方案),这就是“先医后药”。

“软主硬从”,是指要高度重视数据模型设计与功能软件建设工作。在数据规划的基础上,进一步开展数据模型设计,完善有效的数据模型,对数据建设有着至关重要的意义。数据规划的成果,以及一系列数据相关的标准规范,最终要着落在数据模型上;数据系统功能的实现与运转,以及支持数据挖掘的数据仓库与数据集,也要建立在数据模型上。同时也要认识到,数据建设的最终目的是服务用户,但数据、数据模型本身并不能直接服务用户,数据是服务用户的功能软件的“输入”,软件则是数据与用户的接口,是数据发挥作用的途径。数据模型设计、功能软件研发,都是一个需要大量人力投入的“软过程”,要高度重视“软过程”的重要性,以数据模型为主体,研发功能软件,并开展计算与存储环境等“硬系统”建设,这就是“软主硬从”。

## 8.2 试验数据规划

试验数据规划是指在信息资源规划理论指导下,梳理业务流程、明确数据需求、建立数据标准、完成系统建模等过程和方法的总称。试验数据规划是试验数据系统建设的前端,应从单位全面业务工作着手,全面梳理“用户、需求、业务、功能、数据模型、数据以及数据采集、存储、管理、应用之间的关系”,开展深入细致的数据规划,是应对数据复杂性挑战、稳步推进数据系统建设的重要保障。试验数据规划包括需求分析与系统建模两个阶段,具体包括业务需求梳理、数据需求分析、系统功能建模、数据模型设计、系统体系结构建模等过程环节。

### 8.2.1 信息资源规划理论

1. 信息资源规划的概念

企业信息资源规划是指对企业生产活动所需要的信息,从产生、获取到处理、存储、传输及利用进行全面规划。在企业的生产经营活动中,无时无刻不在进行着信息的产生、流动和使用。要使企业每个部门内部、部门之间、部门与外单位之间的频繁且复杂的信息流畅通,充分发挥数据的作用,必须进行统一、全面的数据规划。

2. 信息资源规划的构成

信息资源规划包括方法论、标准和规范,支持工具软件以及整体解决方案。

(1)方法论。以信息工程方法论为指导,建立适合本单位实际情况的总体数据规划的方法理论体系,包括业务梳理的方法、需求分析的方法、系统建模的方法等。

(2)标准和规范。建立信息资源管理标准和规范,包括数据元素标准、用户视图标准、信息分类编码标准、逻辑数据库标准、物理数据库标准等。

(3)支持工具软件。选择适用的支持工具软件,将信息资源规划的具体步骤、相关标准和规范固化在软件中,以人机交互的方式帮助实施人员进行科学、系统的开发。

(4)整体解决方案。以上"方法论+标准和规范+支持工具软件"构成了一套完整的信息资源规划解决方案,它是具体的、可实施的、可控制的并可在短时间内达到预期效果的解决方案。

3. 信息资源规划的要点

从理论和技术方法创新的角度来看,信息资源规划有以下要点:

(1)在总体数据规划过程中建立信息资源管理基础标准,从而落实数据环境的改造或重建工作。

(2)制定工程化的信息资源规划实施方案,在需求分析和系统建模两个阶段的规划过程中执行有关标准规范。

(3)简化需求分析和系统建模方法,确保其科学性和成果的实用性。

(4)组织业务专家、系统分析员、数据技术员之间的紧密合作,按周制定工作进度计划,确保按期完成规划任务。

(5)全面利用工具软件支持信息资源规划工作,将标准规范编写到软件工具之中,软件工具会引导规划人员执行标准规范,形成以规划仓库为核心的电子化文档,确保与后续开发工作的无缝衔接。

4. 信息资源规划的参考原则

信息工程方法论是美国著名管理和信息技术专家詹姆斯·马丁(James Martin)在总结企业计算机信息系统开发经验基础上,提出的一整套理论与方法,是信息资源规划的参考原则。信息工程方法论的基本原理如下:

(1)所有信息系统的开发都应该是以数据为中心。

(2)数据结构应该是稳定的,而业务流程是多变的。

(3)最终用户必须真正参加信息系统的开发工作。

调查研究发现许多信息系统存在数据结构不合理的问题。冗余、混乱的数据不仅很难使用和维护,而且无法挖掘提供有用的信息,造成无用的"信息垃圾"充斥存储空间。为应对信息系统中的数据混乱问题,詹姆斯·马丁总结提出了4类"数据环境"的概念:数据文件、应用数据库、主题数据库和信息检索系统。前两类是低档次的数据环境,后两类是高档次的数据环境。主题数据库的特征具体如下:

(1)面向业务主题建库(不是面向单证报表建库)。

(2)支持信息共享(不是信息私有或部门所有)。

(3)要求所有源数据一次一处输入系统(不是多次多处输入)。

(4)每个主题数据库都由基本表构成,基本表需要满足三大范式要求。

### 8.2.2　试验数据规划的实施

依据信息资源规划相关理论,结合装备试验鉴定工作与试验数据特点,试验数据规划包括需求分析与系统建模两个阶段,具体包括业务需求梳理、数据需求分析、系统功能建模、数据模型设计、系统体系结构建模等过程环节。具体流程如图 8－4 所示。

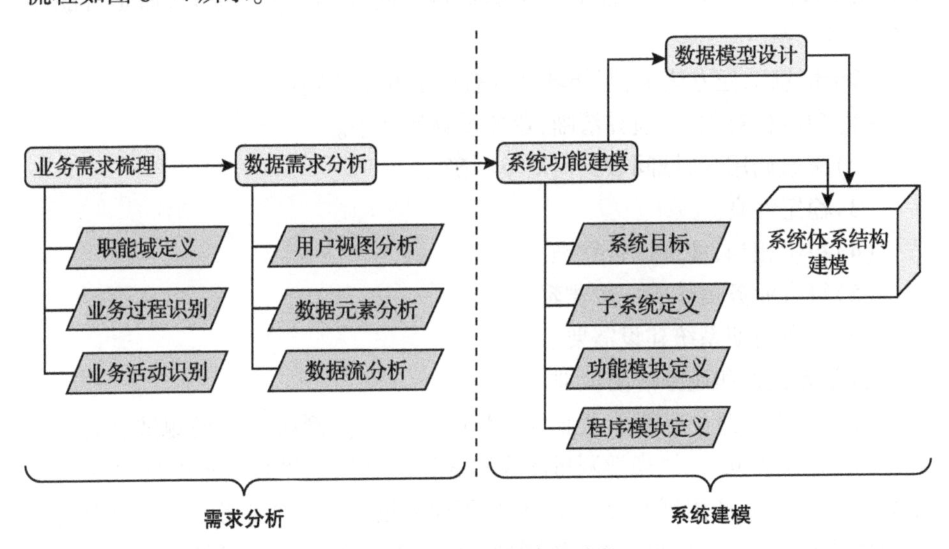


图 8－4　数据规划阶段过程

1. 试验数据规划的需求分析

试验数据规划的第一阶段是进行需求分析,包括业务需求梳理和数据需求分析两个环节。

业务需求梳理包括职能域划分、业务过程识别和业务活动识别。按照信息工程方法论关于数据规划要面向全域和主要职能域的原则,由主管领导、机关、装备与设备等专业人员、数据技术人员,按照各种业务的逻辑关系,将所涉及的所有业务领域划分为若干职能区域。厘清各职能区域中所包含的全部业务过程,将各个业务过程细分为一些业务活动。在业务需求梳理的基础上,进一步开展数据需求分析。

数据需求分析是数据规划中工作量最大且最复杂的工作,要求站在宏观视角和全局观点,对所有工作领域所涉及信息进行深入的调查研究,包括用户视图分析、数据流程图绘制。数据需求分析需要从用户视图的调查研究入手,业务领域专家和数据技术人员密切合作,认真分析不同领域、不同层次业务工作的信息需求,为进一步的系统建模打下坚实基础。

1)职能域划分

职能域是指一个组织中的一些主要业务活动领域,是对组织业务的抽象,并非现有职能领域的翻版。职能域的划分目的是确定规划范围,以满足业务模型构建的需要,既要有宽度(覆盖全部业务范围)和深度,还要有粒度(需要对所划定域内的业务过程和业务活动拆分到最小)。试验鉴定领域的职能域划分,在宽度上至少应覆盖"组、法、人、试、装、兵"6个维度。需要指出的是,职能域划分完全按照业务进行,职能域与组织机构之间并非一对一关系,而是可能存在多对多关系。

基于信息工程方法论,职能域划分有以下6条原则:

(1)功能相对独立,边界清晰,业务重叠程度小。

(2)跨域调用少,域间数据流简单明确。

(3)稳定性高。

(4)粒度相当,便于进行管理。

(5)符合业务运作的一般逻辑。

(6)兼顾后期系统建设需要。

2)业务过程和业务活动识别

每个职能域都含有若干个业务过程(Process)。例如,"外场测试事后数据处理"职能域就包含了"光学测量图像数据处理""雷达测量数据处理""卫星导航数据处理""外场测试融合数据处理"等业务过程。每个业务过程都含有若干个业务活动(Activity),例如"光学测量图像数据处理"业务过程包括"图像预处理""目标图像判读""方位标图像判读""合理性检验""三差修正""折光修正""部位不一致修正""光学测量弹道解算""光学测量数据分析"等业务活动,见表8-1。业务活动是不能再分解的基本业务单元。业务过程和业务活动识别就是对职能域逐个进行业务分析,产生本职能域的业务模型、功能模型、数据模型。一般可以按"业务活动"+"角色"+"时序"三个元素,进行业务流程梳理,建立业务模型。业务活动识别的原则是以最小的、不能再分的业务单元作为识别的基础,使业务活动具有相对的稳定性,可根据具体需求进行灵活配置与组合。

表8-1 光学测量图像数据处理业务过程与业务活动

| 业务过程 | 业务活动 |
|---|---|
| 光学测量图像数据处理 | 图像预处理 |
| | 目标图像判读 |
| | 方位标图像判读 |

（续）

| 业务过程 | 业务活动 |
|---|---|
| 光学测量图像数据处理 | 合理性检验 |
| | 三差修正 |
| | 折光修正 |
| | 部位不一致修正 |
| | 光学测量弹道解算 |
| | 光学测量数据分析 |

3）用户视图分析

用户视图（userview）是最终用户对数据实体的看法。收集整理用户视图是进行系统需求分析的关键，通过收集整理用户视图，可以把握系统的信息需求，搞清系统的数据流程。用户视图要定义到业务活动层，可分为输入、存储、输出3类和字段、单值、表单、数据文件、模型、图像、图形等7种表达方式。各职能域根据用户视图的情况，设定编码规则，对用户视图进行编码。对用户视图的标示、名称、流向等概要信息和组成信息要进行统一定义，为数据库的设计做好准备。

4）数据流程图绘制

信息流需要按用户、功能和数据3个要素进行描述，并进行“计算机化”分析，将不可以计算机化的业务剔除。对可计算机化的业务进行抽象与演绎，建立起相应的各职能域的功能模型和数据模型。通过数据模型分析某个职能域与其他外部域的信息的关联，将它与外部域的信息交换关系表现出来。这样，弄清楚了业务活动产生的数据，以及业务活动与数据之间的关系，进而在数据模型设计阶段，设计出各职能域的主题数据库。

数据流分析的有效方法是绘制数据流程图。要对每个职能域绘出一二级数据流程图，从而搞清楚职能域内外、职能域之间和职能域内部的信息流。例如，对于“光学测量图像数据处理”业务过程，数据处理工作的执行单位属于组织域；数据处理人员属于人力资源域；数据处理的输入数据源“某型经纬仪”属于试验设备域；数据处理的工作流程及标准属于试验法规域；数据处理的输出数据属于试验评估域。通过对职能域进行划分，信息的来源就显得非常清楚。数据流定性分析的方法和结果，是绘制各职能域的一级数据流程图和二级数据流程图。一级数据流程图解决职能域之间、职能域与外单位的数据流问题。二级数据流程图解决职能域内部的业务过程和数据存储、使用之间的关系，即职能域内部的数据流问题。

2. 试验数据规划的系统建模

系统建模是指在规范化需求分析的基础上进行系统模型的建立，是试验数据规划的核心和关键性工作。它包括系统功能建模、数据模型设计和系统体系结构建模。

1）系统功能建模

系统功能建模是基于需求分析和业务流程重组进行系统的功能建模，由逻辑子系统、功能模块和程序模块组成，是解决“系统做什么”的问题。在需求分析阶段，通过业务的分解，建立了由“职能域—业务过程—业务活动”3层结构组成的业务模型。但是，并非所有的业务活动都能实现计算机化的管理。有些业务活动可以由计算机自动完成；有些业务活动可以人—机交互完成；有些业务活动仍然需要由人工完成。将能由计算机自动进行处理和人—机交互进行的活动挑选出来，按“子系统—功能模块—程序模块”组织，就是系统功能模型（Function Model），见表8-2。

表8-2　业务与功能模型参照表

| 业务模型 | 职能域 | 业务过程 | 业务活动 |
|---|---|---|---|
| 功能模型 | 子系统 | 功能模块 | 程序模块 |

子系统描述的内容，包括：①子系统的目标，对系统总体目标进行分解，进行更具体的界定；②子系统的边界，确定覆盖哪个职能域或跨职能域，为哪个管理层次或跨管理层次服务；③信息加工处理深度或信息系统类型，明确该子系统属于具体哪一种类型。

功能模块描述的内容，要求列出子系统的主要功能，并用短文加以描述，其中包括子系统的目标分解。

程序模块描述的内容，包括程序名称、程序类型（录入、查询、打印、传输等）、程序存取（关联的基本表）、处理逻辑（输入、处理、输出）、必要的算法说明、必要的流程说明。

2）数据模型设计

数据模型设计是试验数据规划的核心部分，是数据环境重建的根本保障。该部分内容将在8.3节做详细介绍。

3）系统体系结构建模

系统体系结构建模是指系统数据模型和功能模型的关联结构，采用C-U矩阵来表示。系统体系结构模型分为全域系统体系结构模型和子系统体系结构模型，前者表示整个试验数据规划范围所有子系统与主题数据库的关联情况，后者表示一个子系统的所有功能模块与基本表的关联情况。

在信息工程方法论中，信息系统体系结构（Information System Architecture,

ISA)是指系统数据模型和功能模型的关联结构,采用 C-U 矩阵来表示,包括全域系统体系结构模型(全域 C-U 矩阵)和子系统体系结构模型(子系统 C-U 矩阵)。全域系统体系结构模型用于整个规划范围内所有子系统和主题数据库之间的关系,子系统体系结构模型用于规划子系统内所有功能/程序模块与基本表之间的关系。在子系统的 C-U 矩阵中,数据列由子系统数据模型的基本表构成,数据行由子系统功能模型的程序模块构成。基本表与程序模块之间的存取关系,就形成了所谓的 C-U 矩阵。其中,C(Create)表示程序模块对基本表的存入关系,即创建或维护基本表;而 U(Use)表示对基本表的使用关系。为了保持数据库的一致性,数据要求采取一处一源存入,也就是说,每个基本表在矩阵中一般只有一个 C 与之对应。基本表的信息共享主要体现在该基本表被程序模块所使用和访问的次数,对应的使用/访问的数目越多,它的信息共享性就越好。系统体系结构模型建立了决定共享数据库的创建与使用关系,它是进行数据分布分析和制定系统开发计划的科学依据。

### 8.2.3　试验数据规划的系统建模示例

本节以外场测试事后数据处理子系统为例,介绍子系统体系结构建模过程。

1. 系统功能建模

首先需要进行职能域描述,完成职能域、业务过程、业务活动的识别和分解。外场测试数据处理职能域负责飞行器靶场试验的外弹道测量数据处理、外弹道参数解算、精度分析与外场测试数据处理报告编写等工作。

通过进一步的需求分析,该职能域可分成 4 个具体业务过程,包括外场测试数据处理总体、光学测量图像数据处理、雷达测量/卫星导航数据处理、弹道融合处理。进一步将各个业务过程剖分为不能再细分的业务活动,按“业务活动”+“时序”两个维度,结合业务过程的输入/输出关系,进行业务过程梳理,同步绘制该业务过程的流程图,建立业务模型。

以光学测量图像数据处理业务过程为例,可分解为“图像预处理”“目标图像判读”“方位标图像判读”“合理性检验”“三差修正”“折光修正”“部位不一致修正”“光学测量弹道解算”“光学测量数据分析”9 项业务活动,按“业务活动”+“时序”两个维度进行业务过程梳理,同步绘制该业务过程的流程图,如图 8-5 所示。

2. 系统体系结构建模

在系统功能建模的职能域、业务过程、业务活动识别和分解基础上,结合数据建模过程形成的数据表,构建试验外场测试事后数据处理子系统体系结构模型(子系统 C-U 矩阵),如表 8-3 所列。

表 8－3　试验外场测试事后数据处理子系统体系结构模型

| 功能-程序模块名称 \ 基本表名称 | | 光学测量设备战斗报告表 | 光学测量设备目标判读结果数据表 | 光学测量设备方位标判读结果数据表 | 光学测量设备目标判读结果三差修正数据表 | 光学测量设备目标判读结果折光修正数据表 | 光学测量设备目标判读结果部位修正数据表 | 光学测量系统弹道解算数据表 | 雷达测量设备战斗报告表 | 雷达测量设备原始数据表 | 雷达测量设备量纲复原数据表 | 雷达测量设备标校修正数据表 | 雷达测量设备电波折射修正数据表 | 雷达测量设备部位修正数据表 | 雷达测量系统弹道解算数据表 | 合同目标参数表 | 探空气象数据表 | 电离层剖面数据表 | 基础数据准备表 | 样条参数配置表 | 融合弹道参数表 | 弹道精度参数表 |
|---|---|---|---|---|---|---|---|---|---|---|---|---|---|---|---|---|---|---|---|---|---|---|
| 光学测量图像数据处理 | 图像预处理 | A | | | | | | | | | | | | | | | | | | | | |
| | 目标图像判读 | A | C | | | | | | | | | | | | | | | | | | | |
| | 方位标图像判读 | A | | C | | | | | | | | | | | | | | | | | | |
| | 三差修正 | A | | U | C | | | | | | | | | | | | | | | | | |
| | 折光修正 | | | | U | C | | | | | | | | | | | U | | | | | |
| | 部位不一致修正 | | | | | U | C | | | | | | | | | U | | | | | | |
| | 光学测量弹道解算 | | | | | | U | C | | | | | | | | | | | | | | |
| | 光学测量数据分析 | A | A | A | A | A | A | A | | | | | | | | | A | | | | | |

（续）

| 功能-程序模块名称 \ 基本表名称 | | 光学测量设备战斗报告表 | 光学测量设备目标判读结果数据表 | 光学测量设备方位标判读结果数据表 | 光学测量设备目标判读结果三差修正数据表 | 光学测量设备目标判读结果折光修正数据表 | 光学测量设备目标判读结果部位修正数据表 | 光学测量系统弹道解算数据表 | 雷达测量设备战斗报告表 | 雷达测量设备原始数据表 | 雷达测量设备量纲复原数据表 | 雷达测量设备标校修正数据表 | 雷达测量设备电波折射修正数据表 | 雷达测量设备部位修正数据表 | 雷达测量系统弹道解算数据表 | 合同目标参数表 | 探空气象数据表 | 电离层剖面数据表 | 基础数据准备表 | 样条参数配置表 | 融合弹道参数表 | 弹道精度参数表 |
|---|---|---|---|---|---|---|---|---|---|---|---|---|---|---|---|---|---|---|---|---|---|---|
| 雷达测量卫导数据处理 | 数据预处理 | | | | | | | | A | C | | | | | | | | | | | | |
| | 量纲恢复 | | | | | | | | A | U | C | | | | | | | | | | | |
| | 标校修正 | | | | | | | | A | | U | C | | | | | | | | | | |
| | 电波折射修正 | | | | | | | | | | | U | C | | | | | U | | | | |
| | 部位不一致修正 | | | | | | | | | | | | U | C | | U | | | | | | |
| | 雷达测量弹道解算 | | | | | | | | | | | | | U | C | | | | | | | |
| | 雷达测量数据分析 | | | | | | | | A | A | A | A | A | A | A | | | | | | | |
| 弹道融合处理 | 数据准备 | | | | | | | | | | | | | | | | | | C | | | |
| | 样条模型参数配置 | | | | | | | | | | | | | | | | | | | C | | |
| | 融合弹道解算 | A | | | | | U | U | A | | | | | U | U | | | | U | U | C | |
| | 弹道精度计算 | | | | | | | | | | | | | | | | | | U | U | U | C |
| | 弹道数据分析 | A | | | | | A | A | A | | | | | A | A | A | | | | A | A | A |

注：U为使用；C为创建；A为访问。

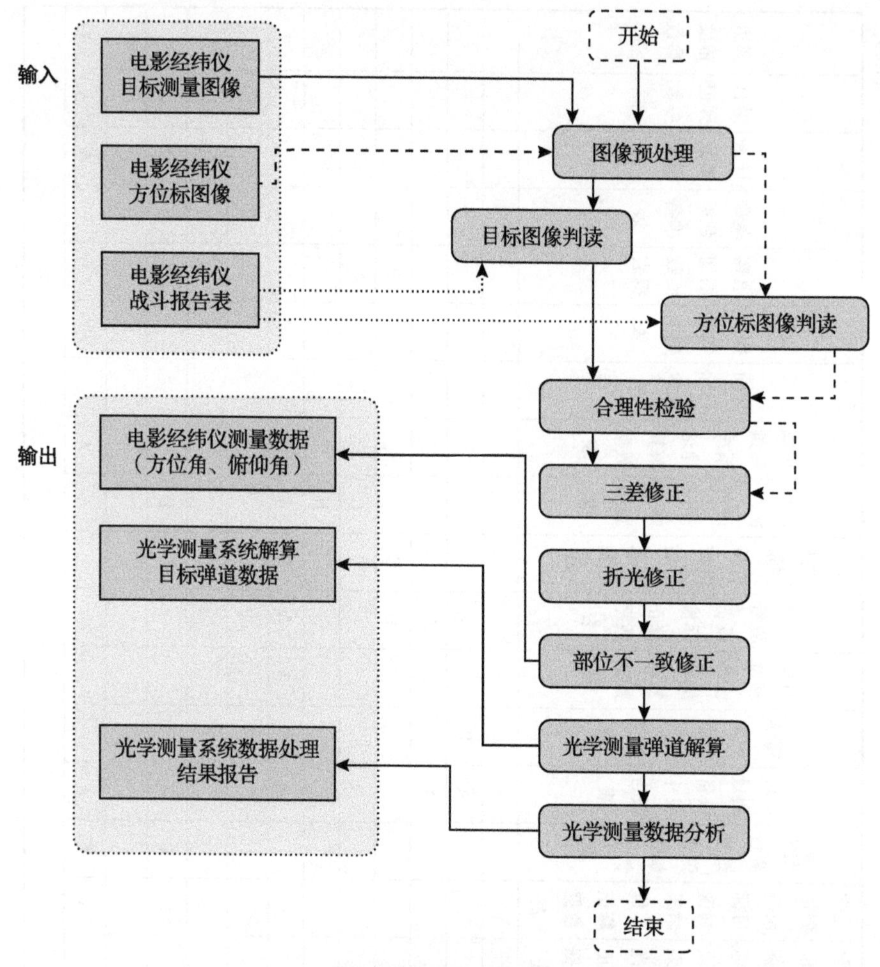


图 8－5　光学测量图像数据处理业务过程

## 8.3　试验数据模型设计

装备试验数据模型是对装备试验数据内容的概念、组成、结构、相互关系的总称，可分为概念模型、逻辑模型、物理模型三个层次。概念模型是在需求分析的基础上，按照用户的观点对数据进行建模，主要用于表达用户的需求。逻辑模型是在概念模型的基础上，确定模型的数据结构。物理模型是在逻辑模型的基础上，确定数据在计算机系统内部的表示方式和存取方式。装备试验数据模型可以使用实体关系模型来描述。本节介绍基本的数据模型设计方法、关系型数据库建模流程，并以某试验数据管理与服务系统的数据模型设计为示例进行介绍。

### 8.3.1　数据模型设计方法

数据模型设计方法主要包括实体建模法、范式建模法和纬度建模法。概念建模阶段多采用实体建模法，逻辑建模和物理建模阶段多采用范式建模法和维度建模法。

1. 实体建模法

实体建模法是将整个业务划分成一个个实体，建模工作即完成对每个实体之间关系的恢复，并针对这些关系作出说明。一般使用抽象归纳的方式，任何业务都可以看成以下 3 个部分：①实体，主要是指领域模型中特定的概念主体，特指发生业务关系的对象；②事件，主要是指概念主体之间完成一次业务流程的过程，特指特定的业务过程；③说明，主要是针对实体和事件的特殊说明。

由于实体建模法便于实现业务模型的划分，因此，在业务建模阶段和领域概念建模阶段，实体建模法有着广泛的应用。在没有成熟的全面业务模型的情况下，可以采用实体建模法，和用户一起理清整个业务的模型，进行领域概念模型的划分，抽象出具体的业务概念，并结合用户的使用特点，创建出一个符合自身需要的数据模型。但是，实体建模法也有着先天的缺陷，它只是一种抽象客观世界的方法，因此，该建模方法只能局限在业务建模和概念建模阶段。到了逻辑建模阶段和物理建模阶段，则是范式建模法和维度建模法发挥长处的阶段。

2. 范式建模法

范式建模法是构建数据模型时常用的一种方法，主要解决关系型数据库的数据存储问题。目前，在关系型数据库中的建模方法中，大部分采用的是第三范式（Third Normal Form，3NF）建模法。范式是数据库逻辑模型设计的基本理论，一个关系模型可以从第一范式到第五范式进行无损分解，这个过程也可称为规范化。在数据模型设计中目前一般采用第三范式，它有着严格的数学定义。从其表达的含义来看，符合第三范式的关系必须具有以下 3 个条件：

（1）每个属性值都唯一，不具有多义性。

（2）每个非主属性必须完全依赖于整个主键，而是非主键的一部分。

（3）每个非主属性不能依赖于其他关系中的属性，否则这种属性应该归到其他关系中去。

数据模型的建设方法和业务系统的数据模型类似。在业务系统中，数据模型决定了数据的来源，而数据模型也分为两个层次，即主题域模型和逻辑模型。同样，主题域模型可以看作业务模型的概念模型，而逻辑模型则是主题域模型在关系型数据库上的实例化。

3. 维度建模法

维度建模法最简单的描述就是按照事实表(维表)来构建数据仓库、数据集市。这种方法的典型代表就是星型模式(star - schema)。星型模式之所以被广泛使用,在于星型模式针对各个维度作了大量的预处理,如按照维度进行预先的统计、分类、排序等。通过这些预处理,星型模式能够极大地提升数据仓库的处理能力。特别是与3NF建模方法相比,星型模式在性能上拥有明显的优势。

维度建模法非常直观,紧紧围绕着业务模型,可以直观地反映出业务模型中的业务问题。不需要经过特别的抽象处理,就可以完成维度建模,这也是维度建模法的优势。但是,维度建模法的缺点也是非常明显的,由于在构建星型模式之前需要进行大量的数据预处理,因此会导致大量的数据处理工作。当业务发生变化、需要重新进行维度的定义时,往往需要重新进行维度数据的预处理。在这些处理过程中,往往会导致大量的数据冗余;如果只是依靠单纯的维度建模,则不能保证数据来源的一致性和准确性。因此,在数据仓库的底层不是特别适用于维度建模法。维度建模法的应用领域主要适用于数据集市层,用于解决数据仓库建模中的性能问题。维度建模法很难能够提供一个完整的描述业务实体之间复杂关系的抽象方法。

### 8.3.2 数据模型设计流程

按照数据模型的层次,完整的数据模型设计包括概念模型设计、逻辑模型设计和物理模型设计三个阶段。

1. 概念模型设计

概念模型是按用户的观点对数据和信息建模,是对客观对象进行抽象后而形成的一种数据结构描述。装备试验数据概念模型是在装备试验鉴定领域中对试验数据对象的客观描述,这种数据结构不依赖于具体的计算机系统,是一种概念性的描述。概念模型主要由实体、属性和联系等基本元素构成。

1)概念模型的基本元素

实体是对同一类型数据实例的描述。数据实体是装备试验领域中可以区分的最基本的事物类型,是装备试验鉴定中拥有共同属性和特征的、真实的或抽象的一类事物,其中每类事物称为该实体的一个实例,如被试装备、试验任务、参试装备等。每一类实体必须有唯一的名字,拥有多个与其特征或特性相对应属性。如果一类实体依赖其他实体的存在而存在,称为依赖实体。实体模型包括实体属性的组成结构和实体间的相关情况,数据应用字典可看成一类实体。

属性是指实体的特征或特性,即数据项的数据描述。例如,被试装备可由装备代码、装备名称、装备型号、装备简介等数据项构成。

联系是两个实体或多个实体之间的关联关系。实体间的联系包括一对一、一对多和多对多三种联系。

(1)一对一联系。如果对于实体A中的每一个实例,实体B中至多有一个实例与之联系,反之亦然,则称实体A与实体B存在一对一联系,记为1∶1。

(2)一对多联系。如果对于实体A中的每一个实例,实体B中有$n$个实例与之联系,或者对于实体B中的每一个实例,实体A中至多有一个实例与之联系,则称实体A与实体B存在一对多联系,记为$1:n$。

(3)多对多联系。如果对于实体A中的每一个实例,实体B中有$n$个实例与之联系,或者对于实体B中的每一个实例,实体A中也有$m$个实例与之联系,则称实体A与实体B存在多对多联系,记为$m:n$。

2)概念模型的描述方法

试验数据概念模型主要是通过数据名录进行描述。数据名录即数据关系结构,通常采用Word文档形式记录,统一采用树型缩进格式,即以"根—枝—叶"的形式,描述"实体分类—实体—属性"之间的关联关系或层次关系。数据名录规定了实体的界定、分类和层次关系,以及属性的含义、表示方法、取值范围等内容,描述了用户概念上的数据项集合及数据项间的相互关系。

a)实体名录要求

(1)实体是试验领域人们关注的对象和事物,在数据名录中按层次描述实体的分类和实体。

(2)实体名录的实体分类与数据模型信息分类一致。

(3)实体或实体分类标识单独占一行。

(4)实体和实体类别为数据名录中的一个节点,实体及实体分类标识采用数字"加"汉字的方式表示。

(5)每一实体分类和其子类在数字中用小数点(.)分隔,例如1.01.01。

(6)每一实体分类和其子类在汉字中用分隔符"—"分隔,例如装备—装备性能—军械装备。

b)属性名录要求

实体属性名录要求包括:

(1)实体属性即数据项的数据描述,应该对数据名录中所有的属性数据的含义及表达方式做出完整、正确的解释。

(2)属性内容说明的顺序为数据项名称、单位、范围、注释和举例,包括对数据应用字典的引用。具体要求如下。

数据项名称:实体属性的名称。

单位:若数据值用数字表示,在数据项名称后加括号,括号里填入计量单位,例如高程(米)。

范围:

——数字表示(允许数字位数,小数位数),例如数字表示(8,3)。

——日期型,如 yyyy - mm - dd。

——媒体型,如文档、图片,视频文件等。

——其他类型,例如纬度格式为“度度. 分分秒秒”等。

——引用数据应用字典,例如数据应用字典(1.4 部队类别)。

注释:对数据项的含义进行注释。

举例:根据需要可以举一个例子说明。

(3)凡是数字表示的数据项,计量单位用标准计量单位表示。

c)关系名录要求

关系名录要求包括:

(1)数据名录对实体、子实体、属性的关系描述采用树形列表形式,即“根—枝—叶”形式,描述各类实体之间的关联关系或层次关系,例如主从关系、从属关系等。

(2)深度描述采用层次结构,层次可以少于 5 层,但一般不超过 5 层。每层向右嵌入两个空格。

(3)在层次结构中,所有的叶节点都是数据项。

(4)层次标识同分类标识表示方法,但数字可以省略。

2. 逻辑模型设计

根据数据名录(概念模型),采用实体关系模型(E - R 图)将数据名录中的实体、实体的关联和层次关系等分离成若干个实体,并建立实体间的关系。

1)实体关系模型的标记

实体关系模型主要由实体、属性、主键和关系等基本元素描述。实体用分层矩形表示,上层列出实体名称,下层列出实体属性,主键用下划线和<pi>标记,外键用<fk>标记。关系用带鱼尾纹的线表示,关系的种类和基数通过鱼尾纹体现出来。图 8 - 6 给出了被试装备与模型数据之间的实体关系模型,关系两端符号的含义见表 8 - 4。

表 8 - 4 关系两端符号的含义

| 符号 | 含义 |
| --- | --- |
| —○— | 基数为 0 或 1 |

（续）

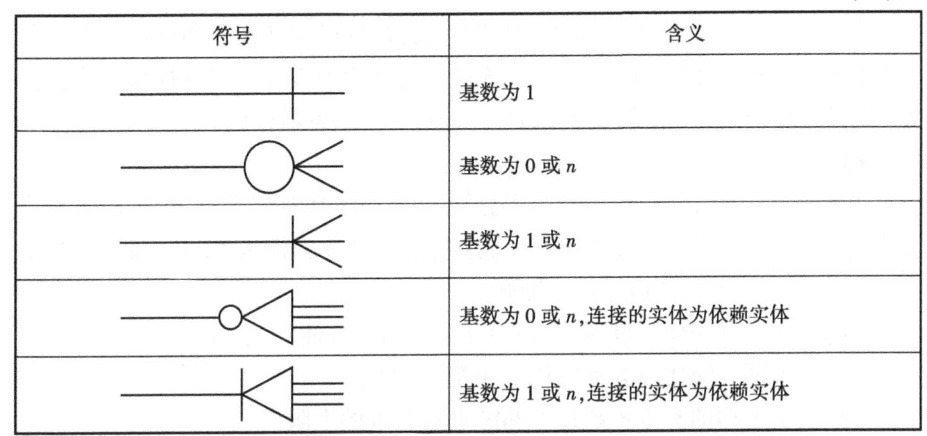

| 符号 | 含义 |
| --- | --- |
|  | 基数为 1 |
|  | 基数为 0 或 $n$ |
|  | 基数为 1 或 $n$ |
|  | 基数为 0 或 $n$，连接的实体为依赖实体 |
|  | 基数为 1 或 $n$，连接的实体为依赖实体 |

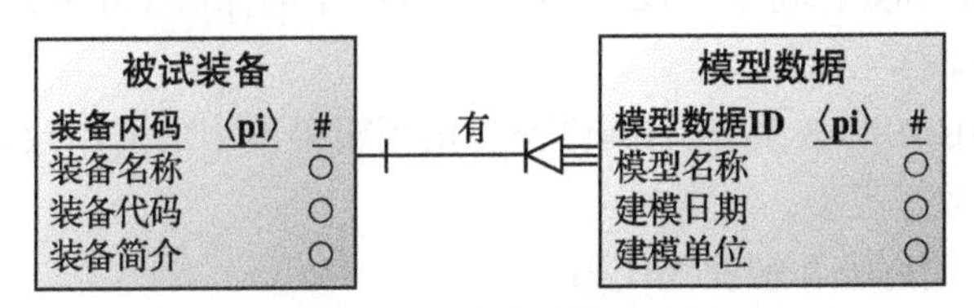


图 8－6　实体关系模型示例

2）概念模型转换为逻辑模型的一般原则

关系模型由一组关系模式组成，一个关系模式就是一张二维表，逻辑模型设计的任务就是将概念模型中的实体、属性和关系转换为关系模型结构中的关系模式。这种转换一般遵循以下基本原则。

（1）一个实体转换为一个关系模式。实体的属性就是关系模式的属性，实体的码就是关系模式的码。例如，被试装备实体转换为关系模式为

被试装备（装备内码，装备名称，装备代码，装备简介）。

（2）一对一关系可以转换为一个独立的关系模式，也可以与任意一段对应的关系模式合并。

（3）一对多关系可以转换为一个独立的关系模式，也可以与 $n$ 端对应的关系模式合并。

（4）多对多关系可以转换为一个独立的关系模式，与该关系相连的各实体的码以及关系本身的属性均转换为关系模式的属性，关系模式的码为与该关系相连的各实体的码的组合。

（5）继承的转换可以采用以下 3 种不同的方式：①父实体的所有属性转换到子实体中，只保留每个子实体，不在保留父实体；②每个子实体的所有属性都转换到父实体中，只保留父实体，不再保留子实体；③父实体和子实体分别转换对应的关系模式，父关系模式与每个子关系模式之间存在标识关系。

3. 物理模型设计

物理模型设计是在逻辑模型的基础上,将数据模型转换为物理设备上运行的数据库,需要针对具体的 DBMS 系统进行物理模型设计。物理模型考虑的主要问题包括命名、确定字段类型、编写存储过程和触发器代码。

1)命名

在概念模型和逻辑模型设计过程中,为了便于理解和交流,命名时常用中文名称;在物理模型设计过程中,要将这些中文名称转换为 DBMS 系统支持的英文名称。在转换时应遵循如下原则:

(1)英文名称应便于理解,采用中文名称的拼音抽头,字母大写。

(2)在不同层级实体名称间用分隔符“_”分隔。

(3)英文名称的长度不超过 DBMS 名称长度的上限。

(4)英文名称要保持唯一性,且不与 DBMS 中的保留字重名。

2)确定字段类型

根据选用的 DBMS 系统,将属性类型由逻辑模型中的通用数据类型转换为 DBMS 定义的数据类型。

3)编写存储过程和触发器代码

在逻辑模型设计过程中,对关系设置了许多约束条件,在物理模型设计中需要设计存储过程和触发器,并将这些约束条件完全实现。

### 8.3.3 试验数据模型设计示例

1. 装备试验数据概念模型设计

1)确定实体和属性

装备试验鉴定活动中所涉及的各类数据关系是错综复杂的,通过反复的数据需求分析,可以提炼概括出试验资料档案数据、测试录取数据、观测数据、处理数据、模型数据、仿真数据和环境物理场数据,以及试验鉴定相关的被试装备、试验任务等数据实体,详见表 8-5。

表 8-5 装备试验数据资源实体说明

| 序号 | 实体名称 | 实体描述 |
| --- | --- | --- |
| 1 | 被试装备 | 描述被试装备的基本信息 |
| 2 | 试验资料档案数据 | 与被试装备相关的试验文书、技术资料、随机资料等 |
| 3 | 模型数据 | 武器装备的理论模型 |
| 4 | 被试品 | 用于试验的被试装备 |
| 5 | 随机资料 | 被试品附属的产品证明书、使用说明书等资料 |
| 6 | 试验任务 | 为鉴定与评价被试品所进行的一系列试验活动 |

（续）

| 序号 | 实体名称 | 实体描述 |
|---|---|---|
| 7 | 仿真试验 | 利用武器装备模型数据进行的模拟试验 |
| 8 | 仿真数据 | 在仿真试验中,输入和产生的试验数据 |
| 9 | 静态试验 | 在技术阵地和发射阵地对被试品的检查、测试等试验活动 |
| 10 | 测试录取 | 在静态试验中进行的测试录取作业 |
| 11 | 测试录取数据 | 通过测试录取作业获得的试验数据 |
| 12 | 动态试验 | 对被试品进行发射或射击等试验活动 |
| 13 | 观测 | 在动态试验中对被试品或攻击目标的跟踪测量作业 |
| 14 | 观测数据 | 通过观测获得的被试品或攻击目标的跟踪测量数据 |
| 15 | 监测 | 在动态试验中对电磁和水文气象的测量作业 |
| 16 | 环境物理场数据 | 通过监测获得试验区域内的电磁和水文气象数据 |
| 17 | 处理数据 | 对试验中获得的各类数据进行处理得到的数据 |
| 18 | 测控装备 | 用于测试录取、观测、监测和处理的试验专用装备 |

针对不同的实体,确定每个实体所包含的属性,属性应是不可再分的数据项,且属性不能与其他实体具有联系。例如被试装备可以由装备代码、装备名称、装备型号、装备概述等数据项来描述。

2)确定实体间的关系

分析上述实体,如果两个实体间有关联,就应该建立联系,并确立联系的种类。例如,被试装备从型号研制、定型、生产到试验会产生大量的与型号装备相关的技术资料、试验资料,故被试装备与试验资料档案数据之间存在着一对多的依赖关系。以此类推,可以分析其他实体间的相互联系,表 8-6 详细描述了各数据实体间的相互联系及含义。

表 8-6　实体间的联系及含义

| 序号 | 实体 | 联系类型 | 含义 |
|---|---|---|---|
| 1 | 被试装备与试验资料档案数据 | 一对多<br>标识依赖 | 一种被试装备有 1 或 $N$ 个试验资料档案数据,并依赖于被试装备 |
| 2 | 被试装备与模型数据 | 一对多<br>标识依赖 | 一种被试装备有 1 或 $N$ 个模型数据,并依赖于武器装备 |
| 3 | 被试装备与被试品 | 一对多<br>标识依赖 | 一种被试装备有 1 或 $N$ 个被试品,并依赖于被试装备 |
| 4 | 被试品与随机资料 | 一对多<br>标识依赖 | 一个被试品有 1 或 $N$ 个随机资料,并依赖于被试品 |

（续）

| 序号 | 实体 | 联系类型 | 含义 |
| --- | --- | --- | --- |
| 5 | 随机资料与试验资料档案数据 | 继承 | 随机资料继承试验资料档案数据的属性信息 |
| 6 | 试验任务与被试品 | 一对多<br>非标识依赖 | 一次试验任务包含 1 或 $N$ 个被试品 |
| 7 | 试验任务与仿真试验 | 一对多<br>标识依赖 | 一次试验任务包括 0 或 $N$ 次仿真试验，并依赖于试验任务 |
| 8 | 模型数据与仿真试验 | 多对一<br>标识依赖 | 一次仿真试验使用 1 或 $N$ 组模型数据，并依赖于仿真试验 |
| 9 | 仿真试验与仿真数据 | 一对多<br>标识依赖 | 一次仿真试验包含 1 或 $N$ 组输入输出数据对，并依赖于仿真试验 |
| 10 | 试验任务与静态试验 | 一对多<br>标识依赖 | 一次试验任务包括 1 或 $N$ 次静态试验，并依赖于试验任务 |
| 11 | 静态试验与测试录取 | 一对多<br>标识依赖 | 一次静态试验包括 1 或 $N$ 次测试录取作业，并依赖于静态试验 |
| 12 | 测控装备与测试录取 | 一对一<br>标识依赖 | 一台测控装备只能对应 1 个测试录取作业，1 个测试录取作业可能需要 0 或 1 台测控装备，并依赖于测控装备 |
| 13 | 测试录取与测试录取数据 | 一对多<br>标识依赖 | 一次测试录取作业可能产生 1 或 $N$ 组测试录取数据，一次测试录取作业需要 0 或 $N$ 台测控装备实现，并依赖于测试录取作业 |
| 14 | 试验任务与动态试验 | 一对多<br>标识依赖 | 一次试验任务包括 1 或 $N$ 次动态试验，并依赖于试验任务 |
| 15 | 动态试验与观测 | 一对多 | 一次动态试验可能包括 1 或 $N$ 个观测作业，并依赖于动态试验 |
| 16 | 测控装备与观测 | 一对一<br>标识依赖 | 一台测控装备只能对应 1 个观测作业，1 个观测作业只能由 1 台测控装备完成，并依赖于测控装备 |
| 17 | 观测与观测数据 | 一对多<br>标识依赖 | 一个观测作业可能产生 1 或 $N$ 组观测数据，一次观测作业可能由 1 台测控装备实现，并依赖于观测 |
| 18 | 动态试验与监测 | 一对多<br>标识依赖 | 一次动态试验可能包括 1 或 $N$ 个监测作业，并依赖于动态试验 |
| 19 | 测控装备与监测 | 一对一<br>标识依赖 | 一台测控装备只能对应 1 个监测作业，1 个监测作业只能由 1 台测控装备完成，并依赖于测控装备 |
| 20 | 监测与环境物理场数据 | 一对多<br>标识依赖 | 一个监测作业可能产生 1 或 $N$ 组环境物理场数据，一个监测作业可能由 1 台测控装备实现，并依赖于监测实体 |

（续）

| 序号 | 实体 | 联系类型 | 含义 |
|---|---|---|---|
| 21 | 处理数据与仿真数据 | 一对多 | 一组处理数据可能基于 1 或 $N$ 个仿真数据处理获得 |
| 22 | 处理数据与观测数据 | 一对多 | 一组处理数据可能基于 1 或 $N$ 个观测数据处理获得 |
| 23 | 处理数据与环境物理场数据 | 一对多 | 一组处理数据可能基于 1 或 $N$ 个环境物理场数据处理获得 |
| 24 | 处理数据与测试录取数据 | 一对多 | 一组处理数据可能基于 1 或 $N$ 个测试录取数据处理获得 |
| 25 | 试验资料档案与处理数据 | 一对一 | 一项处理数据只能对应一个试验资料档案数据 |

3）概念模型描述

按照数据名录的描述规范，概念模型可以描述为如下形式。

**1 装备试验数据**

**1.01 被试装备**

**被试装备基本情况**

装备代码：字符型，20bit，非空；

装备名称：字符型，60bit，非空；

……

**试验资料档案（1 对多关系，即 1 型被试装备有 *n* 个试验资料档案）**

资料标识码：字符型，21bit，非空；

文件名称：字符型，100bit，必填；

……

**模型数据（1 对多关系，即 1 型被试装备有 0…*n* 个数据模型）**

标识码：字符型，21bit，非空；

模型名称：字符型，50bit，非空；

……

2. 装备试验数据逻辑模型设计

以装备试验数据中试验任务及对动态试验的观测为例，将概念模型表示成图 8－7 所示实体关系图。将概念模型中的实体在逻辑模型中转换为关系，概念模型中的非标识依赖关系转换为子实体的外键，标识依赖关系转换为子实体的外键且为主键，如图 8－8 所示。

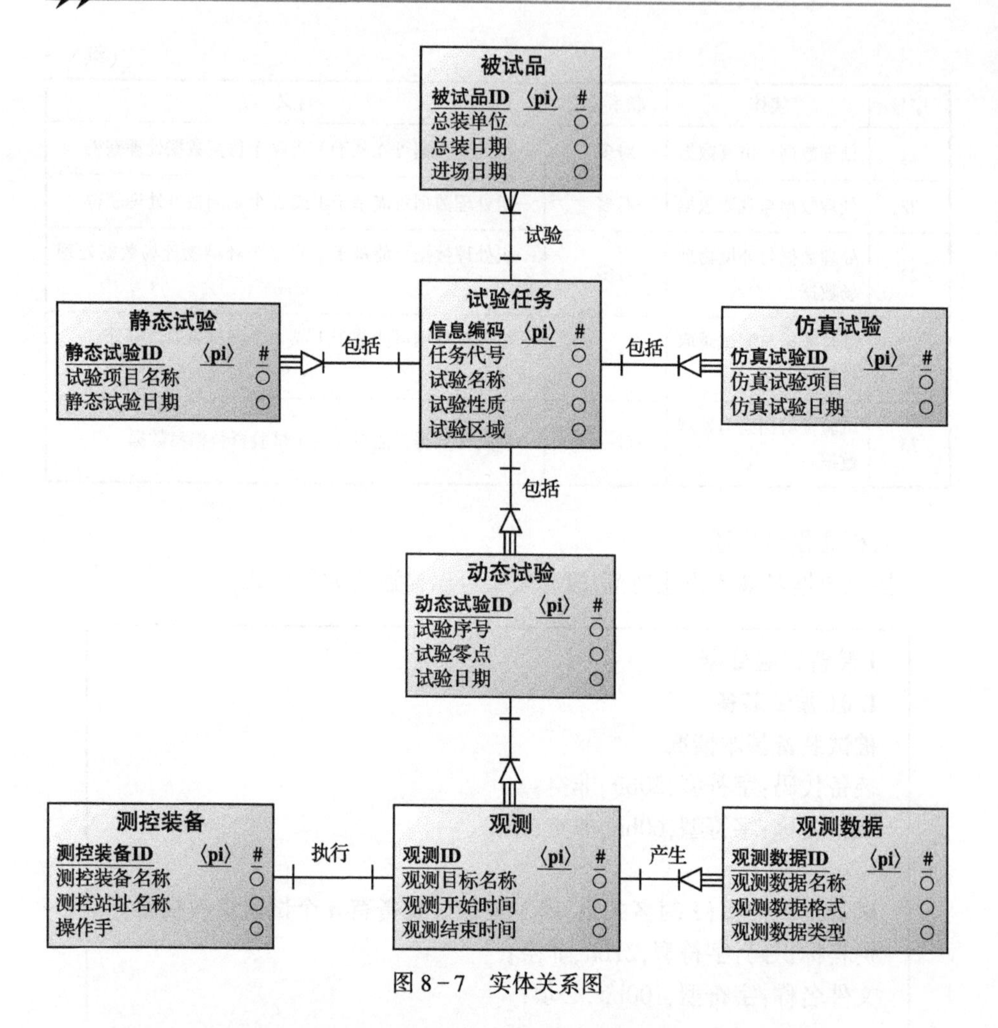


图 8－7　实体关系图

图 8－8 中，由概念模型向逻辑模型转换的关系及含义如下。

（1）试验任务与被试品：一对多关系，非标识依赖，试验任务关系模式的主键“信息编码”成为被试品关系模式的外键。

（2）试验任务与仿真试验：一对多关系，标识依赖，试验任务关系模式的主键“信息编码”成为仿真试验关系模式的外键，并且是主键。

（3）试验任务与静态试验：一对多关系，标识依赖，试验任务关系模式的主键“信息编码”成为静态试验关系模式的外键，并且是主键。

（4）试验任务与动态试验：一对多关系，标识依赖，试验任务关系模式的主键“信息编码”成为动态试验关系模式的外键，并且是主键。

（5）动态试验与观测：一对多关系，标识依赖，动态试验关系模式的主键“信息编码”、“动态试验 ID”成为观测关系模式的外键，并且是主键。

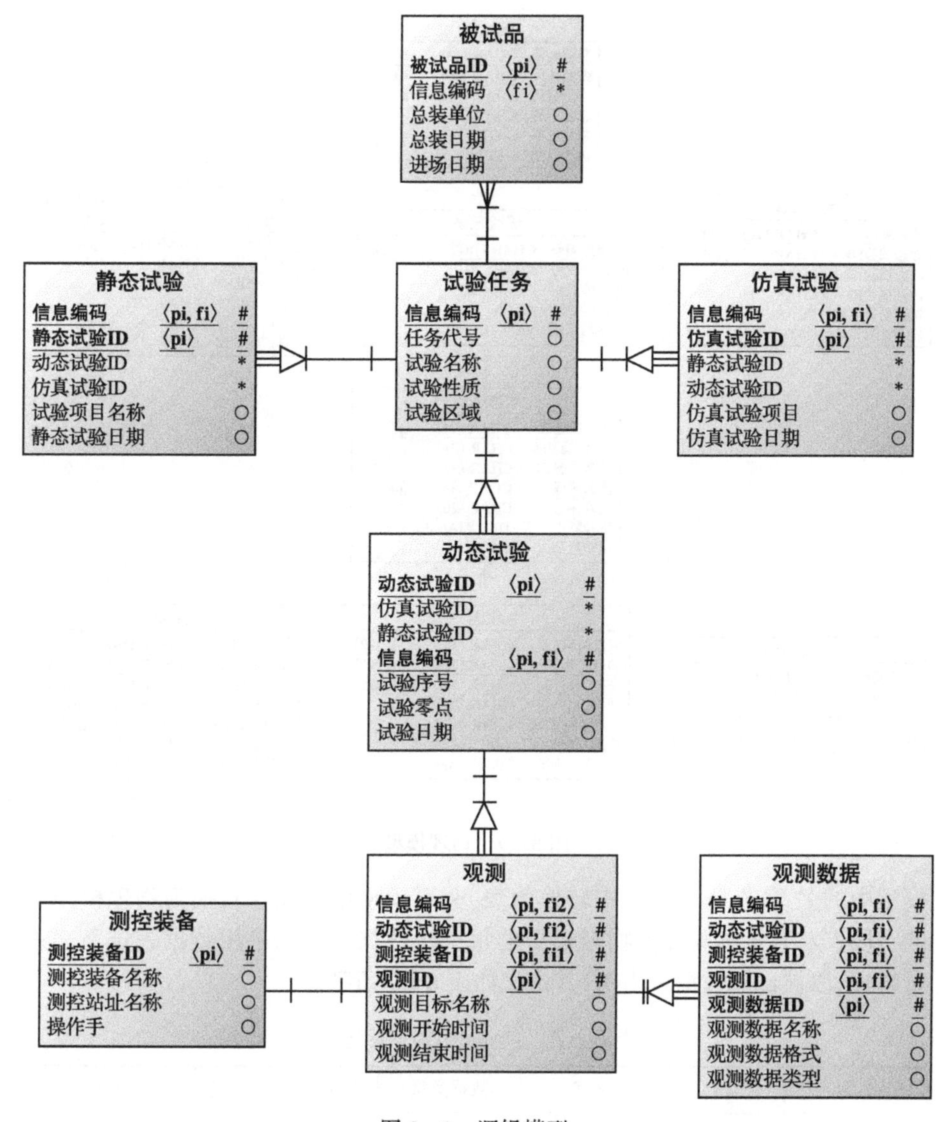


图 8－8　逻辑模型

(6)测控装备与观测:一对一关系,标识依赖,测控装备关系模式的主键“测控装备 ID”成为观测关系模式的外键,并且是主键。

(7)观测与观测数据:一对多关系,标识依赖,观测关系模式的主键“信息编码”“动态试验 ID”“观测 ID”“测控装备 ID”成为观测数据关系模式的外键,并且是主键。

3. 装备试验数据物理模型设计

将装备试验数据的逻辑模型转换为物理数据模型,如图 8－9 所示。关系

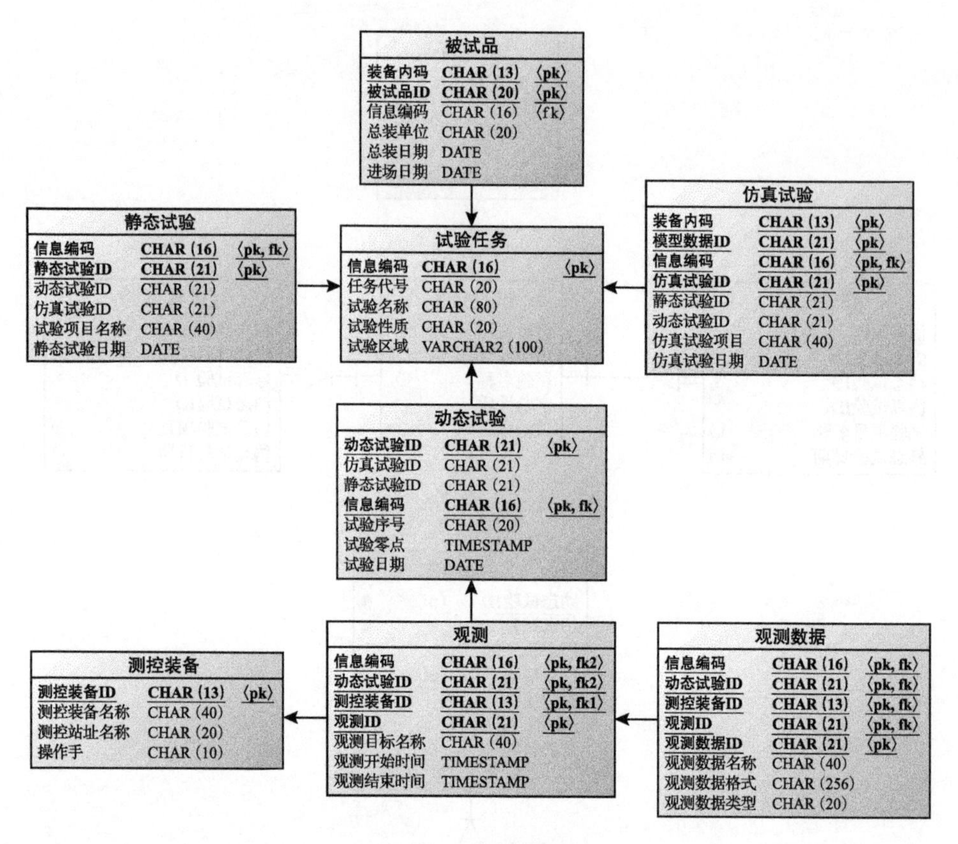


图 8-9 物理模型

模型中的关系,在物理模型中转换为表,关系模型中的属性转换为物理模型中的字段。对装备试验数据物理模型的每一个数据表可以采用数据表定义表进行描述,以被试品数据表为例,其定义如表 8-7 所列。

表 8-7 被试品数据表定义

| 名称 | 代码 | 定义域 | 数据类型 | 非空 | 主键 | 外键 | 引用关系 |
|---|---|---|---|---|---|---|---|
| 装备内码 | ZBNM | 内码(13bit) | CHAR(13) | 是 | 是 | 否 | |
| 被试品 ID | BSP_ID | 内码(20bit) | CHAR(20) | 是 | 是 | 否 | |
| 信息编码 | XXBM | 内码(16bit) | CHAR(16) | 是 | 否 | 是 | @SYRW(XXBM) |
| 总装单位 | ZZDW | 代码(80bit) | CHAR(80) | 是 | 否 | 否 | |
| 总装日期 | ZZRQ | 日期型 | DATE | 是 | 否 | 否 | |
| 进场日期 | ZZRQ | 日期型 | DATE | 是 | 否 | 否 | |

# 8.4 试验数据管理与服务系统建设

## 8.4.1 管理平台系统设计

### 8.4.1.1 管理平台业务环境

试验系统由被试装备系统和试验实施与评价系统组成。被试装备是试验与鉴定的对象,是试验系统必不可少的组成部分;试验实施与评价系统是试验系统的主体部分,在试验与鉴定活动中起着主导作用。试验数据管理平台作为装备试验数据全寿命周期管理的运转中枢,需要收集、存储、管理和共享的试验数据主要包括试验资料档案数据、被试装备的内场测试录取数据、动目标的观测数据、靶标特性数据及环境模拟数据、环境物理场的水文气象和电磁环境数据、模型与仿真数据等,这些数据通过试验系统中的子系统与装备试验数据管理平台进行交互,图8-10对装备试验数据管理平台与外部实体之间的交互进

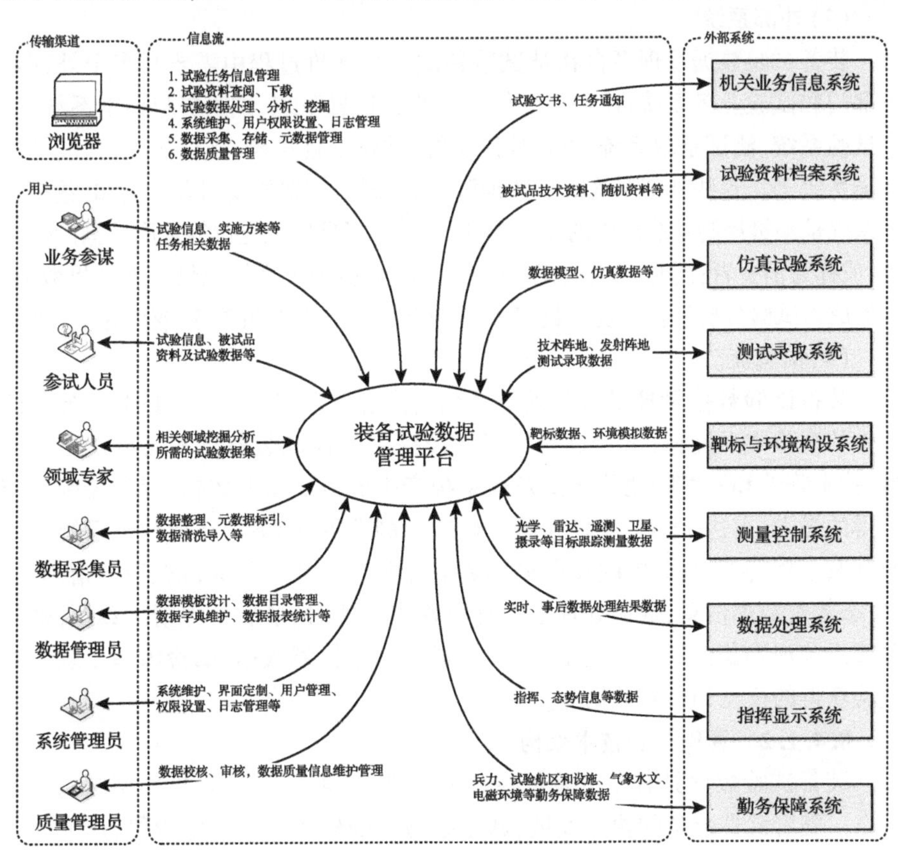


图8-10 管理平台业务环境

行了总体设计,同时也概要描述了管理平台与外部实体之间的信息流和控制流,主要由用户、传输渠道、外部系统和信息流等内容构成。

(1)用户。

装备试验数据管理平台的用户可分为两大类:一类是建设和管理数据的用户,称为数据服务者,如数据采集员、数据管理员、系统管理员和质量管理员等;另一类是使用和挖掘数据的用户,称为数据消费者,如业务参谋、参试人员和领域专家等。用户的身份并不是绝对的,而是相对于数据使用角度而言的,有时数据的消费者也是数据的服务者,反之亦然。

(2)传输渠道。

装备试验数据管理平台的主要传输渠道是浏览器,可以在试验系统的台式机、笔记本等业务终端上运行,支持 Firefox 浏览器、IE 浏览器、GoogleChrome 浏览器等。通过传输渠道,用户可以开展试验任务信息管理,试验数据资料查询、下载,试验数据处理、分析和挖掘,以及系统维护、用户权限设置、日志管理,进而实现试验数据采集、存储,元数据管理及数据质量管理等。

(3)外部系统。

装备试验数据管理平台在被试装备试验与评价过程中需要与多个外部业务部门和试验业务系统进行交互,如试验业务信息系统、试验资料档案系统、仿真试验系统、测试录取系统、测量控制系统、数据处理系统、指挥显示系统、勤务保障系统等。这些外部系统既是数据源,也是试验数据的使用者。例如,数据处理系统是测量控制系统产生的光学、雷达、遥测、卫星导航定位等观测数据的使用者,或称为消费者;同时,数据处理系统为试验分析评价系统提供处理结果数据,从而成为试验分析评价系统的数据源,是处理结果数据的服务者,或称为生产者。

(4)信息流。

装备试验数据管理平台与外部系统交换的信息流,主要有:试验业务部门产生的试验文书资料;试验资料档案系统提供的被试装备技术资料及随机资料;技术阵地和发射阵地的测试录取系统产生的测试录取数据;测量控制系统获得的光学、雷达、遥测、卫星导航定位等观测数据;靶标与环境构设系统提供靶标及干扰特性数据、电磁及水文气象环境数据;指挥控制系统获得的指挥、通信、态势等数据信息;数据处理系统计算输出的实时、事后处理结果数据;勤务保障系统观测获得的参试装备、兵力保障等勤务保障数据;试验仿真系统仿真试验获得的模型和仿真数据等。

#### 8.4.1.2 管理平台技术架构

装备试验数据具有参试装备种类多、试验数据来源广、数据类型结构杂等特点。随着武器装备的快速发展,新型装备不断转入试验鉴定阶段,形成装备种类、型号,以及数据样式、规模不断扩展的趋势,数据管理平台应能够解决装备试验历史数据的收集、存储、管理和应用的问题，既要有稳定性和实用性，又要有可扩展性和先进性。为此，管理平台应基于面向服务架构（SOA）模型进行设计，采用 JavaEE 技术架构，保证系统具有良好的稳定性和扩展性；同时，采用动态数据建模技术，确保系统具有新装备种类、新装备型号和新试验数据结构的优良扩展能力。以实际应用需求为牵引，面向业务要求，确定系统功能和数据库建设内容，图 8－11 是装备试验数据管理平台总体架构。

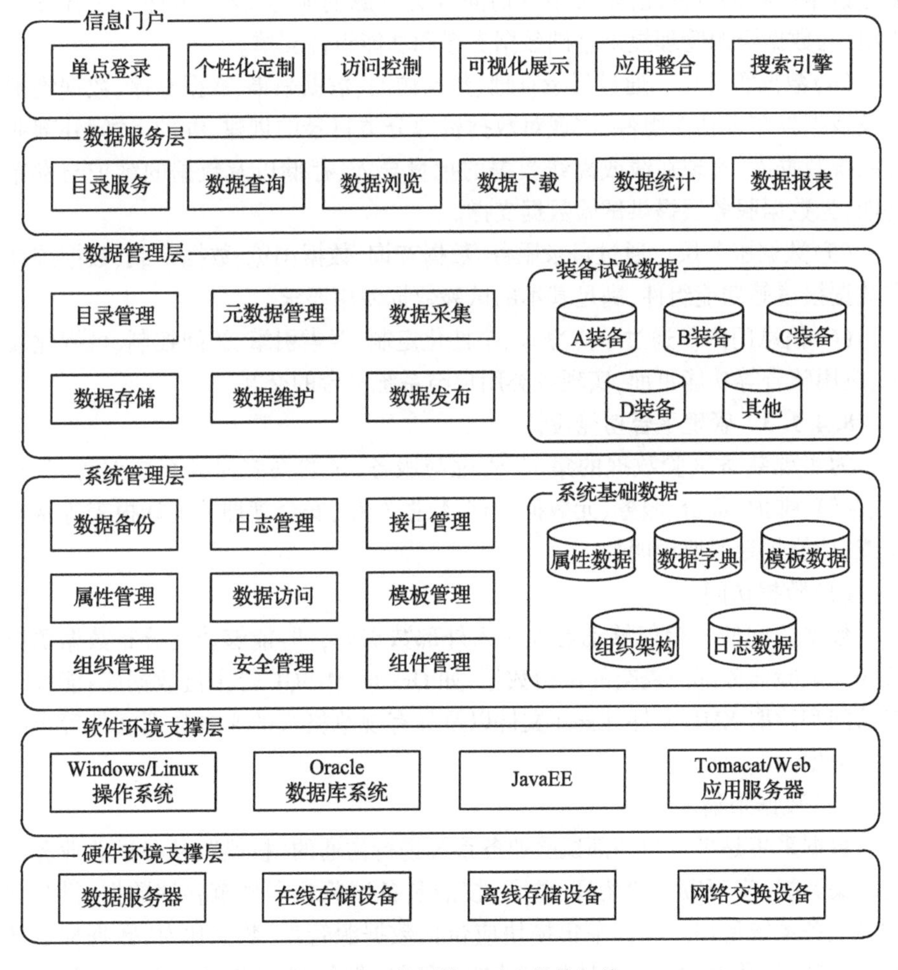


图 8－11　数据管理平台总体架构

（1）硬件环境支撑层。硬件环境支撑层由数据服务器、在线存储设备、离线存储设备、网络交换设备组成，采用 FC－SAN 存储技术构建数据存储区域网络，保障数据存储具有良好的扩展性和易维护性，为装备试验数据的存储和管理提供硬件支撑。

(2)软件环境支撑层。由 Windows/Linux 等操作系统、Oracle 等数据库系统、JavaEE、Web 应用服务器等构建试验数据管理平台的软件支撑环境,JavaEE 技术架构及组件化开发技术保障系统具有优良的功能扩展能力和维护能力。

(3)系统管理层。通过属性管理、元数据管理、模板管理等功能组件,为试验数据资源库的动态建库提供元模型数据;通过数据备份、日志管理、组织管理、组件管理、安全管理等功能组件,保障系统运行安全、数据存储和使用安全;通过数据访问接口管理,拓展系统访问各类资源的能力,支持组件二次开发和重组,为数据资源管理提供基础数据支撑和功能组件支撑。

(4)数据管理层。通过目录管理、数据访问、数据采集、数据存储、数据维护以及数据发布等功能组件,实现对数据资源分类目录的创建、维护,访问外部业务系统数据库,实现在线或离线数据的批量导入、存储以及数据的维护与发布功能,为数据服务层提供试验数据支撑。

(5)数据服务层。通过目录服务、数据查询、数据浏览、数据下载、数据统计和数据报表等功能组件,满足基本的试验数据使用要求。

(6)信息门户。通过单点登录、个性化定制、搜索引擎、访问控制、可视化展示、应用整合等功能页面,实现各类用户与系统平台的交互。

#### 8.4.1.3 管理平台功能设计

为实现装备试验数据的集成、管理与服务,试验系统应具有数据访问、采集、存储、维护、备份、服务、元数据管理、数据发布、安全管理及统计报表等基本功能,功能规划概要说明如下。

(1)数据访问。

数据访问使平台能够动态地接入外部数据库,即:能够访问分布数据源以及相关试验业务部门提交的试验数据,如 Oracle、MySQL 等主流数据库;能够动态访问和读取 XML 文件、Excel 文件以及具有规范格式的文本数据文件等半结构化数据。

(2)数据采集。

数据采集是平台与外部试验业务系统进行沟通的“桥梁”,从各试验业务系统采集数据,实现数据的清理、整合,按照装备试验数据规范存储数据,供其他试验业务系统使用。数据采集模块应包括数据源管理、数据比对、数据抽取转换清理装载、数据抽取转换监控等功能,通过数据复制、ETL 工具和专用数据采集接口等实现全量数据采集或增量数据采集,即:能够实现 Excel 电子表格数据和规范格式文本数据文件的批量导入数据库;能够基于 RAR 和 ZIP 压缩包数据文件实现数据包解析和批量导入数据。

(3)数据存储。

数据存储应根据武器装备类型,动态建立逻辑上分离的装备试验数据库,如导弹试验数据库、舰炮试验数据库等，并且按装备种类分类存储试验数据；动态创建逻辑隔离的新型号装备试验数据库，并且按数据类别分类存储试验数据；采用试验数据文件和关系型数据库两种数据存储方式，通过试验数据元数据库维护管理。

（4）数据维护。

数据维护应实现试验数据及试验数据元数据的维护和管理，即：能够实现试验数据分类目录的创建、插入、删除、移动等数据目录管理功能；能够实现试验数据记录插入、修改、更新等试验数据维护功能；能够实现试验数据元数据的创建、插入、删除、移动、更新等维护管理功能；能够实现试验数据资源元数据及关联数据的批量导入和导出功能。

（5）数据备份。

数据备份应实现元数据库及试验数据文件的备份管理功能，能够选择和定义数据备份方式、数据备份规则等数据备份策略，通过自动或手动两种方式实现试验数据元数据库和试验数据的差分备份、增量备份和全集备份。

（6）元数据管理。

元数据管理应实现试验数据元数据获取、维护、管理、分析和发布等功能，即：完成数据采集过程中各类元数据的获取、整合、创建和更新；完成元数据的增加、删除、修改、插入、移动以及元数据之间的关联、依赖关系的维护；完成元数据的检索、发布、影响分析及来源分析等服务。

（7）数据发布。

数据发布应实现试验数据和试验数据元数据发布功能，即：能够对各类试验数据进行发布，供用户下载使用；能够对试验数据元数据进行发布，供各部门检索、查询使用。

（8）安全管理。

安全管理应实现统一的身份认证和单点登录，实现基于角色的授权管理机制，即：能够根据用户类型授予用户相应的数据访问权限、功能使用权限，控制用户对数据库和系统的访问；能够基于部门的服务授权机制，控制不同的部门对服务的访问权限。

（9）统计报表。

统计报表应具备试验数据资源分类统计和报表输出功能，通过图形化报表设计工具，实现对 JDBC、ODBC、XML、TXT、数据库连接池等多源数据进行报表生成和制作。

（10）信息门户。

信息门户是系统的统一访问入口，它既是采集、存储、维护试验数据资源的管理界面，也是查询、下载、在线展示试验数据的服务界面。信息门户的主要功能规划如下。

①单点登录。单点登录应实现用户信息统一管理,用户只需登录一次,即可通过单点登录系统访问后台的多个应用系统或 Web 页面。统一身份认证系统可以实现用户名/密码、CA 数字证书等多种身份认证方式。

②个性化平台。个性化平台应实现基于角色的访问控制和个性化页面展现与定制,能够基于角色和组织定义的用户获得与其相关的内容和服务,实现对内容的组织和显示样式的定义,包括界面定制、资源定制、页面定制和功能定制等。

③数据服务。数据服务应能够提供试验数据资源的目录服务及数据查询、浏览、下载服务,主要包括:树型目录和列表目录组合样式的可视化查询、浏览、输出等目录服务;试验数据资源的查询、浏览、下载;文本文档、数字表格、标准视频等试验数据的在线展示。

④搜索引擎。搜索引擎完成内部数据、信息和知识的发现并进行有效的组织和整理,主要包括关键字检索、主题区域检索、数据位置信息检索等,并以适当的形式展示检索结果。

#### 8.4.1.4 管理平台组成及运维流程

试验数据管理平台要完成装备试验数据的采集、存储、管理、发布和共享等工作,需要资源管理分系统、系统管理分系统、信息门户分系统等模块提供支撑,其功能架构如图 8-12 所示。

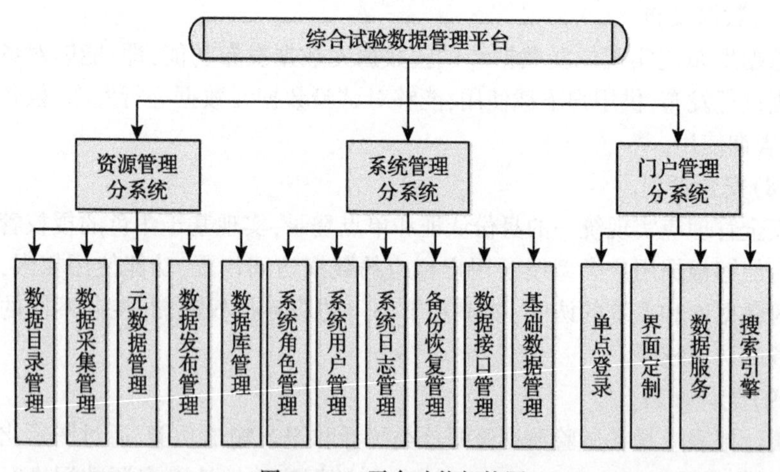


图 8-12 平台功能架构图

(1)资源管理分系统实现装备试验数据的采集、存储、维护、管理及发布等功能,主要由数据采集管理、数据目录管理、元数据管理、数据发布管理和数据库管理等功能模块组成。其中,数据库管理可以实现多种装备试验数据的动态建库、建表,应具有基本的试验数据资源存储和维护功能。

(2)系统管理分系统实现平台运行及所有基础数据的管理,主要由系统角色管理、系统用户管理、系统日志管理、备份恢复管理、数据接口管理以及基础数据管理等功能模块组成。其中,基础数据管理包括组织管理、数据字典管理、属性管理、模板管理等基本的功能模块。

(3)门户管理分系统是资源管理和系统管理的一体化平台,数据用户和管理用户都是通过 Web 浏览器登录、访问和使用系统的,主要由单点登录、界面定制、搜索引擎和数据服务等功能模块组成。

试验数据管理的业务由数据采集管理、数据管理、系统管理等组成,各业务之间的相互关系及工作流程如图 8 - 13 所示。

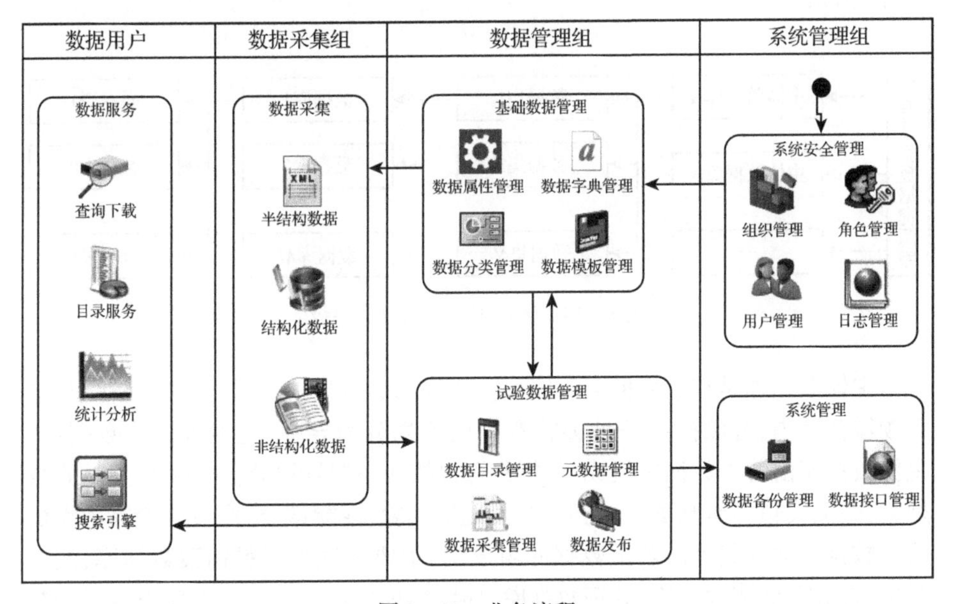


图 8 - 13　业务流程

(1)系统管理组主要完成系统安全管理、数据备份管理、数据接口管理等业务。系统通过组织管理、角色管理和用户管理等实现用户角色及权限配置,通过日志管理实现系统用户行为的监控。

(2)数据管理组主要完成数据分类与数据模板配置、试验数据分类存储、管理、数据建模、数据统计分析与报表制作等业务。系统通过基础数据管理,实现数据字典管理和数据属性管理等试验数据建模数据的配置。通过试验数据管理实现试验数据分类目录创建、维护和元数据目录发布,即:通过数据模板管理实现数据的动态建模和管理;通过分类目录、元数据管理和数据导入和导出等实现数据分类存储。

(3)数据采集组遵循装备试验数据采集规范,对收集、梳理的各类试验数据资源进行标引,填写元数据采集模板,并将元数据采集表与数据集进行封装、整理,以数据包的形式存储到本地作为数据源,包括资料档案数据、测试录取数据、观测数据、处理数据、环境物理场数据等。

(4)数据用户根据试验任务对试验数据需求,通过目录服务、查询下载、数据统计分析等服务功能,实现试验数据的共享共用。

#### 8.4.1.5 管理平台数据库架构

根据对装备试验数据需求和资料的搜集整理,通过对数据内容的分析提取,形成装备试验数据的分类结构。以综合试验数据资源库为例,装备试验数据可划分为主体数据库、数据集、数据库、数据表、表结构的数据分类层级,如图8-14所示。

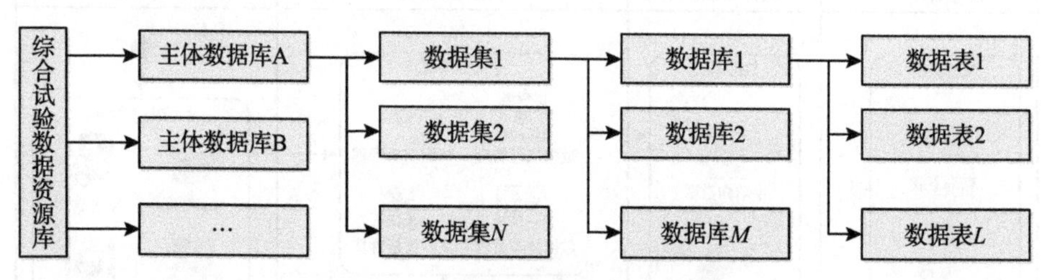


图8-14 装备试验数据分类层级

主体数据库是整个数据资源体系构建的二级数据集。因此,在装备试验鉴定领域范围内,可以按装备种类将数据内容划分为导弹、舰炮等主体数据库。主体数据库由若干数据集组成,数据集可以按装备型号划分,如A1导弹试验数据集,数据集包括研制试验、定型试验、批检试验、性能试验、作战试验等各类试验的数据。数据集是由若干数据库组成的,主要由试验资料档案数据库、测试录取数据库、观测数据库、处理数据库、环境物理场数据库。数据库由若干个数据表组成。

(1)综合试验数据库规划。

综合试验数据库由若干主体数据库组成,主体数据库列表组成可用表8-8说明。表8-8中,序号用于唯一标识主体数据库;名称为主体数据库的名称;英文名称为主体数据库名称的字母抽头;主要内容为主体数据库内容的概括性描述,以及主体数据库所包含数据集的简单说明;备注用于说明主体数据库的建设单位、应用限制等相关信息。

表 8－8　综合试验数据库主体数据库列表

| 序号 | 主体库名称 | 主体库英文名称 | 主要内容 | 备注 |
|---|---|---|---|---|
| 1 | ZD 试验数据库 | ZD | ZD 试验相关数据 | |
| 2 | DC 试验数据库 | DC | DC 试验相关数据 | |

(2)主体数据库规划。

主体数据库由若干数据集组成,数据集通常对应数据实体的分类或一类数据库系统。主体数据库的数据集组成列表可用表 8－9 描述。在综合试验数据库中,数据集是按装备型号分类,如 ZD 试验数据库由 A1、A2 等若干装备型号组成。

表 8－9　ZD 试验数据库数据集列表

| 序号 | 数据集名称 | 数据集英文名称 | 主要内容 | 数据来源 | 限制信息 | 备注 |
|---|---|---|---|---|---|---|
| 1 | A1 试验数据集 | ZD_A1 | A1 试验相关数据 | | 秘密 | |
| 2 | A2 试验数据集 | ZD_A2 | A2 试验相关数据 | | 秘密 | |

(3)数据集规划。

数据集是由若干数据库组成,装备试验数据集组成列表可由表 8－10 描述。在综合试验数据库中,试验数据集由资料档案数据、测试录取数据、观测数据、处理数据、环境物理场数据等数据库组成,表 8－10 描述了 A1 试验数据集的数据库列表。

表 8－10　A1 试验数据集数据库列表

| 序号 | 数据库名称 | 数据库英文名称 | 主要内容 | 备注 |
|---|---|---|---|---|
| 1 | 资料档案数据库 | ZD_A1_ZLDAK | 试验文书和试验资料 | |
| 2 | 测试录取数据库 | ZD_A1_CSLQK | 内场或外场测试录取的数据 | |
| 3 | 观测数据库 | ZD_A1_GCSJK | 对试验目标跟踪测量的数据 | |
| 4 | 处理数据库 | ZD_A1_CLSJK | 对测量数据处理的结果数据 | |
| 5 | 环境物理场数据库 | ZD_A1_HJWLK | 水文气象、电磁等环境数据 | |

(4)数据库规划。

数据库是由若干数据表组成的,数据表可用表 8－3 所列的格式进行描述。在综合试验数据库中,数据表是按数据测量所使用的装备进行划分的。以观测数据库为例,观测数据库可由遥测数据、光学测量数据等数据表组成,表 8－11

描述了 A1 导弹试验数据集的数据库所包含的数据表。

表 8-11　观测数据库数据表组成列表

| 序号 | 数据表名称 | 数据表英文名称 | 主要内容 | 备注 |
|---|---|---|---|---|
| 1 | 光学测量数据元数据表 | ZD_A1_GCSJK_GC | 光学测量设备获取的数据 | |
| 2 | 遥测数据元数据表 | ZD_A1_GCSJK_YC | 遥测设备获取的数据 | |

## 8.4.2　试验数据管理

试验数据管理通过元数据对各类试验数据进行统一维护和管理,并以数据分类目录的形式展现给用户,供数据用户进行数据分析时使用。试验数据资源库中存储了多类装备试验数据资源,为各类试验数据提供物理存储的支撑,并通过数据动态建模、自定义数据分类等技术,解决复杂数据结构、数据配置、数据属性管理等多样化的数据管理需求,为用户进行高效率的管理、查询提供方便。其功能架构如图 8-15 所示。

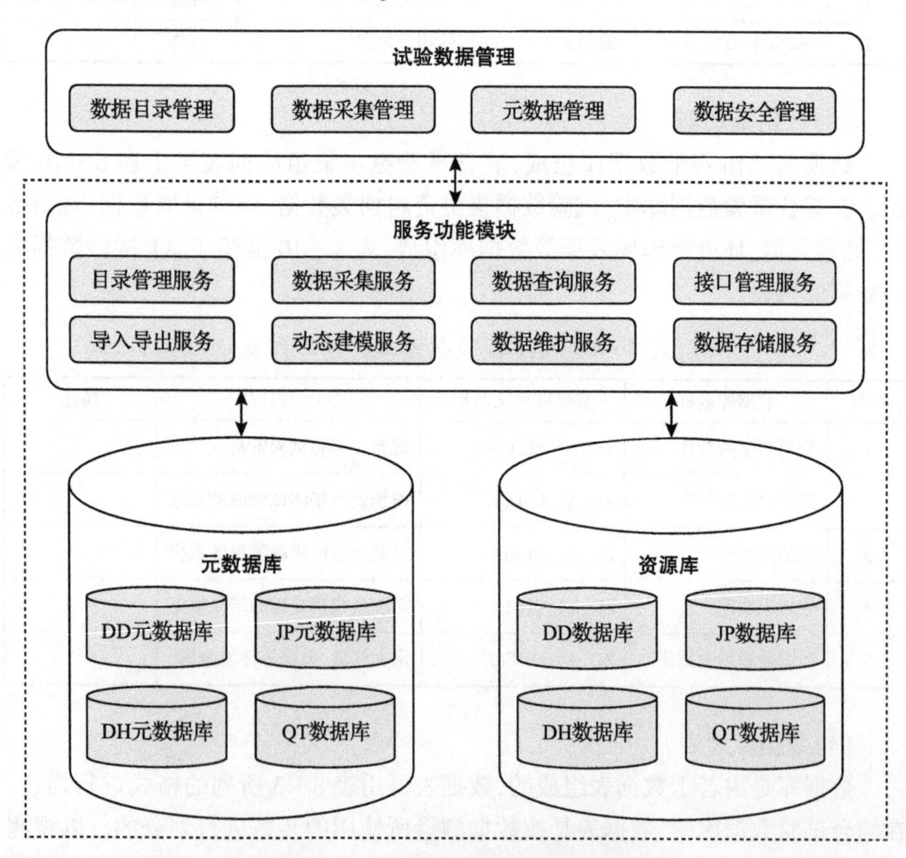


图 8-15　试验数据管理功能架构图

试验数据管理主要由数据目录管理、数据采集管理、元数据管理和数据安全管理等功能实现。

服务功能模块为上层应用提供目录管理服务、数据采集服务、数据存储服务、数据查询服务、接口管理服务、数据维护服务、动态建模服务、导入和导出服务等。

试验数据管理是通过描述数据资源的元数据实现的。元数据库和资源库都是资源管理的对象,通过元数据库中资源元数据提供数据访问方式,可以定位和访问资源库中的数据。

**8.4.2.1　数据目录管理**

试验数据分类是根据试验数据资源的属性和特征,将数据按一定的原则和方法进行区分和归类,并建立起一定的分类体系和排列顺序。根据不同阶段、不同场合对数据使用要求的不同,可以有多种分类方法。例如,按照数据格式及其加工处理的方式划分,试验数据可分为结构化数据、半结构化数据和非结构化数据;按照被试装备所处的发展阶段和试验性质划分,试验数据可分为科研试验、研制试验、定型试验、鉴定试验、批检试验、性能试验、作战试验、在役考核等;按照试验数据的来源划分,试验数据可分为试验资料档案数据、测试录取数据、观测数据、环境物理场数据、处理数据、模型与仿真数据、计量标校数据等类别。综合试验数据库依据装备试验数据分类与编码规则,按照装备种类—装备型号—数据资源类别—元数据目录—试验数据,构建综合试验数据分类目录体系,其层次架构如图 8－16 所示。

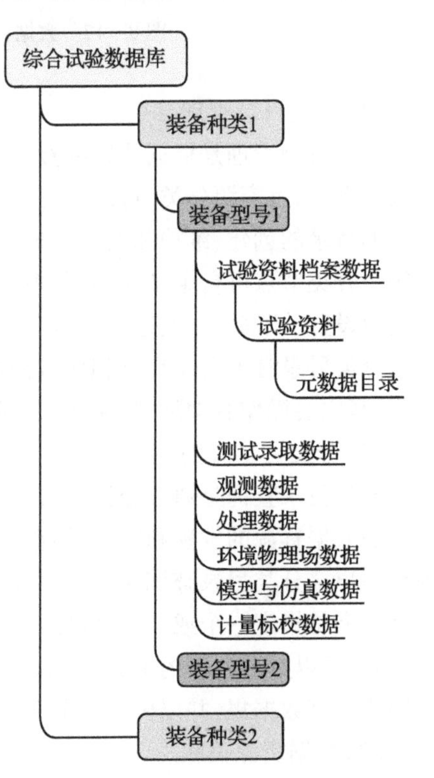


图 8－16　分类目录体系层次架构

数据目录管理是对试验数据进行分类存储和管理、实现试验数据共享的重要基础功能之一,通过分类存储、分类目录和资源检索等功能,可以快速发现和定位所需的数据资源,达到数据共享服务的目的。数据目录管理主要由分类目录管理、分类目录查询、数据资源关联和目录访问权限设置等功能模块组成,其功能架构如图 8－17 所示。

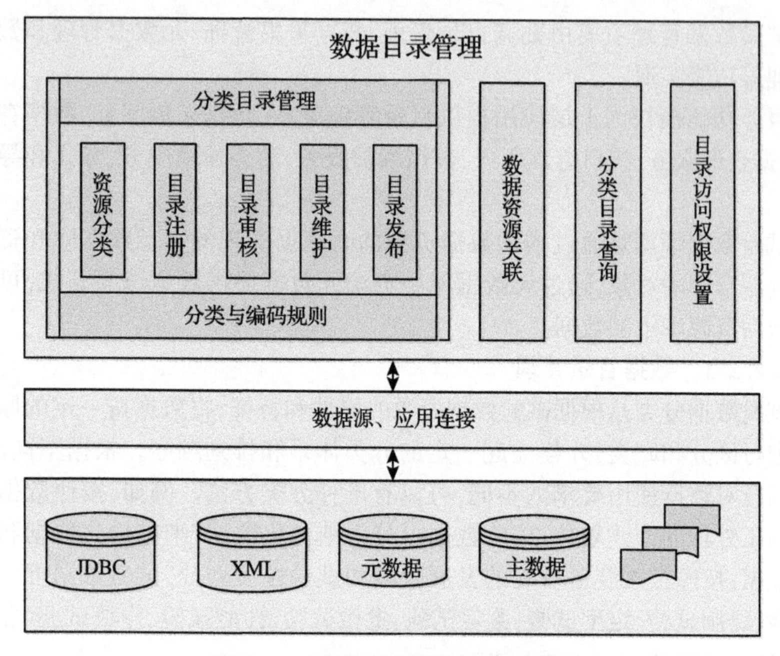


图 8-17　数据目录管理功能架构图

(1)分类目录管理。

分类目录管理是根据装备试验数据分类与编码规则,定义分类目录和上下层级关系,通过资源分类、目录注册、目录审核、目录维护和目录发布等环节,实现数据目录的创建、维护和发布。分类目录支持两种设置方式:①自定义分类,对每个分类节点可自定义命名、修改、维护;②组合分类,对数据资源库中的数据资源设置关联关系,通过手动组合、绑定进行数据分类管理。

分类目录管理需要具有相应权限的人员才能执行分类目录的维护和管理职能,其主要操作有增加、删除、修改、剪切、复制、粘贴、移动等。

(2)分类目录查询。

分类目录查询是通过分类目录查询和试验数据元数据查询,实现对元数据描述的数据资源的发现和定位,将查询结果以目录列表和元数据列表的形式展现给用户。分类目录查询主要提供关键字查询和分类查询两种查询方式。关键字查询是指定一个或多个字段的查询条件,在元数据表中实施查询并获得查询结果,并以数据列表的形式展现。分类查询是按照数据分类规则,查询指定类别的所有数据集,并以树状目录列表的形式展现。

(3)数据资源关联。

数据资源关联是将每个数据分类节点与数据资源进行挂接并绑定关系,多个分类节点可重复绑定,建立分类目录与数据资源的关联关系。数据分类节点分为两种类型:①分类标识,此类节点只对资源数据进行类型划分、标识,不作为资源数据管理;②资源数据,此类节点在资源库中进行管理,通过组合、关联的方式进行资源分类管理,资源数据拥有资源属性,包括元数据信息、附件信息、自定义属性等。

(4)目录访问权限设置。

数据目录访问权限设置是指允许访问目录的组织机构、系统角色和用户,根据试验数据资源的密级,将不同密级的数据目录指定具有特定权限的组织机构、系统角色和用户进行访问,未经授权的用户无法看到相应的目录。

#### 8.4.2.2 数据采集管理

试验数据源按存储类型可分为非数字化数据和已数字化数据两类。对于非数字化数据,如纸质文件、录像带等,通过数字化加工手段将非数字化数据转化为数字化数据。对于已数字化数据,如文档、图形、图像、音频、视频、二进制数据文件、文本数据、压缩包和数据库(表)等电子文件,先依据元数据模板分类标引,并将元数据采集表及对应的数据集封装,提交到本地存储作为系统的数据源,再通过 ETL 和批量导入和导出功能实现数据批量入库。数据采集的业务流程见图 8 - 18。

数据采集可获得各试验业务系统的数据,按照试验数据相关的标准规范要求,完成数据清理、数据集成和分类存储。数据采集管理应能够实现各类试验数据源的动态接入及统一管理,试验数据元数据的配置及管理,数据包解析入库,数据抽取转换清理加载(ETL),数据批量导入和导出、应用程序接口以及试验数据采集过程管控等功能。数据采集的功能架构如图 8 - 19 所示。

(1)数据源管理。

数据源管理通过数据源表实现,数据源表记录可建立连接的外部数据源信息,通过数据源名称可以连接到外部数据库。数据源表由数据源名称、数据库类型、客户端字符集、数据库字符集、驱动程序、数据源 URL、用户名和密码等属性信息组成。数据源管理应包括基本的查询、新建、修改、删除等数据源表维护操作。

(2)数据访问。

数据访问能够实现对各类数据资源的动态接入,实时地访问外部数据源的数据。数据访问通过数据库访问接口、XML 文件、应用程序接口等方式实现对外部数据源的访问和操作。

(3)元数据获取。

元数据获取是在数据采集前对目标数据元数据及其数据源元数据信息进行获取并描述的过程。数据源元数据信息包括数据源位置、类型、访问用户名,以及其中的数据表、数据结构、数据类型等;目标数据元数据信息包括存储数据

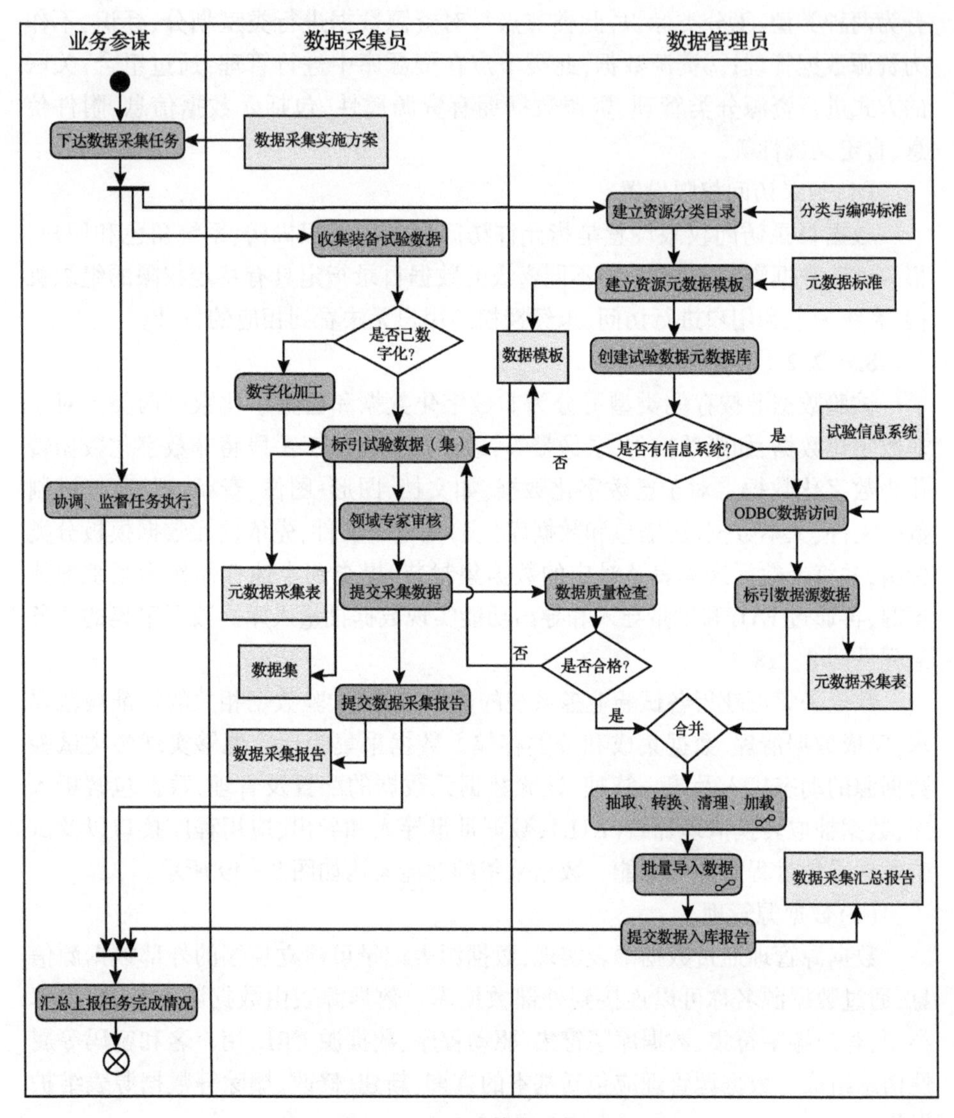


图 8-18　试验数据采集流程

的数据结构、数据类型等。

(4)数据抽取转换清理装载。

ETL 是数据抽取、转换、清理和装载的抽头首字母，主要完成数据从数据源向目标数据库的转化。数据抽取是根据元数据模板定义、数据源定义和数据抽取规则定义对异地异构数据源进行访问，并将符合标准规范的数据传送到数据仓库的过程。数据转换是按照元数据模板的定义将各种数据转换成数据仓库的统一存储模式。数据清理是将那些不符合数据接口规范要求的数据过滤，主

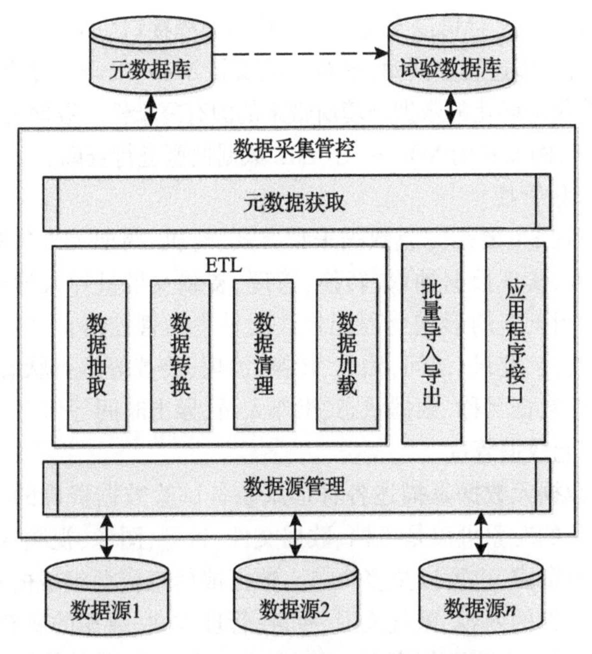


图 8-19　数据采集管理功能架构图

要包括不完整数据、错误数据和重复数据三大类。数据装载是将经过数据抽取、转换、清理的结构化数据导入到目标数据库中。

(5)批量导入和导出。

批量导入和导出实现元数据采集表、数据集的导入和导出,半结构化数据的解析入库和数据采集模版下载等功能。

数据导入分为离线数据批量导入和在线数据批量导入。对于离线数据,各业务数据采集部门可以通过元数据模板库获得本领域的试验数据采集模板,并根据数据模版格式及要求填写数据项、数据值,完成离线数据采集工作,并将试验数据元数据表和数据集封装,通过数据导入功能批量导入试验数据资源库,系统将根据数据类型进行结构化整理、解析和入库。对于在线数据批量导入,则是通过数据源表动态接入外部数据源,将外部数据库批量导入到目标数据库中,保持源数据与目标数据库中的数据一致,无须进行复杂的抽取、转换和清理过程。

数据导出应能够实现全量导出、增量导出等多种导出模式。全量导出模式是将当前查询到的数据资源全部导出;增量导出模式是根据导入导出管理中数据状态的记录忽略已导出数据,只将新增或修改的数据导出,避免重复导出数据。

(6)应用程序接口。

应用程序接口主要是为外部应用程序提供接口,它由编程接口和查询语言两部分组成。数据管理平台可以支持传统的数据编程接口(如 ODBC、JDBC 等),简化老系统的数据迁移过程。同时,平台还应支持 Web Service 的接口(如 WDSL、SOAP 等),以简化多样化的数据环境所带来的固有复杂性。数据管理平台应支持标准的查询语言,例如利用 XQuery 对 XML 数据模型进行查询。

(7)数据采集管控。

数据采集管控主要是完成数据采集方式、时机、周期等采集策略的定义和采集任务的调度,实现数据抽取、转换、清理、装载及批量导入导出的监控和调度,以数据目录树列表的形式全程记录数据采集的管控信息和导入导出信息。管控信息包括连接、登录、访问,抽取、转换、清理、装载等运行状态信息;数据导入导出信息包括数据名称、数据状态、操作人员、导出时间等信息。

**8.4.2.3 元数据管理**

装备试验数据元数据是描述各种形式装备试验数据资源的一种结构化数据。元数据描述的对象可以是文档、数据文件、目录、图像、视频、数值型数据等单一数据或信息资源,也可以是多个单一数据或信息资源组成的数据集合。元数据可以描述数据的内容、覆盖范围、质量、管理方式、数据的所有者、数据的提供方式等有关信息;实现数据资源的组织管理,用户使用元数据可以快速地检索和确认所需要的资源,如允许数据资源按照一定的查询条件被发现、识别资源、关联类似的资源、区别不同的资源、定位数据资源等。

通过元数据可以用全局视角对装备试验各业务领域的数据资产进行统一梳理和盘查,有助于发现分布在不同系统、位置和个人电脑的数据,让隐匿的数据显性化。元数据包括数据资源的基本信息,例如存储位置信息、数据结构信息、各数据之间关系信息、数据和人之间的关系信息、数据使用情况信息等,使试验数据资源的详细信息统一、透明,降低试验数据的沟通成本,为试验数据使用和大数据挖掘提供支撑。

根据数据的性质特点,元数据可划分为三类:业务元数据、技术元数据和管理元数据。

(1)业务元数据是描述数据的业务含义、业务规则及其用途。通过业务元数据可以更容易理解和使用元数据,消除数据二义性,对数据有一致的认识,进而为数据分析和应用提供支撑。在装备试验数据领域,业务元数据包括任务代号、试验名称、试验性质、站址编号、测控装备代码、弹号、架次—航次等,可唯一标识试验与鉴定过程中获取的试验数据。

(2)技术元数据是对数据的结构化描述,便于计算机或数据库之间对数据进行识别、存储、传输和交换。技术元数据可以服务于开发人员,让开发人员对数据的存储结构更明确,从而为应用开发和系统集成奠定基础。技术元数据也可服务于业务人员,通过元数据理清数据关系,进而对数据的来源去向进行分析,支持数据血缘追溯和影响分析。常见的技术元数据包括存储位置、数据模型、数据库表、字段长度、字段类型、ETL脚本、SQL脚本、接口程序、数据关系等。

(3)管理元数据描述数据的管理属性,包括管理部门、管理责任人等。通过明确管理属性,有利于数据管理责任到部门和个人,是数据安全管理的基础。常见的管理元数据包括数据所有者、数据质量定责、数据安全等级等。

元数据管理包括元数据获取、注册、清洗、维护、查询、统计、分析、发布以及元模型设计和动态建表等功能。元数据管理的功能架构如图8-20所示。

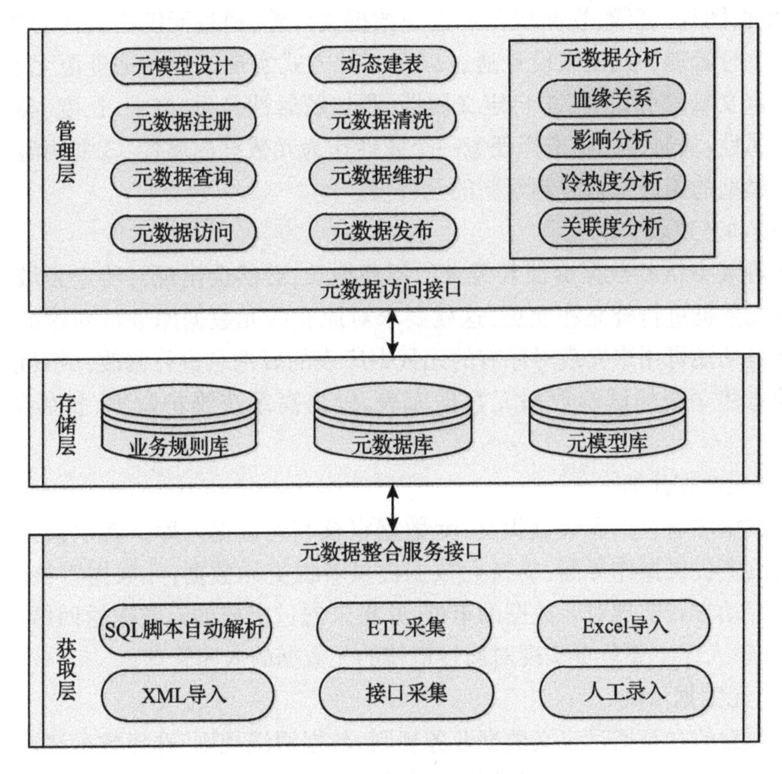


图8-20 元数据管理功能架构图

(1)元数据获取。

在数据采集过程中,除了采集试验数据外,同时要获取数据源元数据,以及相关的业务元数据、描述数据内容和结构化信息的技术元数据、有关数据管理方面的管理元数据等数据信息,如数据源的名称、数据标识、数据结构、数据质量、提供者和访问方式等。元数据获取可以采用自动化方式或人工方式,根据业务定义、业务规则和元模型,通过元数据整合服务接口整合处理后统一存储于元数据库,实现元数据的统一管理。其中,常用的自动化获取方式有SQL脚本自动解析、ETL采集、Excel导入、XML导入、接口采集等。由于数据接口、数据结构的多样性，不存在完全通用的自动化获取工具，需要在实际应用中进行定制开发。

(2)元模型设计。

装备试验数据元数据的核心元素包括数据名称、标识、版本、描述、创建时间、数据类型等。因试验数据的类型不同、结构不同，描述元数据的元素也会有不同的要求。元模型设计可以提高系统扩展管理各类数据资源的能力，支持将各种类型的结构化、半结构化、非结构化数据，各种格式如 Word、Excel、PDF、TXT、PPT、图片、音频、视频以及二进制数据文件等，通过元模型设计功能集成到系统进行管理。元模型设计通过以下三种方式实现试验数据资源元数据元素的自定义管理和设置：①自定义属性，添加新属性名称、格式、长度、类型等；②引用属性，从属性库中选择任意一个属性作为元数据的属性；③复用属性，将已有元模型的属性批量复制给新的元模型。

(3)动态建表。

随着装备试验数据资源和需求的不断增长，必然会出现对特定领域、特定需求的元数据进行补充和变更，这就要求对原有的元数据库进行新建或更新。动态建表功能可用来实现对原有的元数据库表的属性名进行修改，或者依据元模型动态建立新的试验数据元数据库表，以提高系统维护数据、扩展数据的能力。

(4)元数据注册。

元数据注册包括元数据提交、元数据审核和元数据入库。其中，元数据提交主要负责提供操作界面，支持元数据提供者提交元数据；元数据审核是利用自动或手动方式实现对元数据的审核，并将未通过审核的元数据返回给提供者修改；目录入库主要负责实现对通过审核的元数据的入库管理。

(5)元数据清洗。

元数据清洗是通过定义数据业务规则、数据清洗规则，选择数据清洗算法，对从各类数据源中采集到的数据进行分析、检测和修正，去除重复数据、不完整数据和错误数据，使数据实现准确性、完整性、一致性、唯一性和有效性，确保数据符合存储、处理、发布等后续操作的要求。元数据清洗主要包括格式内容、重复数据、不完整数据、错误数据、关联关系等清洗工作。

(6)元数据查询。

元数据查询是指通过对综合试验数据目录服务体系中数据集元数据的查询和获取，实现对元数据描述的数据资源的发现和定位，将查询结果以一定的形式展现给数据用户。元数据查询功能主要提供两种方式：①通过关键字或关键字的组合，以完全匹配或模糊匹配的方式实现对所需数据资源的检索和定位；②通过分类目录，按照数据分类规则查询指定类别的所有数据集，再通过关键字在数据集内检索到指定的数据。通常元数据查询的结果以树状目录列表的形式展现。

(7)元数据维护。

随着装备试验业务领域的不断发展和进步,分布在不同领域的业务系统和试验数据也会发生变化,为了保持集中管理的元数据与各业务系统的元数据保持一致,需要定期地更新和维护元数据。元数据维护包括元数据的新增、修改、删除、移动、更新以及元数据之间的关联、依赖关系等。

(8)元数据访问。

元数据访问是指提供元数据访问服务的数据接口,并建立一套元数据访问权限授予和管理的流程机制,控制合法用户对元数据资源的有效访问。元数据访问是支持元数据共享和数据治理的基础,通过检索功能对元数据进行精确或模糊查询,可以通过 XML 等标准进行元数据交换,并提供 API 接口或 Web Service 接口接入。

(9)元数据发布。

元数据发布是指将已入库资源赋予相应的访问权限,并将元数据与分类目录相关联,同时将数据目录发布到用户可以访问的网络环境中,供用户检索和下载。元数据发布需要通过上报、审核和批准流程,以在线或离线方式发布。

(10)元数据分析。

元数据分析是指通过对元数据或元数据属性信息的统计分析,挖掘出各类数据之间的依赖关系、因果关系以及相互影响分析,例如观测装备与观测数据的质量和时长之间的关系、导弹飞行距离与测控装备布站的关系等。元数据分析包括血缘分析、影响分析、冷热度分析、关联度分析以及数字地图等服务。

#### 8.4.2.4　数据安全管理

试验数据管理与服务系统掌管着大量的装备试验数据和敏感信息,任何数据信息的丢失、损坏和泄露都有可能带来无法挽回的损失。因此,为了保护重要数据信息的安全,防止数据被偶然或恶意地修改、破坏和暴露,需要采取必要的安全措施,确保合法的用户在正确的时间、采用正确的方式对授权访问的数据进行正确的操作,确保试验数据及数据管理系统的可用性、完整性、真实性、保密性和合法使用。

根据 GB/T 22239—2019《信息安全技术网络安全等级保护基本要求》和 GJB 7250—2011《信息安全保障体系框架》,信息安全防护等级按照所处理信息的重要程度及信息系统遭到破坏后的危害程度划分为 5 级,针对不同安全保护级别的信息和信息系统实行不同强度的监管政策。基本的安全要求包括基本技术要求和基本管理要求两大类。基本技术要求包括物理安全、网络安全、主机安全、应用安全和数据安全等方面;基本管理要求包括安全管理制度、安全管理机制、人员安全管理、系统建设管理和系统运维管理等方面。

对于装备试验数据管理平台,数据安全管理从计算机系统安全、系统访问安全、应用安全、数据安全和用户行为安全等5个方面来考虑,其数据安全防护体系架构如图8-21所示。

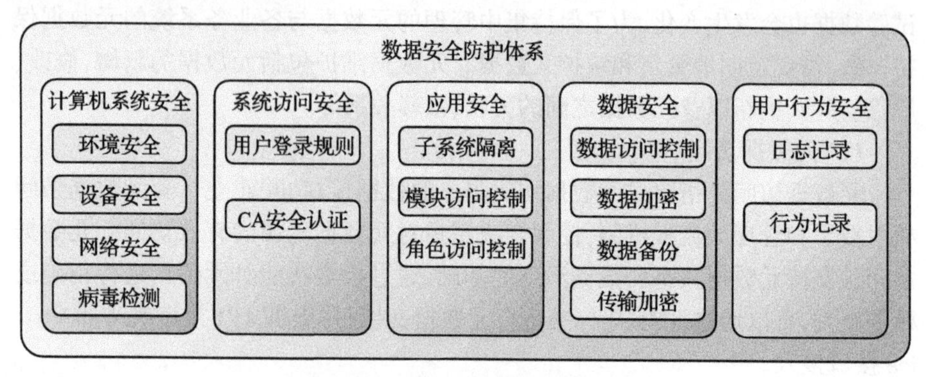


图8-21　数据安全防护体系架构

1. 计算机系统安全

计算机系统安全主要从计算机环境安全、设备安全、网络安全和病毒检测等方面来保护系统和数据的安全,即从系统运行环境方面采取措施解决系统安全问题。

(1)在计算机机房环境方面,应安装视频监控系统、门禁系统、访客管理系统以及入侵防范系统等设施,建立一个相对封闭的管理区域。

(2)在设备安全方面,数据服务器应安置在封闭式数据中心机房,提供不间断电源(UPS)供电,指定专人定期对设备维护保养,限制外部设备接入等措施,以确保系统的安全。

(3)在网络安全方面,采取防火墙、路由器、访问代理、数据复制等措施隔离内外网数据流,并通过入侵检测软硬件、系统日志分析等措施进行管理。

(4)在病毒检测方面,安装杀毒软件对终端和服务器进行检测,支持国内外主流杀毒软件,如瑞星、诺顿、MacAfee和卡巴斯基等。

2. 系统访问安全

系统访问安全主要是通过登录管理和CA安全认证,保证具有合法授权的用户登录使用系统,确保系统和数据的安全性。

(1)在登录规则方面,采用统一规划的登录账号,对用户口令进行高强度加密,确保口令安全,并记录日志备查。为了避免攻击者通过反复测试破解用户密码,系统根据登录用户的来源以及时间连续性进行安全性判断,通过内定的管理规则对有威胁系统安全嫌疑行为的用户,实行用户账号锁定等措施。

(2)在安全认证方面,建立数字证书注册审批系统(Registration Authority,

RA),负责证书申请者的信息录入、审核及证书发放工作,对经过真实身份认证和实体鉴别的数据用户,发放 CA 数字证书。通过 USB 私钥+指纹或面部识别技术,保证用户身份的真实性、合法性,防止非授权或冒充身份的操作访问。

3. 应用安全

应用安全主要是通过子系统间逻辑隔离、模块级权限控制等措施管控用户使用应用的权限。

(1)子系统之间逻辑隔离。系统管理员可以管理全局的软件模块和组织人员,并且可以定义子系统,将软件模块配置配送到该子系统;应用平台将不同部门或者不同管理体系的业务结构用子系统的概念来实现;不同的子系统管理员具有对应子系统的管理权限。

(2)在模块级权限控制方面,通过权限控制体系控制设置模块级读写权限,应用系统也会根据用户权限自动接受或拒绝访问。

(3)在角色级权限控制方面,在子系统内部,通过角色定义将管理权限分配给具有不同业务职能的人员,实现多级管理和控制。

4. 数据安全

数据访问安全主要是通过数据访问权限控制和数据加密等措施保证数据访问的安全。

(1)在数据访问权限控制方面,对基础数据进行封装,设置访问权限,通过判断访问者的权限确定数据服务内容,并记录日志。

(2)在数据加密方面,选用对称加密算法或者非对称加密算法对客户端上传数据进行加密,保障客户端到服务器端的数据传输安全。

(3)在数据备份方面,重要数据集中在中心数据库系统进行存放,中心服务器配备相应的备份和恢复设施;采取集中式的数据备份与恢复,定期对各类数据进行备份;采用双机热备结构,如果一台机器故障则另一台机器可以自动接管;采用大容量基于存储区域网络(SAN)结构的磁盘阵列系统,实施 RAID 6 冗余措施。

(4)在数据传输方面,采用安全套接层协议(SSL),在数据传输前进行身份认证、协商加密算法、交换加密秘钥,使用加密技术对传输中的数据流进行加密,以防止数据中途被窃听、篡改和破坏,维护数据完整性,确保数据发送到正确的客户机和服务器。

5. 用户行为安全

用户行为安全主要是通过日志记录和行为审核,监视并记录用户对系统及数据库所施加的各种操作。

(1)在日志记录方面,对各子系统的日志记录进行统一管理,集成到系统日志中,并通过日志分类、查询、导出等功能实现对用户行为的管控。

(2)在行为审核方面,对关键的模块及数据访问的用户和行为进行统一记录和管理,对用户的操作行为、操作时间、操作所变更的数据等进行监视和管理。

## 8.4.3 数据共享服务

信息门户是整个系统的入口,直观地向用户提供整个系统的功能,主要由单点登录、个性化定制、数据服务和搜索引擎等功能模块组成。其功能架构图如图 8-22 所示。

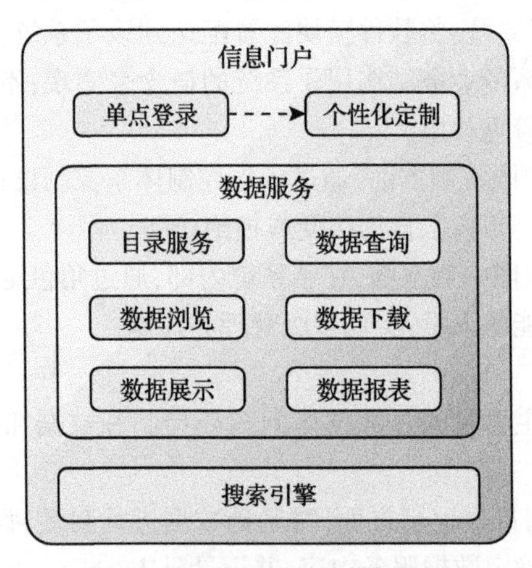


图 8-22 信息门户功能架构图

### 8.4.3.1 单点登录

单点登录提供统一用户管理、统一认证的单点登录功能,实现用户信息的集中统一管理,并提供标准接口;实现用户认证集中统一,支持用户名/密码、CA 数字证书等多种身份认证方式。系统通过浏览器在线访问系统,进入统一的用户登录窗口。

### 8.4.3.2 页面定制

页面定制实现基于角色的访问控制和个性化页面的展现与定制,不同角色、不同组织的用户可根据其所需要的内容和功能对页面进行自定义,主要包括界面定制、资源定制、页面定制和功能定制等。

### 8.4.3.3 数据服务

1. 数据目录检索

数据目录检索服务主要是解决快速发现和定位所需的试验数据资源的问题,是实现试验数据共享的基础功能之一。数据目录主要有单级目录列表、树状目录列表和混合目录列表三种展现形式。

1)单级目录列表

在单级目录列表中,所列出的目录条目之间没有从属层次关系,因此采用表格逐行显示的方式将所有目录条目列出。每行一个条目,除列出该目录条目所指的数据名称外,还可以列出与数据相关的其他数据元信息。在单级列表中可以通过查询来缩小目录的范围,例如指定创建时间、创建人等。

2)树状目录列表

在树状目录列表中,所列出的目录条目之间有类属关系,采用树形控件逐层列出目录条目来体现这种类属关系。

由于树形控件能够显示的内容有限,一般仅列出数据目录条目的名称,用户通过自上而下地逐级浏览,缩小数据的类属范围。数据条目的其他信息则通过数据列表、客户端程序或网页等形式呈现给用户。

3)混合目录列表

混合目录列表是通过树状目录列表与单级目录列表组合的方式来展现数据的类属层级关系和指定分类的所有数据目录。其中,树状目录列表展示数据的类属关系,单级目录列表显示指定分类目录下的所有数据目录。

2. 数据查询浏览和下载

数据查询浏览和下载服务是数据共享服务的重要方式。用户使用数据的方式有两种:一种是数据查询浏览;另一种是数据下载。

1)数据查询浏览

数据查询服务可以通过分类目录查询、关键字检索和分类目录与关键字检索混合查询等三种方式来进行,其操作流程如图8-23所示。用户通过数据分类目录、关键字或组合关键字快速定位数据所在位置,得到相应的数据或数据集列表,若不存在相应的数据或数据集信息,系统则给出提示。

2)数据下载

数据下载是指用户提出数据下载要求,在获得准许的情况下,通过网络获得数据的过程。

对于需要下载的用户来说,首先要浏览数据目录或通过关键字组合查询获得目标数据集的信息。服务系统提供了大数据量断点续传功能,同时对用户下载数据进行管理。为保证数据安全,系统能够自动记录下载数据的用户、下载时间、下载内容等信息。数据下载操作流程如图8-24所示。

数据下载服务首先对用户的请求进行审查,根据用户的身份和数据访问控制策略判断是否允许用户请求。在拥有下载权限的条件下,可根据用户请求的内容,将相关的数据集打包传输给用户,下载完毕后进行系统日志登记。

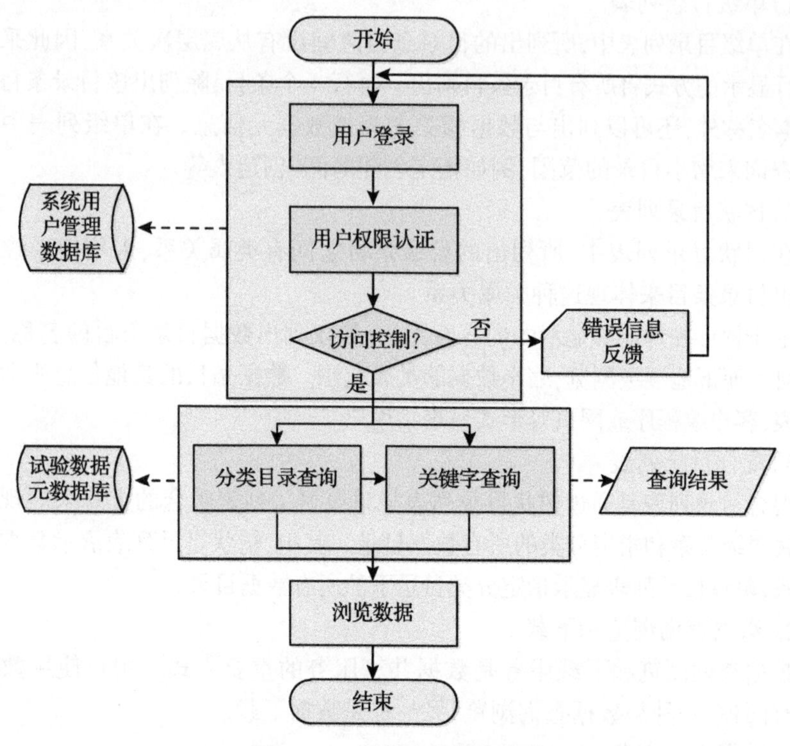


图 8-23　数据查询操作流程

#### 8.4.3.4　搜索引擎

搜索引擎的实现是以索引为基础,从数据库中检索来的数据项经过一系列的转换之后,将其关键字添加到索引中。搜索引擎提供内部数据、信息和知识并进行有效组织和整理,可以实现关键字搜索、主题区域检索、数据位置信息检索以及检索结果的告知功能。其基本的工作原理是:数据检索从网络、数据库和文件系统按照一定的规则读取信息,如从数据库中读取列数据;过滤器提取文档数据并将其转换为文本格式;分段器提取过滤器的输出信息,并将其转换为纯文本;词法分析器提取分段器中的纯文本,并将其分为不连续的标记;索引引擎提取词法分析器中的所有标记、文档段在分段器中的偏移量以及被称为非索引的低信息含量字(如 and、or 等)列表,并按照一定的索引规则存储标记和含有这些标记的文档。其基本工作原理示意图如图 8-25 所示。

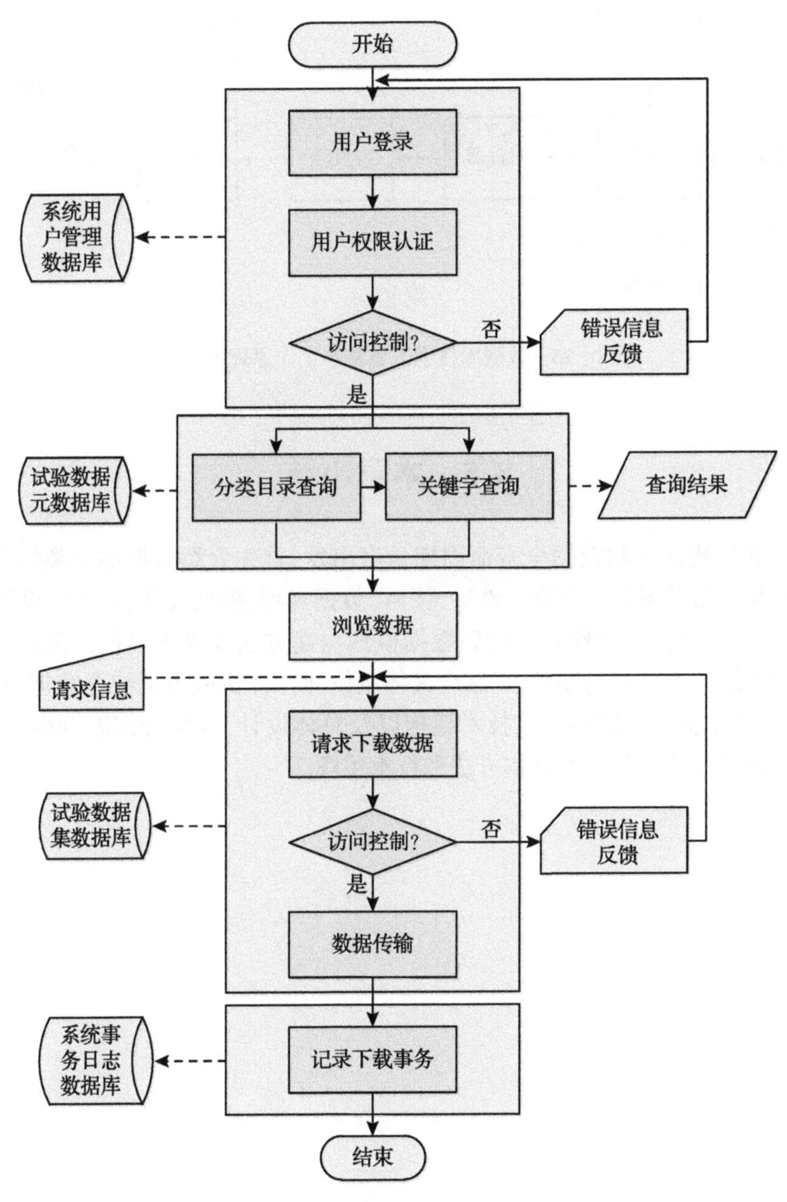


图 8-24　数据下载操作流程

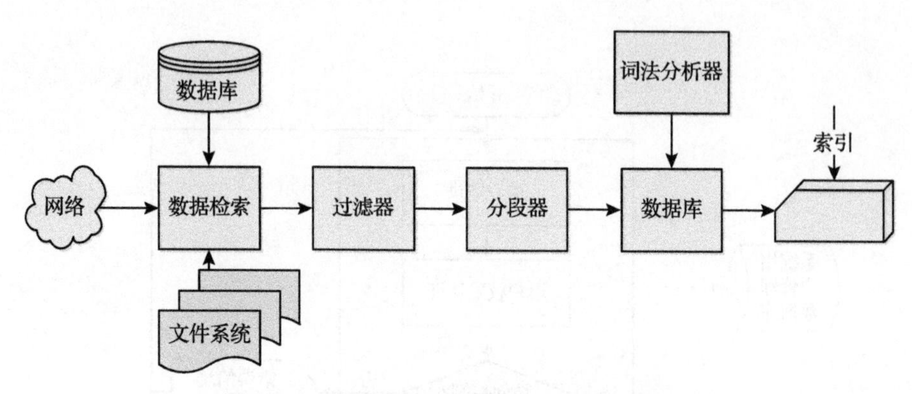


图 8-25　数据库搜索引擎基本工作原理示意图

## 8.5　本章小结

本章从装备试验数据全寿命周期角度出发,首先介绍数据的分类特点、组织管理和数据系统建设原则。然后,按照“数据规划、模型设计、系统建设”的主线,详细介绍试验数据规划和试验数据模型构建方法及参考案例。最后,在分析试验数据业务环境的基础上,结合具体案例,给出“试验数据综合管理与服务系统”的基本流程、功能组成、技术架构以及总体设计,并结合该案例阐述了实现数据管理与共享服务的基本方法和技术手段。

# 参考文献

[1] Han J,Micheline Kamber,Pei J. 数据挖掘概念与技术[M]. 范明,孟小峰,译. 北京:机械工业出版社,2007.

[2] 张良均,杨坦,肖刚,等. MATLAB 数据分析与挖掘实战[M]. 北京:机械工业出版社,2015.

[3] 徐国根,贾瑛. 实战大数据 MATLAB 数据挖掘详解与实践[M]. 北京:清华大学出版社,2017.

[4] 埃博哈德·莱德勒,等. 数学指南实用数学手册[M]. 李文林,等译. 北京:科学出版社,2012.

[5] 梅长林,范金城. 数据分析方法[M]. 北京:高等教育出版社,2006.

[6] 王星. 非参数统计[M]. 北京:清华大学出版社,2009.

[7] 薛薇. SPSS 统计分析方法及应用[M]. 北京:电子工业出版社,2013.

[8] 蔡自豪. 基于数据预处理技术的灰色预测建模方法及应用研究[D]. 广州:暨南大学,2017.

[9] 吴珊珊. 数据流频繁项挖掘及相关性分析算法的研究[D]. 杭州:浙江大学,2017.

[10] 楼宇希. 雷达精度分析[M]. 北京:国防工业出版社,1979.

[11] 张世英,刘智敏. 测量实践的数据处理[M]. 北京:科学出版社,1977.

[12] 刘利生. 外场测试数据事后处理[M]. 北京:国防工业出版社,2000.

[13] 张凯,赵建虎,张红梅. 一种基于 M 估计的水下地形抗差匹配算法[J]. 武汉大学学报(信息科学版),2015,40(4):558-562.

[14] 董兴超. 基于聚类优化的数据采集及应用系统开发与研究[D]. 杭州:浙江大学,2019.

[15] 罗圣西. 基于数据挖掘技术的道路交通事故空间特征分析[D]. 北京:清华大学,2019.

[16] 张子戈. 基于大数据的航天器异常关联分析[D]. 西安:西安工业大学,2019.

[17] 张雅雯. 基于残差网络的时间序列分类算法研究[D]. 北京:北京交通大

学,2020.
[18] 陈龙. 基于多源数据挖掘的汽车智能驾驶系统有效性评价[D]. 北京:清华大学,2017.
[19] 李凯. 基于数据挖掘的环境监测数据监管应用研究[D]. 北京:清华大学,2016.
[20] 袁逸菲. 基于数据挖掘的集装箱翻倒优化算法研究[D]. 北京:清华大学,2019.
[21] 王艳龙. 基于数据挖掘的中长期电力市场需求分析及预测[D]. 杭州:浙江大学,2016.
[22] 王念滨,宋敏,裴大茗. 数据挖掘与预测分析[M]. 2 版. 北京:清华大学出版社,2019.
[23] 茆诗松,程依明,濮晓龙. 概率论与数理统计教程[M]. 北京:高等教育出版社,2011.
[24] 盛骤,谢式千,潘承毅. 概率论与数理统计[M]. 北京:高等教育出版社,2005.
[25] 陈魁. 试验设计与分析[M]. 北京:清华大学出版社,2005.
[26] 方萍,何延. 试验设计与统计[M]. 杭州:浙江大学出版社,2003.
[27] 韩小孩,张耀辉,孙福军,等. 基于主成分分析的指标权重确定方法[J]. 四川兵工学报,2012,33(10):124-126.
[28] 宋志刚,谢蕾蕾,何旭洪. SPSS16 实用教程[M]. 北京:人民邮电出版社,2008.
[29] 董林. 时空关联规则挖掘研究[D]. 武汉:武汉大学,2014.
[30] Agrawal R, Srikant R. Fast algorithms for mining association rules[C]. Proc of the 20th VLDB Conference, 1994:487-499.
[31] Agrawal R, Imielinski T, Swami A. Mining association rules between sets of items in large databases[C]. Proceedings of the International Conference on Management of Data, NY, USA, ACM New work, 1993, 207-216.
[32] 张凤鸣,惠晓滨. 武器装备数据挖掘技术[M]. 北京:国防工业出版社,2017.
[33] 马亚龙,邵秋峰. 评估理论和方法及其军事应用[M]. 北京:国防工业出版社,2013.
[34] Han J, Pei J, Yin Y, et al. Mining frequent patterns without candidate generation: A frequent-pattern tree approach[J]. Data Mining and Knowledge Discovery, 2004, 8(1):53-87.
[35] Pang-Ning Tan, Michael Steinbach. 数据挖掘导论[M]. 范明,范宏建,等

译．北京:人民邮电出版社,2011.
[36] 王岩,隋思涟．试验设计与 MATLAB 数据分析[M]．北京:清华大学出版社,2012.
[37] 张良均,杨坦,肖刚,等．MATLAB 数据分析与挖掘实战[M]．北京:机械工业出版社,2015.
[38] 周苏,胡哲,文泽军．基于 K 均值和支持向量机的燃料电池在线自适应故障诊断[J]．同济大学学报(自然科学版),2019,47(2):255-260.
[39] 潘剑飞,曹燕,董一鸿,等．基于 Attention 深度随机森林的社区演化事件预测[J]．电子学报,2019,47(1):2050-2059.
[40] 徐国根,贾瑛．实战大数据 MATLAB 数据挖掘详解与实践[M]．北京:清华大学出版社,2015.
[41] 李卫斌．数据仓库和数据挖掘在航空维修信息分析中应用研究[D]．西安:西安电子科技大学,2010.
[42] 龚昕,周大庆,鞠亮．武器装备试验数据工程理论与实践[M]．北京:国防工业出版社,2017.
[43] Danette McGilvray. 数据质量工程实践[M]．刁兴春,曹建军,等译．北京:电子工业出版社,2011.
[44] 戴剑伟,吴照林．数据工程理论与技术[M]．北京:国防工业出版社,2010.
[45] 张宏军,郝文宁．作战仿真数据工程[M]．北京:国防工业出版社,2014.
[46] 詹姆斯·马丁．战略数据规划方法学[M]．耿继秀,陈耀东,译．北京:清华大学出版社,1994.
[47] 高复先,等．信息工程与总体数据规划[M]．北京:人民交通出版社,1989.
[48] 陈增吉．基于稳定信息结构的数据规划方法[J]．山东理工大学学报,2009(5).
[49] 岳昆．数据工程——处理、分析与服务[M]．北京:清华大学出版社,2013.
[50] 陈为,沈则潜,陶煜波．数据可视化[M]．北京:电子工业出版社,2013.
[51] 柯宏发,祝冀鲁,等．电子装备灰色实验理论及应用[M]．北京:科学出版社,2017.
[52] 林子雨．大数据技术原理与应用[M]．北京:人民邮电出版社,2017.
[53] 秦靖,刘存勇．Oracle 从入门到精通[M]．北京:机械工业出版社,2017.
[54] 许国根,贾瑛．实战大数据——MATLAB 数据挖掘详解与实践[M]．北京:清华大学出版社,2017.

[55] 单世民,赵明砚,何英昊. 数据库程序设计教程——综合运用 PowerDesigner,Oracle 与 SP/SQL Developer[M]. 北京:清华大学出版社,2010.
[56] 蒂拉克·米特拉. 实用软件架构[M]. 爱飞翔,译. 北京:机械工业出版社,2017.
[57] Leszek A Maciazek. 需求分析与系统设计[M]. 马素霞,王素琴,等译. 北京:机械工业出版社,2009.
[58] 林小村,马玉林,翁小云. 数据中心建设与运行管理[M]. 北京:科学出版社,2010.
[59] 全国信息安全标准化技术委员会. 信息安全技术网络安全等级保护基本要求:GB/T 22239—2019[S]. 北京:中国标准出版社,2019.